기하학 개론

| **윤대원** 지음 |

KM 경문사

머리말

기하학은 도형의 성질을 연구하는 학문으로서 고대 그리스 시대부터 인간의 공리적 논증에 관한 연구가 진행되었다. 특히 기원전 3세기경 유클리드는 그의 저서《원론》을 통하여 이전에 정리된 기하학의 지식을 총정리하여 논증기하를 정립하였다. 이 논증기하는 거의 2,300년 동안 학문의 중심에 있었다고 해도 과언이 아니다. 공리와 명제로 대표되는 논증기하는 17세기 프랑스의 사상가이자 수학자인 데카르트에 의해 좌표가 도입되었고, 이후 좌표라고 하는 한 쌍의 수를 변수로 하는 대수적 방정식의 형태로 도형의 성질이 연구되었다. 이와 같이 도형을 대수적 방정식으로 해석하려는 학문을 해석기하학이라 한다. 해석기하학은 수학뿐만 아니라 평면과 공간좌표계를 이용한 모든 학문에서 사용되고 있다. 특히 컴퓨터의 보급과 정보화의 과정에서 인공지능, 컴퓨터 그래픽을 활용하는 분야, 3D 프린터, 건축, 의학에서의 CT 등 다양한 분야에서 이용되고 있다. 이와 같이 해석기하학의 필요성은 증가하고 있지만 우리나라 학교교육에서는 소홀히 다루고 있는 실정이며 또한 대학교육에서도 마찬가지이다. 이런 이유로 저자는 다년간 대학에서 강의한 내용을 바탕으로 국내·외 저명한 교재를 참고하여 수학을 전공하는 학생뿐만 아니라 자연과학과 공학을 전공하는 학생들에게 도움을 주기 위해 이 책을 펴내게 되었다.

이 책은 한 학기용으로, 크게 두 부분으로 구성하였다. 제1부는 평면기하의 내용으로 좌표계의 도입부터 직선, 원, 원뿔곡선과 이차곡선에 대한 내용을 수록하였고, 제2부에서는 공간기하의 내용으로 공간좌표계의 도입, 직선과 평면, 이차곡면에 대한 성질 등을 수록하였다. 또한 각 절마다 '연습문제'를 제시하여 독자들이 학습내용을 점검할 수 있으며, 이에 대해 '연습문제 풀이'를 제공하였다.

이 책이 해석기하에 관심을 가지고 공부하는 독자들에게 좋은 길잡이가 되길 바라며, 부족하고 미흡한 내용들에 대하여 독자들의 많은 조언을 바란다. 끝으로 이 책을 출판하여 주신 도서출판 경문사 여러분, 특히 편집부원들의 노고에 감사의 마음을 전한다.

윤대원

차례

제2부 공간기하

제 1 부

평면기하

제 1 장

좌표계

기원전 3세기 유클리드(Euclid)가 저술한 《원론(Euclid's Elements)》의 내용은 점, 선, 원, 면 등에 대해 구성되어 있다고 해도 과언이 아니다. 서로 다른 두 점을 연결하는 유일한 직선이 존재함을 이야기하였고, 두 점이 주어지면 한 점을 중심으로 하고 두 점의 거리를 반경으로 하는 원을 그릴 수 있음을 이야기하였다.

이제 우리는 이 직선에 수를 대응시켜 수직선을 만들고, 수직선 위의 점의 위치, 즉 좌표를 도입하는 문제에 대하여 알아본다. 또한 수직선의 확장된 개념으로 좌표평면을 만들고 그 평면 위의 점의 위치와 다양한 도형의 방정식을 얻는 문제 등에 대하여 알아본다.

데카르트(Descartes, 1596~1650)에 의해 처음 소개된 좌표는 유클리드 《원론》 중심의 논증기하학에서 해석기하학으로의 전환을 예고하였다. 해석기하학은 좌표를 도입하여 기하학적 도형을 대수적인 방정식으로 표현하여, 기하학의 문제를 대수적 계산을 통하여 해결하려는 기하학의 한 분야이다.

1.1 직선 위의 점의 좌표

서로 다른 두 점 O와 A를 지나는 직선 l이 있다고 하자. 이때 O를 **원점**이라 하고, A를 원점의 오른쪽에 위치에 있는 점이라 할 때 원점 O에서 점 A 방향을 직선 l의 양의 영역이라 하고, 그 반대의 영역을 음의 영역이라 한다. 이와 같은 직선을 유향직선이라고 하고, 유향직선 위의 선분을 유향선분이라고 한다.

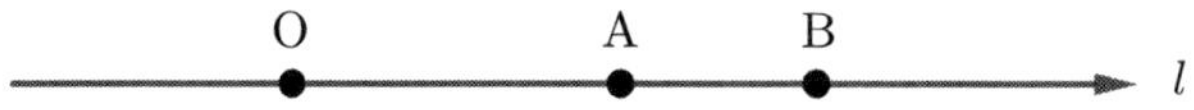

그림 1.1

유향직선 l 위에 두 점 A, B에 대하여 A에서 B로 방향을 준 선분은 유향선분이며, $\overrightarrow{\mathrm{AB}}$로 표기한다. 이때 A에서 B까지의 거리를 유향거리 AB라 하며, AB =− BA가 성립한다.

이제 유향직선 위의 임의의 점의 위치를 어떻게 도입하는가에 대한 논의를 생각해보자. 먼저 유향직선 l 위에 원점 O로부터 유향거리가 1이 되는 점 E를 잡는다. 이때 점 E를 **단위점**이라 한다. 이 단위점이 주어지면 유향직선 l 위의 임의의 점 P에 대한 위치는 OE를 단위로 하여 유향거리 OP$= x(x > 0)$를 얻었다고 가정하면 점 P에 x를 대응시키고, 이때 점 P는 양의 영역에 위치하며, 반대의 경우에는 $-x$를 대응시키고 이때 점 P는 음의 영역에 위치한다.

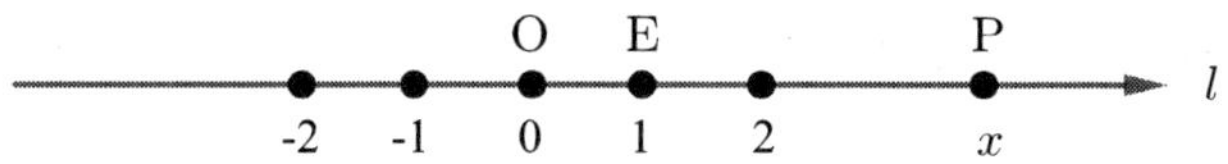

그림 1.2

이와 같이 하며 직선 위의 점은 한 실수에 대응시킬 수 있고, 역으로 직선 위의 한 실수는 한 점에 대응시킬 수 있다. 따라서 직선 위의 한 점과 하나의 실수는 일대일 대응관계에 있음을 알 수 있다. 이런 직선을 **수직선**이라 한다. 수직선 위의 점 P에 대응한 실수 x를 점 P의 **좌표**라 하고, P(x)로 나타내기로 한다.

수직선 l위의 두 점 P(a), Q(b)에 대하여 점 P에서 점 Q까지의 유향거리

$$\mathrm{PQ} = b - a$$

이고, 유향선분 $\overrightarrow{\mathrm{PQ}}$ 길이 $|\mathrm{PQ}|$는

$$|\mathrm{PQ}| = |b - a|$$

이다.

1.2 두 점 사이의 주어진 비로 나누는 점

수직선 l 위의 서로 다른 두 점 $\mathrm{P}_1(x_1)$, $\mathrm{P}_2(x_2)$가 주어져 있을 때

$$\frac{\mathrm{P}_1\mathrm{P}}{\mathrm{PP}_2}=\frac{m}{n}$$

을 만족하는 점 $\mathrm{P}(x)$는 유향선분 $\overrightarrow{\mathrm{P}_1\mathrm{P}_2}$ 을 $m:n$으로 **나누는 점**이라 한다. 또한 점 $\mathrm{P}(x)$가 유향선분 $\overrightarrow{\mathrm{P}_1\mathrm{P}_2}$ 을 $m:n$으로 나눈다고 한다.

만일 점 P가 유향선분 $\overrightarrow{\mathrm{P}_1\mathrm{P}_2}$의 내부에 있으면 내분한다고 하고, 점 P를 **내분점**이라 한다. 또한 점 P가 유향선분 $\overrightarrow{\mathrm{P}_1\mathrm{P}_2}$의 외부에 있으면 외분한다고 하고, 점 P를 **외분점**이라 한다.

m, n은 유향선분의 거리이므로 점 P의 위치에 따라 부호가 결정되며 다음과 같다.

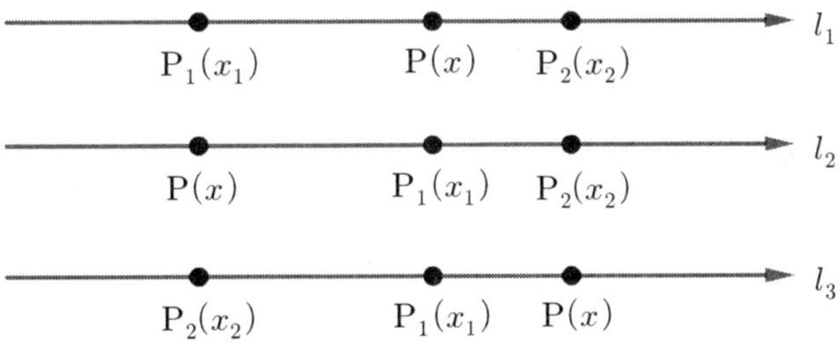

그림 1.3

직선 l_1인 경우 점 P는 내분점이며, 이때 $m>0$, $n>0$이다. 직선 l_2와 l_3에서 점 P는 외분점이 되며, 이때 각각 $m<0$, $n>0$과 $m>0$, $n<0$임을 알 수 있다.

이 사실로부터

$mn>0$이면 점 P는 유향선분 $\overrightarrow{\mathrm{P}_1\mathrm{P}_2}$의 내분점,

$mn<0$이면 점 P는 유향선분 $\overrightarrow{\mathrm{P}_1\mathrm{P}_2}$의 외분점

이다.

[주의] 만일 $m+n=0$ $(m=-n)$이라고 가정하자. 이 경우 P_1에서 P의 유향거리와 P_2에서 P까지의 유향거리가 같게 된다. 즉 $P_1P=P_2P$이므로 $P_1=P_2$임을 알 수 있다. 그러므로 $m+n\neq 0$이다.

예제 1.2.1 수직선 l 위의 서로 다른 두 점 $P_1(x_1)$, $P_2(x_2)$에 대해서 점 $P(x)$가 유향선분 $\overrightarrow{P_1P_2}$을 $m:n$으로 나눈다고 하자. 이때 점 P의 좌표 x는

$$x=\frac{mx_2+nx_1}{m+n}$$

이다.

풀이 $P_1P=x-x_1$, $PP_2=x_2-x$이므로

$$m:n=P_1P:PP_2=x-x_1:x_2-x.$$

따라서

$$(m+n)x=mx_2+nx_1$$

한편 $m+n\neq 0$이므로

$$x=\frac{mx_2+nx_1}{m+n}$$

이다. ■

[참고] 만일 $m:n=1:1$이면 점 P는 유향선분 $\overrightarrow{P_1P_2}$의 **중점**이므로 중점의 좌표는

$$x=\frac{x_1+x_2}{2}$$

이다.

수직선 위에 순서대로 놓여 서로 다른 4점 A, C, B, D가

$$\frac{\mathrm{AC}}{\mathrm{CB}} = -\frac{\mathrm{AD}}{\mathrm{DB}}$$

을 만족하면 4점 A, B, C, D를 **조화점열**이라 한다. 이때 C, D는 $\overrightarrow{\mathrm{AB}}$를 조화있게 나눈다고 하고, C, D는 **조화공액점**이라 한다.

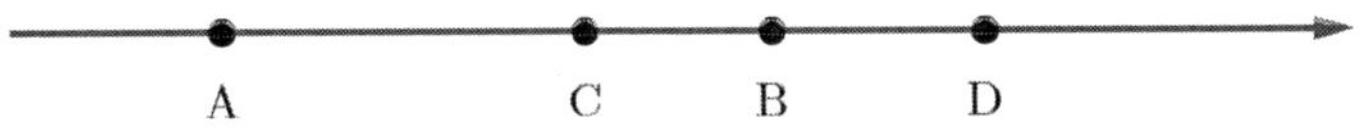

그림 1.4

[참고]

(1) 4점 A, B, C, D가 조화점열이면, 점 C와 점 D는 유향선분 $\overrightarrow{\mathrm{AB}}$의 각각 내분점과 외분점이다.

(2) 4점 A, B, C, D가 조화점열이면 C, D, A, B도 역시 조화점열이다.

예제 1.2.2 (1) A(2), B(6)을 3 : 1로 내분하는 점 C와 외분하는 점 D를 구하여라.

(2) A(1), B(5)을 1 : 2로 내분하는 점 C와 외분하는 점 D를 구하여라.

(3) A(2), B(6), C(5), D(x)가 조화점열이 되도록 점 D의 좌표 x를 구하여라.

(4) A(1), B(4), C(x), D(-2)가 조화점열이 되도록 점 C의 좌표 x를 구하여라.

풀이 (1) 내분점 C의 좌표는 $\frac{3 \cdot 6 + 1 \cdot 2}{3+1} = \frac{20}{4} = 5$이고, 외분점 D의 좌표는 $\frac{3 \cdot 6 - 1 \cdot 2}{3-1} = \frac{16}{2} = 8$이다.

(2) 내분점 C의 좌표는 $\frac{1 \cdot 5 + 2 \cdot 1}{1+2} = \frac{7}{3}$이고, 외분점 D의 좌표는 $\frac{1 \cdot 5 - 2 \cdot 1}{1-2} = -3$이다.

(3) 점 D의 좌표 x라 두면

$$\frac{\mathrm{AC}}{\mathrm{CB}} = -\frac{\mathrm{AD}}{\mathrm{DB}}$$

으로부터

$$\frac{5-2}{6-5}=-\frac{x-2}{6-x}$$

이다. 따라서 $x=8$이다.

(4) 점 C의 좌표 x라 두면

$$\frac{x-1}{4-x}=-\frac{-2-1}{4-(-2)}$$

으로부터 $x=2$이다. ■

예제 1.2.3 수직선 위에 놓여 있는 다른 4점 A, B, C, D가 조화점열이면 AC, AB, AD은 조화수열을 이룸을 보여라.

풀이 A, B, C, D가 조화점열이면

$$\frac{\mathrm{AC}}{\mathrm{CB}}=-\frac{\mathrm{AD}}{\mathrm{DB}}$$

이 성립하고

$$\begin{aligned}\frac{\mathrm{AC}}{\mathrm{CB}}=-\frac{\mathrm{AD}}{\mathrm{DB}} &\Leftrightarrow \frac{\mathrm{AC}}{\mathrm{AB}-\mathrm{AC}}=-\frac{\mathrm{AD}}{\mathrm{AB}-\mathrm{AD}}\\ &\Leftrightarrow \frac{\mathrm{AB}-\mathrm{AC}}{\mathrm{AC}}=-\frac{\mathrm{AB}-\mathrm{AD}}{\mathrm{AD}}\\ &\Leftrightarrow -1+\frac{\mathrm{AB}}{\mathrm{AC}}=1-\frac{\mathrm{AB}}{\mathrm{AD}}\\ &\Leftrightarrow \frac{\mathrm{AB}}{\mathrm{AC}}+\frac{\mathrm{AB}}{\mathrm{AD}}=2\\ &\Leftrightarrow \frac{1}{\mathrm{AC}}+\frac{1}{\mathrm{AD}}=\frac{2}{\mathrm{AB}}\end{aligned}$$

이다. 결국 AC, AB, AD은 조화수열이다. ■

예제 1.2.4 수직선 위에 놓여 있는 4점 A, B, C, D가 조화점열이고 유향선분 $\overrightarrow{\mathrm{CD}}$의 중점을 X라 하면

$$(XC)^2 = XA \cdot XB$$

이다.

풀이 $A(x_1)$, $B(x_2)$, $C(x_3)$, $D(x_4)$라 하면 X의 좌표는 $x = \dfrac{x_3 + x_4}{2}$이다. A, B, C, D가 조화점열이므로

$$\frac{x_3 - x_1}{x_2 - x_3} = -\frac{x_4 - x_1}{x_2 - x_4}$$

이다. 한편

$$\begin{aligned} 4(XC)^2 &= (x_3 - x_4)^2 \\ 4\,XA \cdot XB &= 4\left(x_1 - \frac{x_3 + x_4}{2}\right)\left(x_2 - \frac{x_3 + x_4}{2}\right) \\ &= (x_3 + x_4)^2 - 2(x_1 + x_2)(x_3 + x_4) + 4x_1 x_2 \end{aligned}$$

이므로

$$4(XA \cdot XB) - 4(XC)^2 = 0$$

임을 알 수 있다. 결국

$$(XC)^2 = XA \cdot XB$$

이다. ■

[참고] A, B, C, D가 조화점열이고 유향선분 $\overrightarrow{AB}$의 중점을 X라 하면

$$(XA)^2 = XC \cdot XD$$

이 성립한다(연습문제 5).

예제 1.2.5 두 점 A, B에 대하여 선분 AB를 지름으로 하는 원과 선분 AB 위의 한 점 P에서 수선을 그어 원과 만나는 점을 T, T′이라 하자(그림 1.5 참조). 만일 점 T에서 원의 접선이 선분 AB의 연장선과 만나는 점을 Q라 하면 점 Q는 점 P의 조화공액점임을 보여라.

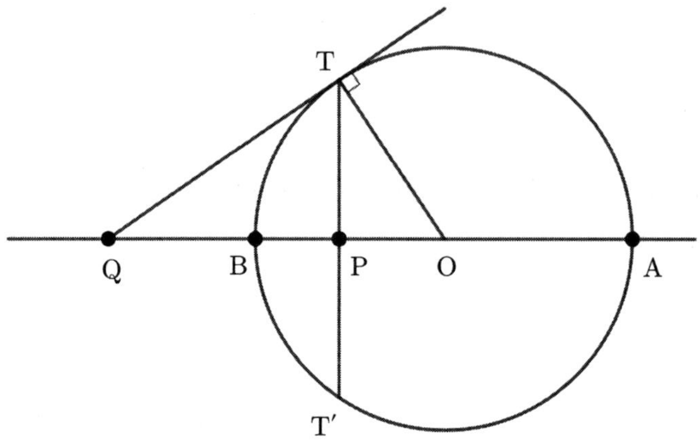

그림 1.5

풀이 닮음 직각삼각형 OPT과 OTQ으로부터

$$\frac{\mathrm{OP}}{\mathrm{OT}}=\frac{\mathrm{OT}}{\mathrm{OQ}}$$

이다. 한편 $\mathrm{OT}=\mathrm{OB}$이므로

$$\frac{\mathrm{OP}}{\mathrm{OB}}=\frac{\mathrm{OB}}{\mathrm{OQ}}$$

이다. 그러므로

$$\frac{(\mathrm{OB}+\mathrm{OP})}{(\mathrm{OB}-\mathrm{OP})}=\frac{(\mathrm{OQ}+\mathrm{OB})}{(\mathrm{OQ}-\mathrm{OB})}$$

$$\frac{(\mathrm{AO}+\mathrm{OP})}{(\mathrm{OB}-\mathrm{OP})}=\frac{(\mathrm{OQ}+\mathrm{AO})}{(\mathrm{OQ}-\mathrm{OB})}$$

$$\frac{\mathrm{AP}}{\mathrm{PB}}=\frac{\mathrm{AQ}}{\mathrm{BQ}}=-\frac{\mathrm{AQ}}{\mathrm{QB}}$$

이 성립한다. 따라서 점 Q는 점 P의 조화공액점이다. ■

직선을 나누는 또 다른 방법에 대하여 알아보자. 점 C가 유향선분 $\overrightarrow{\mathrm{AB}}$의 내분점으로서

$$|\mathrm{AB}|:|\mathrm{AC}|=|\mathrm{AC}|:|\mathrm{CB}| \quad (\text{단, } |\mathrm{AC}|>|\mathrm{CB}|)$$

을 만족할 때, 점 C를 유향선분 $\overrightarrow{AB}$의 **황금분할점**이라 하고, 비 $|AC|:|CB|$ 또는 $\frac{|AC|}{|CB|}$을 **황금비**라 한다. 즉 황금비는

전체(AB)에 대한 긴 것(AC)의 비=긴 것(AC)에 대한 짧은 것(CB)의 비

를 뜻한다.

황금비를 계산하기 위하여 A(0), B(1), C(x)라 하면

$$1 : x = x : 1 - x$$
$$x^2 + x - 1 = 0$$
$$x = \frac{-1 + \sqrt{5}}{2}$$

이다. 그러므로 황금비는

$$\varphi = \frac{|AC|}{|CB|} = \frac{\frac{-1+\sqrt{5}}{2}}{\frac{3-\sqrt{5}}{2}} \ : = 1.618$$

이다.

예제 1.2.6 황금비가 활용된 예들을 설명하여라.

예제 1.2.7 A(1), B(4)일 때 유향선분 $\overrightarrow{AB}$의 황금분할점 C를 구하여라.

풀이 점 C의 좌표를 x라 두면

$$|AB|:|AC| = |AC|:|CB|$$

으로부터

$$(4-1):(x-1) = (x-1):(4-x)$$
$$x^2 + x - 11 = 0$$

이다. 따라서 점 C의 좌표는 $\frac{-1+\sqrt{45}}{2}$이다. ■

1.2 연습문제

1. 점 A(2), B(8)에 대하여 $m:n$으로 내분하는 점 C와 외분하는 점 D을 구하여라.

(1) $m=2,\ n=3$　　(2) $m=1,\ n=4$

(3) $m=4,\ n=3$　　(4) $m=3,\ n=1$

2. 점 A(−5), B(4)와 주어진 점 C에 대하여 점열 A, B, C, D가 조화점열이 되는 점 D의 좌표를 구하여라.

(1) C(2)　　(2) C(−2)

(2) C(1)　　(4) C(−1)

3. 선분 $\overrightarrow{\mathrm{AB}}$의 황금비를 구하여라.

(1) A(−1), B(3)　　(2) A(2), B(6)

(3) A(−2), B(4)　　(4) A(3), B(9)

4. 4점 A, B, C, D가 조화점열이면 C, D, A, B도 역시 조화점열임을 보여라.

5. A, B, C, D가 조화점열이고 선분 $\overrightarrow{\mathrm{AB}}$의 중점을 X라 하면

$$(\mathrm{XA})^2=\mathrm{XC}\cdot\mathrm{XD}$$

이 성립함을 보여라.

6. 가로의 길이가 $1+\sqrt{5}$이고 세로의 길이가 2인 직사각형이 있다. 이 직사각형을 황금사각형이라 한다. 즉 길이의 비가 $1+\sqrt{5}:2$인 사각형을 의미한다. 이 사각형에서 가로, 세로의 길이가 2인 정사각형을 잘라내고 남은 사각형은 황금사각형임을 보여라.

1.3 평면 위의 점의 좌표

수직선처럼 평면에서도 점의 위치를 나타내는 좌표를 도입할 수 있다. 앞 절에서 살펴본 바와 같이 직선 위의 한 점과 실수 하나를 대응시키는 방법으로 수직선을 구성하였다. 이제 이 방법을 확장하여 평면 위의 점의 위치를 나타내는 방법에 대하여 알아본다.

1.3.1 직교좌표

유클리드 《원론》의 기본 작도에 의하면 직선 위의 한 점에서 그 직선에 수선을 작도할 수 있고, 직선 위에 놓여 있지 않은 한 점에서 그 직선에 직교하는 수선을 또한 작도할 수 있다. 이런 의미에서 앞에서 언급한 수직선을 서로 직교하게 그어 평면 위의 점의 위치를 나타내어보자.

먼저 평면 위에 두 점 O와 A를 지나는 직선을 긋는다. 다음 점 O를 지나고 그 직선에 직교하는 직선을 긋고 그 직선 위에 한 점 B를 잡는다. 이때 두 직선의 교점인 점 O를 평면의 **원점**이라 하고, 점 O와 A를 지나는 직선을 x축, 점 O와 B를 지나는 직선을 y축이라 하자.

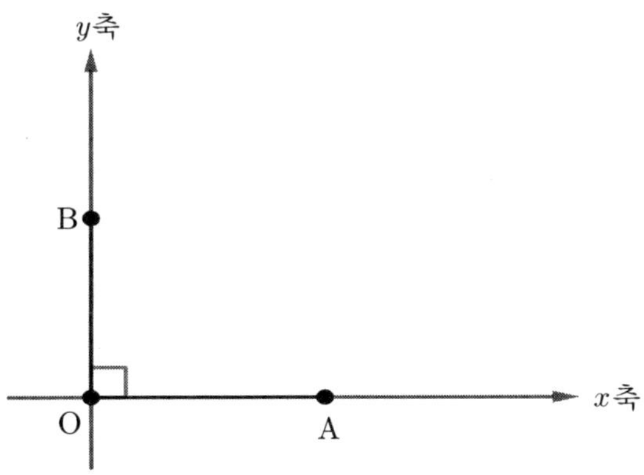

그림 1.6

각 축에 앞에서 언급한 수직선을 도입하고 평면 위에 놓여 있는 점의 위치에 해당하는 좌표를 도입한다. 평면 위에 놓여 있는 한 점 P에서 x축과 y축으로 수선을 그어 원점에서 수선의 발까지의 유향거리가 각각 a, b일 때 결국 주어진 점 P에 대하여 한 쌍의 실수 a, b로 순서쌍 (a, b)가 주어진다.

역으로 실수들의 임의의 순서쌍 (a, b)을 잡자. x축 위에서 원점 O에서 유향거리가 a인 점을 지나고 x축에 수직인 직선을 긋고, 다시 y축 위에서 원점 O로부터 유향거리가 b인 점을 지나고 y축에 수직인 직선을 그으면 서로 다른 이 두 직선은 한 점 P에서 만난다. 따라서 평면 위의 점 P의 위치와 순서쌍 (a, b) 사이에는 일대일 대응관계가 성립한다. 이때 순서쌍 (a, b)를 점 P의 **직교좌표계** 또는 **좌표**라 하고 a, b를 각각 점 P의 **x좌표**, **y좌표**라 한다.

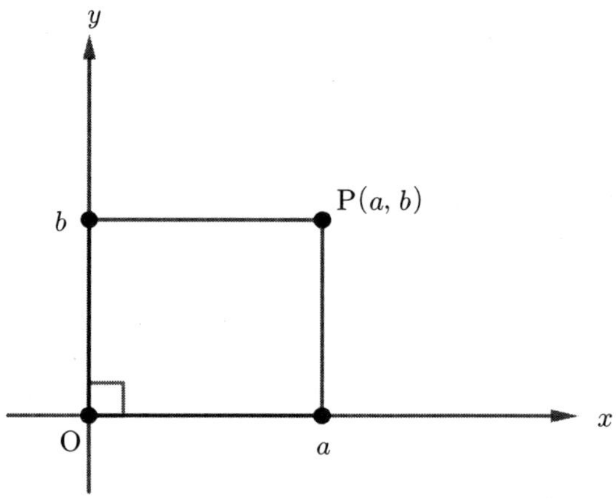

그림 1.7

유클리드《원론》제1권에 수록되어져 있는 명제 26과 27은 피타고라스 정리를 설명하고 있다. 피타고라스 정리는 직각삼각형의 빗변과 나머지 두 변 사이의 관계를 보여 주고 있다. 즉 빗변을 한 변으로 하는 정사각형의 면적 Z와 나머지 두 변을 정사각형으로 하는 면적을 각각 X, Y라 하면 $Z = X + Y$이 성립한다. 이제 좌표를 도입하여 피타고라스 정리를 대수적으로 표현하면

$$a^2 + b^2 = c^2$$

이다.

이를 이용하여 직교좌표평면 위에 놓여 있는 서로 다른 두 점 사이의 거리를 측정하는 방법에 대하여 알아보자.

서로 두 점 $P_1(x_1, y_1)$, $P_2(x_2, y_2)$가 주어져 있을 때 두 점 사이의 거리 $|P_1P_2|$은 피타고라스 정리를 이용하면

$$|P_1P_2| = \sqrt{(x_2 - x_1)^2 + (y_2 - y_2)}$$

이다.

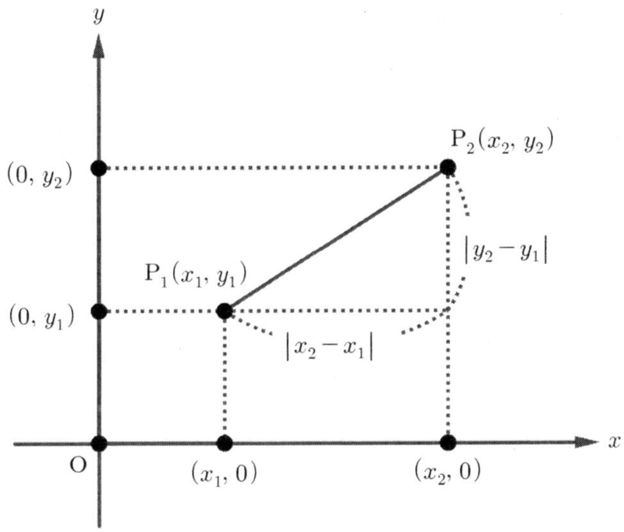

그림 1.8

예제 1.3.1 두 점 $A(1, 2)$, $B(-2, 3)$ 사이의 거리를 구하여라.

풀이 $|AB| = \sqrt{(-2-1)^2 + (3-2)^2} = \sqrt{10}$ ■

예제 1.3.2 두 점 $A(-1, 3)$, $B(2, y)$ 사이의 거리가 5일 때 y값을 구하여라.

풀이 $|AB| = \sqrt{(2+1)^2 + (y-3)^2} = 5$으로부터 $(y-3)^2 = 16$이다. 그러므로 $y = -1, 7$이다. ■

예제 1.3.3 세 점 $A(2, -2)$, $B(3, 1)$, $C(6, 2)$을 꼭짓점으로 하는 삼각형 ABC는 어떤 삼각형인가?

풀이 $|\mathrm{AB}| = \sqrt{(3-2)^2+(1+2)^2} = \sqrt{10}$

$|\mathrm{BC}| = \sqrt{(6-3)^2+(2-1)^2} = \sqrt{10}$

$|\mathrm{CA}| = \sqrt{(2-6)^2+(-2-2)^2} = 4\sqrt{2}$

따라서 삼각형 ABC은 이등변삼각형이다. ■

1.3.2 두 점 사이를 주어진 비로 나눈 점

수직선 위의 서로 다른 두 점 사이를 주어진 비로 나누는 방법을 확장하여 직교좌표평면에서 두 점 사이를 주어진 비로 나누는 방법에 대하여 알아보자.

평면 위의 서로 다른 두 점 $P_1(x_1, y_1)$, $P_2(x_2, y_2)$에 대하여 선분 $\overrightarrow{P_1P_2}$을 $m:n(m+n \neq 0)$으로 나누는 방법은 닮음 삼각형의 비를 이용하면 쉽게 알 수 있다. 선분 $\overrightarrow{P_1P_2}$을 $m:n$으로 나누는 점을 $P(x, y)$라 하자. 그림 1.9에서 선분 $\overrightarrow{X_1X_2}$와 선분 $\overrightarrow{Y_1Y_2}$을 $m:n$으로 나누는 점 X, Y는 결정되므로 점 P의 좌표 (x, y)은

$$x = \frac{mx_2+nx_1}{m+n}, \quad y = \frac{my_2+ny_1}{m+n}$$

이다.

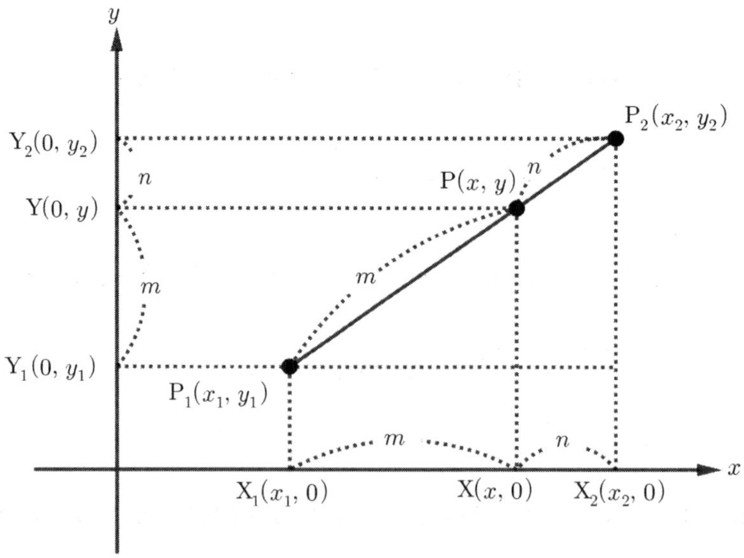

그림 1.9

[참고] 만일 $m:n=1:1$이면 점 P는 선분 $\overrightarrow{P_1P_2}$의 중점이며 이때 점 P의 좌표 (x, y)은

$$x=\frac{x_1+x_2}{2},\ y=\frac{y_1+y_2}{2}$$

이다.

예제 1.3.4 두 점 $A(-4, 4)$, $B(5, 2)$을 잇는 선분 $\overrightarrow{AB}$을 $1:2$로 내분하는 점 $C(x_1, y_1)$과 외분하는 점 $D(x_2, y_2)$의 좌표를 구하여라.

풀이 $x_1=\frac{5-8}{1+2}=-1$, $y_1=\frac{2+8}{1+2}=\frac{10}{3}$이고 $x_2=\frac{5-(-8)}{1-2}=-13$, $y_2=\frac{2-8}{1-2}=-6$ 이다. ■

예제 1.3.5 두 점 $A(3, -4)$, $B(7, 2)$에 대하여 선분 $\overrightarrow{AB}$의 중점 $P(x, y)$의 좌표를 구하여라.

풀이 $x=\frac{3+7}{2}=5$, $y=\frac{-4+2}{2}=-1$ ■

예제 1.3.6 선분 $\overrightarrow{AB}$의 한 끝점이 $A(6, 4)$이고 그 중점이 $P(-2, 9)$일 때 나머지 한 점 $B(x_2, y_2)$의 좌표를 구하여라.

풀이 $-2=\frac{6+x_2}{2}$, $9=\frac{4+y_2}{2}$으로부터 $x_2=-10$, $y_2=14$이다. ■

1.3.3 극좌표

지금까지 평면 위의 점의 위치를 나타내는 직교좌표계에 대하여 알아보았다. 좌표계 중 극좌표계로 불리는 특별한 좌표체계에 대해서 알아보자.

직교좌표평면 위에 놓여 있는 점 $P(x, y)$에 대한 극좌표의 표현 방법에 대하여 알아보자. 먼저 원점 O에서 고정된 반직선을 긋는다. 이 반직선을 **극축**이라 한다. 일반적으로

극축은 x축의 양의 영역으로 잡는다. 원점이 아닌 점 P에 대해서 O에서 P까지의 거리를 $|\mathrm{OP}|=r$라 하고, 극축에서 시계 반대 방향으로 $\overrightarrow{\mathrm{OP}}$와 이루는 각을 θ라 할 때, 순서쌍 (r, θ)를 점 P의 **극좌표**라 한다(그림 1.10). 이때 $|\mathrm{OP}|=r$과 θ을 각각 점 P의 **동경**과 **편각**이라고 한다. 극좌표계에서는 점 P에 대한 극좌표는 일의적으로 정해지지 않음에 유의 하자. 왜냐하면 극좌표의 정의에 의해

$$(r, \theta)=(r, \theta \pm 2n\pi) \quad (n=1, 2, \ldots)$$

임을 알 수 있기 때문이다.

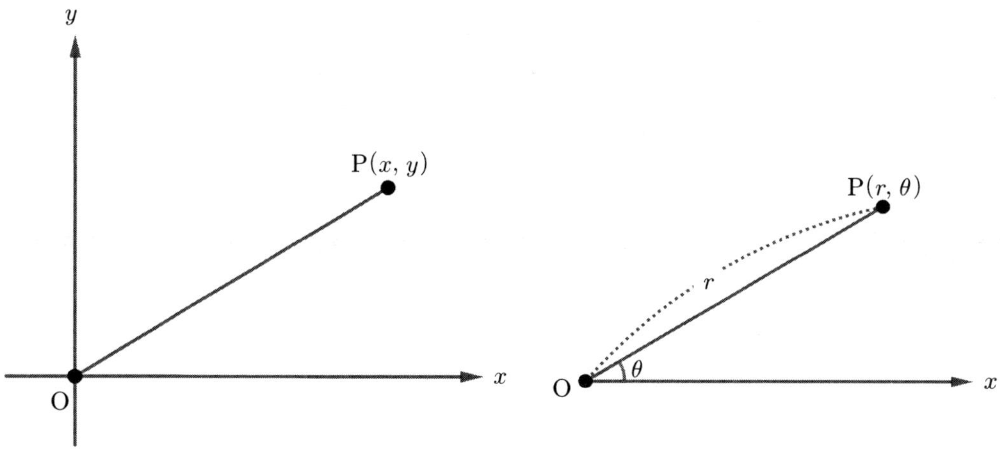

그림 1.10

➤ **[주의]** 극좌표 $(0, \theta)$은 θ에 관계없이 원점으로 간주한다.

극좌표 (r, θ)에서 r은 양수이지만, 음수를 고려하면

$$(-r, \theta)=(r, \theta+\pi)$$

으로 정의한다(그림 1.11). 그림 1.11에서와 같이 $(-r, \theta)$는 (r, θ)의 반대 방향으로 같은 길이에 있는 점이다.

이제 극좌표와 직교좌표 사이의 관계에 대하여 알아보자. 그림 1.10에서와 같이 평면 위에 주어진 점 P는 같은 위치를 표시하고 있으므로 그림 1.12에서와 같이 점 P의 직교

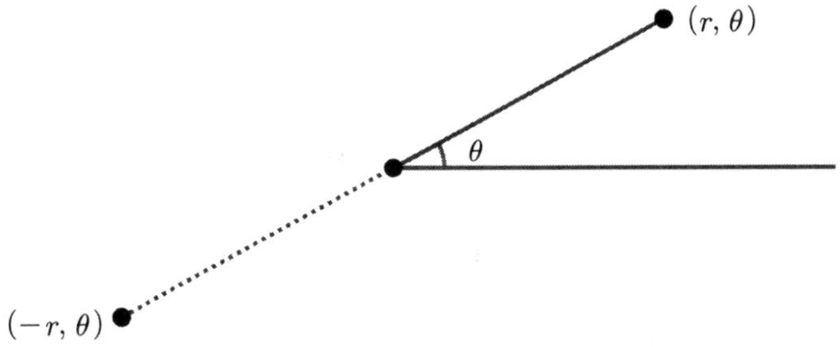

그림 1.11

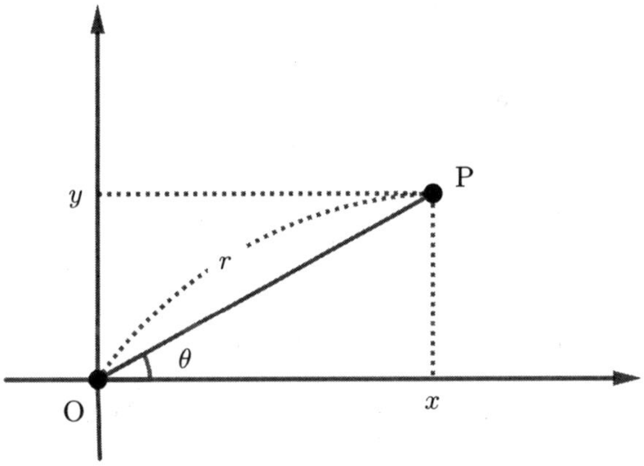

그림 1.12

좌표 (x, y)와 극좌표 (r, θ) 사이에는

$$x = r\cos\theta,\ y = r\sin\theta \text{ (극좌표를 직교좌표로 변환)}$$

$$r^2 = x^2 + y^2,\ \tan\theta = \frac{y}{x} \text{ (직교좌표를 극좌표로 변환)}$$

이 성립한다.

예제 1.3.7 극좌표로 주어진 다음의 점들을 평면 위에 표시하여라.

(1) $A(1, \frac{\pi}{2})$ (2) $B(2, \frac{\pi}{6})$ (3) $C(-2, \frac{\pi}{3})$

풀이

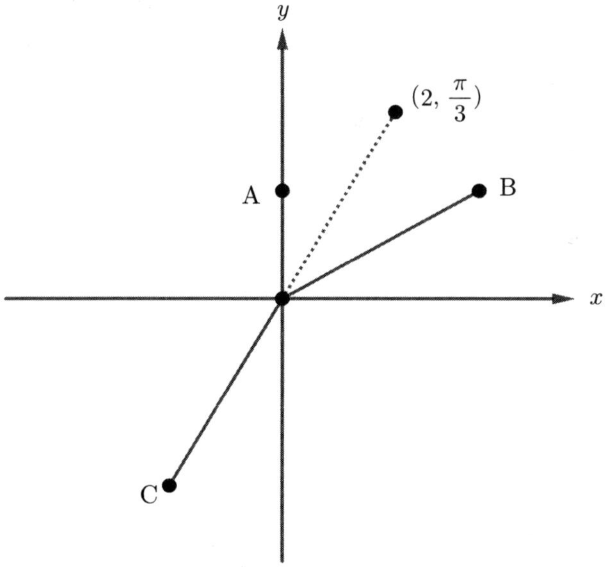

그림 1.13

■

예제 1.3.8 다음의 극좌표를 직교좌표로 나타내어라.

(1) $A(1, \frac{\pi}{6})$ (2) $B(-3, \frac{\pi}{3})$ (3) $C(4, -\frac{\pi}{6})$

풀이 $x = r\cos\theta,\ y = r\sin\theta$ 으로부터

(1) $x = 1\cos\frac{\pi}{6} = \frac{\sqrt{3}}{2},\ y = 1\sin\frac{\pi}{6} = \frac{1}{2}$ 이므로 $A(\frac{\sqrt{3}}{2}, \frac{1}{2})$이다.

(2) $x = -3\cos\frac{\pi}{3} = (-3)(\frac{1}{2}) = -\frac{3}{2},\ y = -3\sin\frac{\pi}{3} = (-3)(\frac{\sqrt{3}}{2}) = -\frac{3\sqrt{3}}{2}$ 이므로 $B(-\frac{3}{2}, -\frac{3\sqrt{3}}{2})$이다.

(3) $x = 4\cos(-\frac{\pi}{6}) = \frac{4\sqrt{3}}{2},\ y = 4\sin(-\frac{\pi}{6}) = -2$이므로 $C(\frac{4\sqrt{3}}{2}, -2)$이다. ■

예제 1.3.9 다음의 직교좌표를 극좌표로 나타내어라.

(1) $A(0, 1)$ (2) $B(-\sqrt{2}, \sqrt{2})$ (3) $C(\sqrt{3}, 1)$

풀이 $r = \sqrt{x^2 + y^2},\ \tan\theta = \frac{y}{x}$ 으로부터

(1) 점 A는 y축 위의 점으로서 $r = 1,\ \theta = \frac{\pi}{2}$이므로 $A(1, \frac{\pi}{2})$이다.

(2) $r = \sqrt{2+2} = 2$, $\tan\theta = -1$이다. 한편 점 B는 $x < 0$, $y > 0$인 영역에 위치하므로 $\theta = \frac{3\pi}{4}$이다. 그러므로 $B(2, \frac{3\pi}{4})$이다.

(3) $r = \sqrt{3+1} = 2$, $\tan\theta = \frac{1}{\sqrt{3}}$이므로 $\theta = \frac{\pi}{6}$이다. 그러므로 $C(2, \frac{\pi}{6})$이다. ■

예제 1.3.10 극좌표로 주어진 두 점 $A(r_1, \theta_1)$, $B(r_2, \theta_2)$ 사이의 거리 $|AB|$은

$$|AB| = \sqrt{r_1^2 + r_2^2 - 2r_1r_2\cos(\theta_2 - \theta_1)}$$

임을 보여라.

풀이 그림 1.14의 삼각형 OAB에 코사인법칙을 적용하면 두 점 A, B 사이의 거리 $|AB|$을 구할 수 있다.

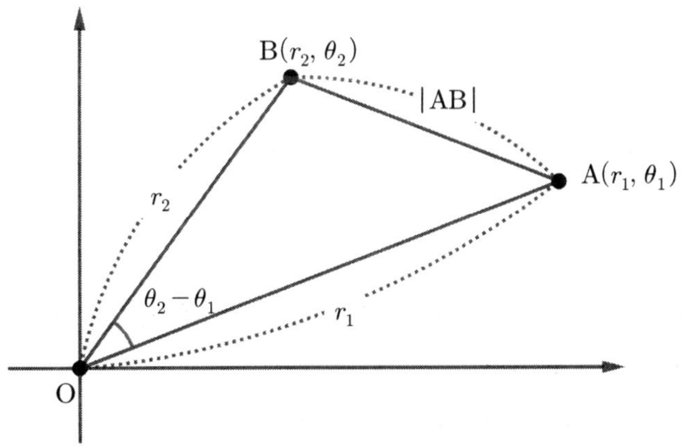

■

그림 1.14

예제 1.3.11 극좌표로 주어진 두 점 $A(3, \frac{4\pi}{3})$, $B(2, \frac{\pi}{3})$ 사이의 거리를 구하여라.

풀이 (1) $|AB| = \sqrt{9 + 4 - 12\cos(\frac{\pi}{3} - \frac{4\pi}{3})} = 5$이다.

(2) 두 점 $A(3, \frac{4\pi}{3})$, $B(2, \frac{\pi}{3})$을 직교좌표로 나타내면 $A(-\frac{3}{2}, -\frac{3\sqrt{3}}{2})$, $B(1, \sqrt{3})$이다. 이 두 점 사이의 거리는 $|AB| = 5$임을 알 수 있다. ■

1.3 연습문제

1. 다음 두 점 사이의 거리를 구하여라.

(1) $A(1, 3), B(-2, 1)$

(2) $A(3, -2), B(2, 3)$

(3) $A(\frac{1}{3}, 2), B(\frac{2}{9}, -2)$

(4) $A(-4, 1), B(2, 1)$

2. 두 점 $A(2, 3), B(8, 9)$ 사이를 $m:n$으로 나눈 점을 구하여라.

(1) $m=1, n=3$

(2) $m=2, n=-1$

(3) $m=-2, n=5$

(4) $m=3, n=2$

3. 두 점 $A(x_1, 6)$, $B(9, y_2)$을 잇는 선분의 중점이 $M(7, 3)$일 때 x_1, y_2의 값을 구하여라.

4. 두 점 $A(x_{1,} y_1)$, $B(x_{2,} y_2)$ 사이를 $1:k$로 나눈 점을 C라 하자.

(1) 점 C의 좌표를 구하여라.

(2) k값에 따라 점 C의 위치를 설명하여라.

5. 다음 극좌표를 평면 위에 표시하여라.

(1) $A(3, \frac{\pi}{6})$　　(2) $B(-2, \frac{\pi}{3})$

(3) $C(4, \frac{2\pi}{3})$　　(4) $D(-4, \frac{5\pi}{4})$

6. 다음 주어진 극좌표를 직교좌표로 변환하여라.

(1) $A(2, \frac{\pi}{3})$　　(2) $B(-2, \frac{\pi}{6})$

(3) $C(4, \frac{7\pi}{6})$ (4) $D(-3, \frac{5\pi}{4})$

7. 문제 6에서 극좌표로 주어진 다음 두 점 사이의 거리를 구하여라.

(1) A, B (2) C, D

(3) A, C (4) B, C

1.4 좌표변환

해석기하학의 특징은 기하학적 도형을 대수적 방정식으로 표현할 수 있으며, 이 방정식을 만족하는 해들의 집합, 즉 좌표의 집합으로 표현하여 여러 가지 성질을 조사할 수 있다.

함수 $F(x, y)$에 대하여 도형의 방정식 $F(x, y)=0$을 만족하는 해들의 집합

$$G := \{(x, y) | F(x, y)=0\}$$

을 방정식 $F(x, y)=0$의 **그래프**라 한다.

도형의 모양에 따라서 그래프는 단순할 수도 복잡할 수도 있다. 만일 복잡한 도형의 방정식의 경우 좌표를 적절히 조절하여 도형이 가지고 있는 위상적 성질을 보존하면서 단순한 형태의 도형의 방정식으로 변형할 수 있다. 이런 과정을 **좌표변환**이라 한다. 이제부터 좌표변환의 몇 가지 예를 들고 이를 활용하여 도형의 방정식의 변형과정을 살펴보자.

1.4.1 대칭이동

평면 위의 점 $\mathrm{P}(x, y)$의 원점, x축, y축에 대한 대칭점은 각각

$$(-x, -y), (x, -y), (-x, y)$$

이다.

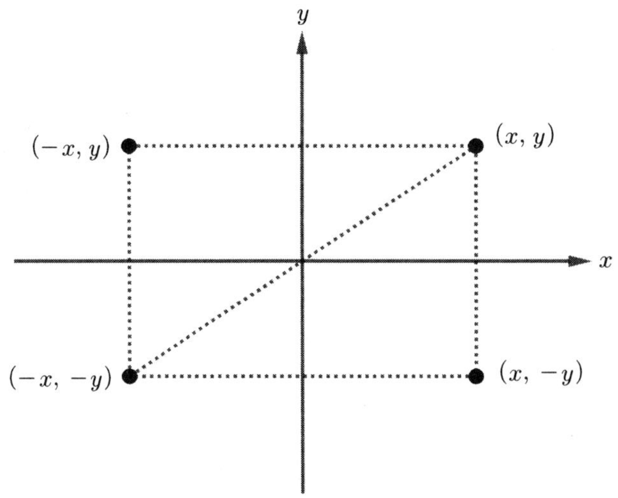

그림 1.15

예제 1.4.1 $(-1, 3)$에 대한 원점, x축, y축에 대한 대칭점을 구하여라.

풀이 원점에 대칭점은 $(1, -3)$, x축에 대칭점은 $(-1, -3)$, y축에 대칭점은 $(1, 3)$이다. ∎

예제 1.4.2 도형 $F(x, y)=0$을 원점, x축, y축에 대한 대칭이동 후 도형의 방정식을 구하여라.

풀이 점 $\mathrm{P}(x, y)$을 도형 $F(x, y)=0$상의 임의의 점이라 할 때

$$F(-x, -y)=0 \quad (\text{원점에 대칭이동한 변환식})$$
$$F(x, -y)=0 \quad (x\text{축에 대칭이동한 변환식})$$
$$F(-x, y)=0 \quad (y\text{축에 대칭이동한 변환식})$$

임을 알 수 있다. ∎

1.4.2 평행이동

직교좌표평면에서 O를 원점으로 하는 직교좌표계 Oxy와 좌표평면 위의 한 점 $\mathrm{P}_0(x_0, y_0)$가 주어져 있다고 하자. 이제 원점 O를 움직여 점 P_0로 오도록 좌표축을 평행이동하면 새로운 직교좌표계 P_0XY을 얻을 수 있다. 이때 좌표계 P_0XY에서의 좌표 (X, Y)와 좌표계 Oxy에서의 좌표 (x, y) 사이에는 다음과 같은 관계식이 성립한다. 이를 좌표축의 **평행이동**이라 한다.

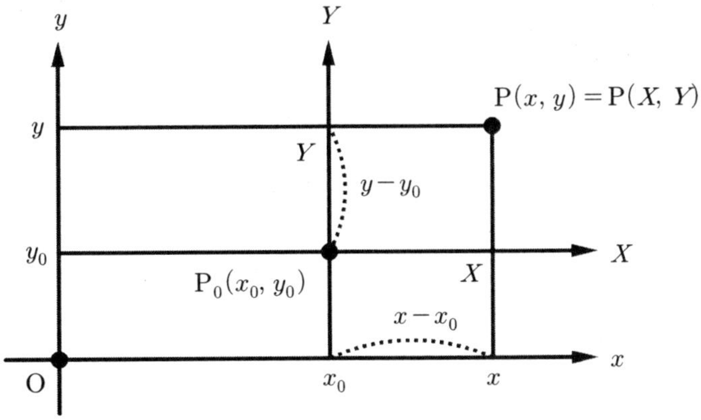

그림 1.16

$$x = X + x_0,\ y = Y + y_0$$

$$X = x - x_0,\ Y = y - y_0$$

예제 1.4.3 원점을 $P_0(-2, 3)$으로 평행이동시킬 때 새로운 좌표축에서 점 $P(4, -2)$의 좌표를 구하여라.

풀이 $X = 4-(-2) = 6,\ Y = -2-3 = -5$이므로 점 $P(4, -2)$은 새로운 좌표축에서 $P(6, -5)$이다. ■

예제 1.4.4 원점을 점 $P_0(3, -2)$로 평행이동시킬 때 새로운 좌표계에서 다음의 방정식을 구하여라.

$$x^2 + y^2 - 6x + 4y - 3 = 0$$

풀이 $x = X + 3,\ y = Y - 2$이므로 $x^2 + y^2 - 6x + 4y - 3 = 0$에 대입하면

$$(X+3)^2 + (Y-2)^2 - 6(X+3) + 4(Y-2) - 3 = 0$$
$$X^2 + Y^2 - 16 = 0$$

이다. ■

이제 좌표축의 평행이동이 아닌 도형을 어느 한 방향으로 평행이동한 후의 도형의 방정식을 구하는 방법에 대하여 알아보자.

도형 $F(x, y) = 0$을 원점 O에서 $P_0(x_0, y_0)$ 방향으로의 평행이동한 도형의 방정식을 구하여 보자. 도형 $F(x, y) = 0$상의 임의의 점 $P(x, y)$을 잡자. 그림 1.17에서 점 $P(x, y)$을 원점 O에서 $P_0(x_0, y_0)$ 방향으로의 평행이동한 점을 $P'(x', y')$라 하면

$$x' = x_0 + x,\ y' = y_0 + y$$

이므로

$$x = x' - x_0,\ y = y' - y_0$$

이다. 그러므로 평행이동한 도형은

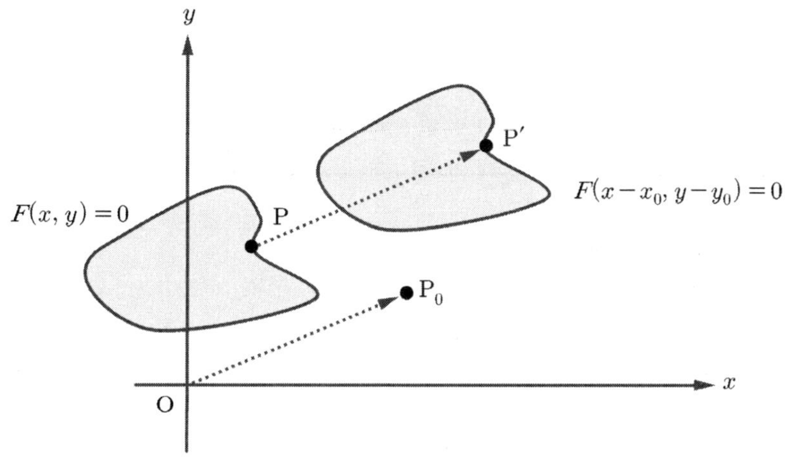

그림 1.17

$$\{(x',\ y')\,|\,F(x'-x_0,\ y'-y_0)=0\}$$

이다. 결국 좌표계 Oxy에서 도형 $F(x,\ y)=0$을 원점 O에서 $P_0(x_0,\ y_0)$ 방향으로의 평행이동한 도형의 방정식은

$$F(x-x_0,\ y-y_0)=0$$

이다.

예제 1.4.5 도형 $F(x,\ y)=x^2+y^2-6x+4y-3=0$을 점 $P_0(3,\ -2)$으로 평행이동한 도형의 방정식을 구하여라.

풀이 $F(x-3,\ y+2)=(x-3)^2+(y+2)^2-6(x-3)+4(y+2)-3=0$으로부터
$F(x,\ y)=x^2+y^2-12x+8y+36=0$
이다. ■

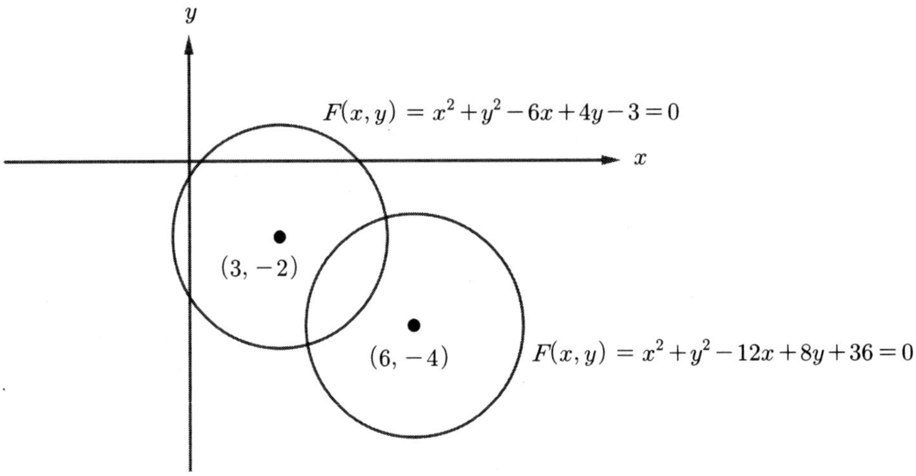

그림 1.18

다음은 도형 $F(x, y) = 0$을 $\mathrm{P}_0(x_0, y_0)$에 대해서 점대칭이동한 도형의 방정식을 구하는 방법에 대하여 알아보자.

그림 1.19에서와 같이 도형 $F(x, y) = 0$ 위의 임의의 점 $\mathrm{P}(x, y)$을 잡고, 다음 순서대로 대칭이동한다.

1. P_0을 원점으로 평행이동, 즉 $(-x_0, -y_0)$으로 평행이동하면 P은 P_1으로 이동된다.
2. P_1을 원점에 대칭이동한 점 P_2를 잡는다.
3. P_2를 $\overrightarrow{\mathrm{OP}_0}$방향으로 평행이동한 점 P'을 잡는다.
4. 점 P'이 P의 P_0에 대한 대칭점이다.

이를 좌표로 표현하면

$$\begin{aligned}(x, y) &\to (x - x_0, y - y_0) \to (-x + x_0, -y + y_0)\\ &\to (-x + x_0 + x_0, -y + y_0 + y_0) = (-x + 2x_0, -y + 2y_0)\end{aligned}$$

이므로 도형은

$$\{(x, y) \mid F(-x + 2x_0, -y + 2y_0) = 0\}$$

이다. 따라서 도형 $F(x, y) = 0$을 $\mathrm{P}_0(x_0, y_0)$에 대해서 대칭이동한 도형의 방정식은

$$F(-x + 2x_0, -y + 2y_0) = 0$$

이다.

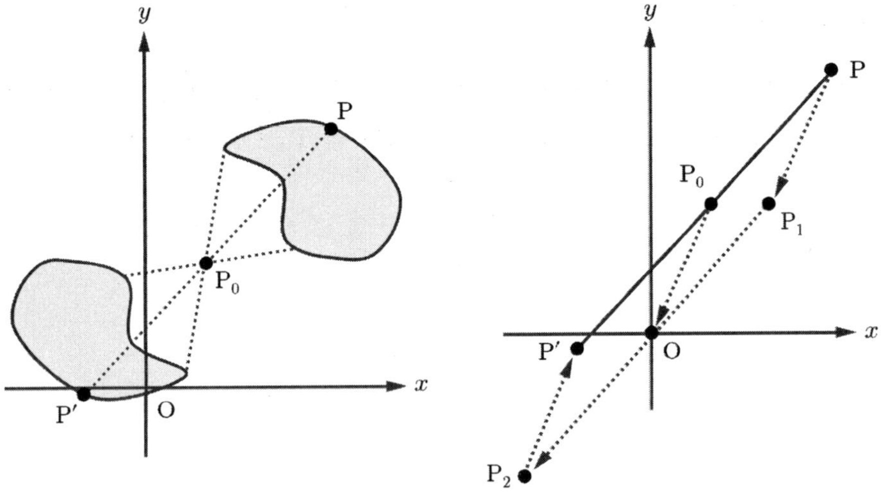

그림 1.19

예제 1.4.6 도형 $F(x,\ y)=x+y-1=0$을 점 $P_0(1,\ 2)$에 대칭이동한 도형의 방정식을 구하여라.

풀이 $F(-x+2,\ -y+4)=(-x+2)+(-y+4)-1=0$으로부터

$$F(x,\ y)=-x-y+5=0$$

이다.

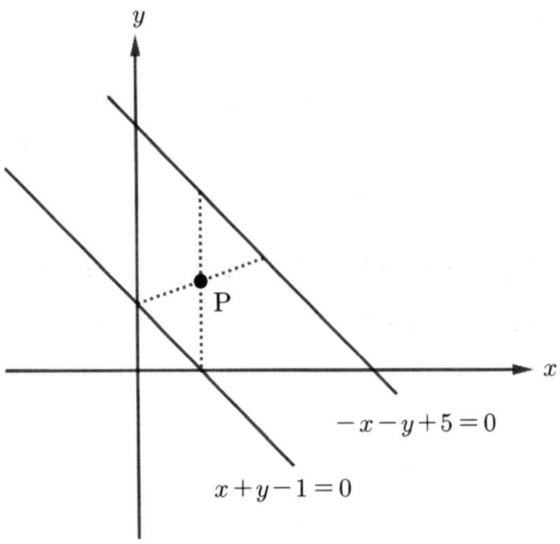

그림 1.20

■

1.4.3 회전이동

직교좌표계 Oxy에서 x축과 y축을 원점을 중심으로 시계 반대 방향으로 θ만큼 회전시킨 좌표계를 OXY 좌표계라고 하자. 평면 위의 점 P의 좌표를 Oxy 좌표계에서는 (x, y), OXY 좌표계에서는 (X, Y)라 하면

$$x = \mathrm{OA},\ y = \mathrm{AP}$$
$$X = \mathrm{OC},\ Y = \mathrm{CP}$$

이다.

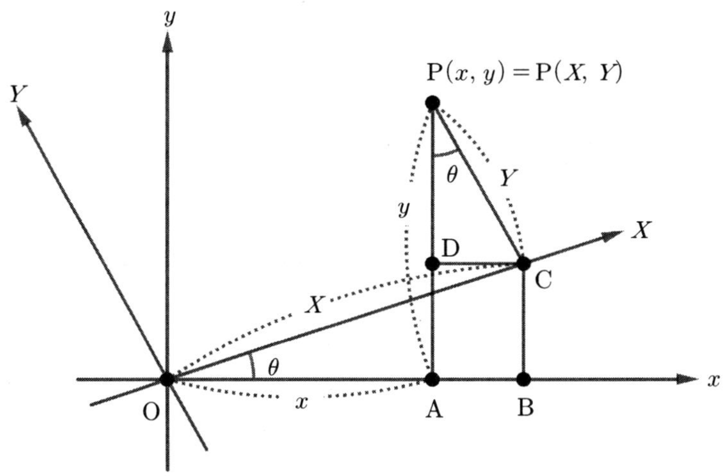

그림 1.21

결국 다음의 관계식을 얻을 수 있다.

$$x = \mathrm{OA} = \mathrm{OB} - \mathrm{AB} = \mathrm{OB} - \mathrm{DC} = X\cos\theta - Y\sin\theta$$
$$y = \mathrm{AP} = \mathrm{AD} + \mathrm{DP} = \mathrm{BC} + \mathrm{DP} = X\sin\theta + Y\cos\theta$$

즉

$$x = X\cos\theta - Y\sin\theta$$
$$y = X\sin\theta + Y\cos\theta$$

이고, 이를 X, Y에 대해서 풀면

$$X = x\cos\theta + y\sin\theta$$
$$Y = -x\sin\theta + y\cos\theta$$

이다.

• 예제 1.4.7 좌표축을 45° 회전한 새로운 좌표계에서 방정식 $x^2+xy+y^2=1$의 변환식을 구하여라.

풀이 변환식 $x = X\cos\theta - Y\sin\theta$, $y = X\sin\theta + Y\cos\theta$으로부터

$$x = \frac{1}{\sqrt{2}}(X-Y),\ y = \frac{1}{\sqrt{2}}(X+Y)$$

을 $x^2+xy+y^2=1$에 대입하면

$$3X^2+Y^2=2$$

이다.

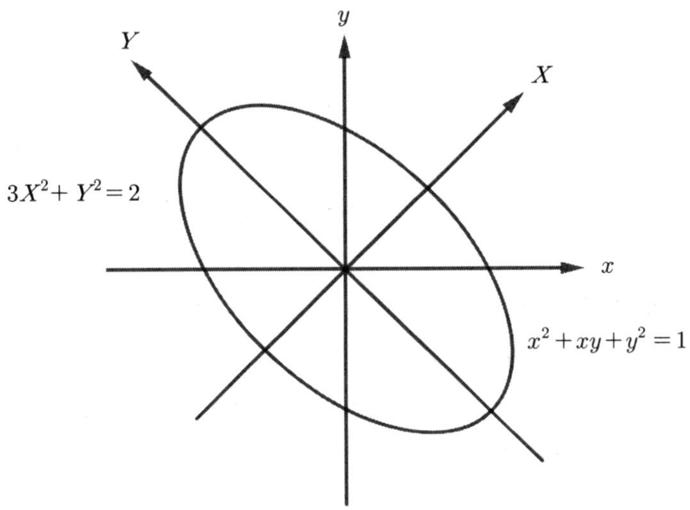

그림 1.22

• 예제 1.4.8 좌표축을 45° 회전한 새로운 좌표계에서 방정식 $xy=1$의 변환식을 구하여라.

풀이 예제 1.4.7에서 x, y로부터

$$1 = xy = \frac{1}{2}(X - Y)(X + Y)$$
$$= \frac{1}{2}(X^2 - Y^2)$$

이다. 그러므로 새로운 좌표계에서의 방정식은 다음과 같다.

$$X^2 - Y^2 = 2$$

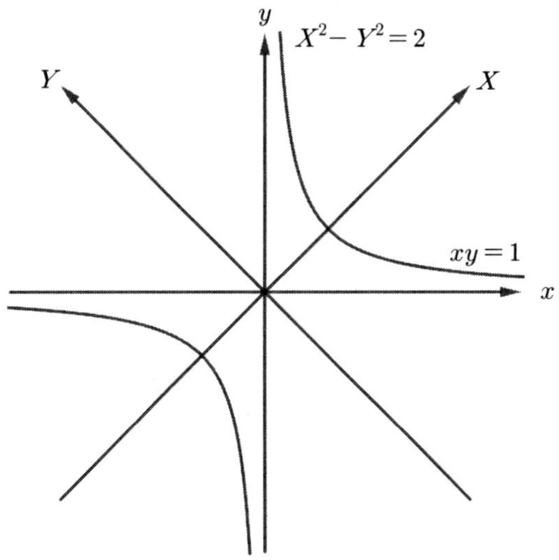

그림 1.23 ■

이제 좌표축의 회전이 아닌 임의의 도형을 원점을 중심으로 회전한 후 도형의 방정식을 구하는 방법에 대하여 알아본다.

그림 1.22에서와 같이 도형 $F(x, y) = 0$ 위의 임의의 점 $\mathrm{P}(x, y)$를 잡자. 점 P를 원점을 중심으로 θ만큼 회전한 후 점을 $\mathrm{P}'(x', y')$이라 하면,

$$x = r\cos\theta_0,\ y = r\sin\theta_0$$
$$x' = r\cos(\theta + \theta_0),\ y' = r\sin(\theta + \theta_0)$$

이다.

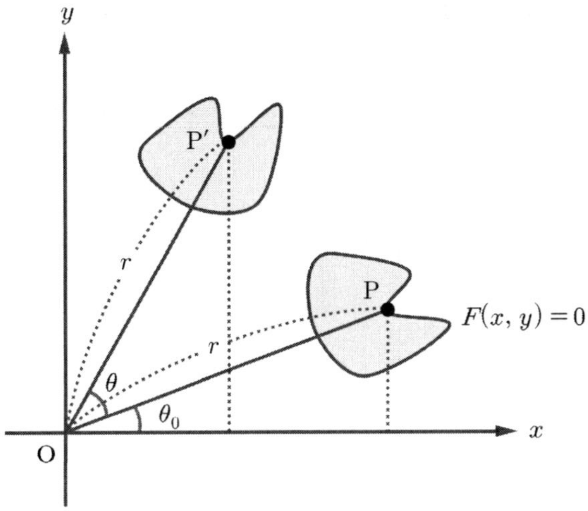

그림 1.24

한편

$$x' = r\cos\theta_0\cos\theta - r\sin\theta_0\sin\theta = x\cos\theta - y\sin\theta$$
$$y' = r\sin\theta_0\cos\theta + r\cos\theta_0\sin\theta = x\sin\theta + y\cos\theta$$

이 성립하므로

$$x = x'\cos\theta + y'\sin\theta$$
$$y = -x'\sin\theta + y'\cos\theta$$

이다. 결국 회전한 도형은

$$\{(x',\ y') | F(x'\cos\theta + y'\sin\theta,\ -x'\sin\theta + y'\cos\theta) = 0\}$$

이므로 좌표계 Oxy에서 θ만큼 회전한 도형의 방정식은

$$F(x\cos\theta + y\sin\theta,\ -x\sin\theta + y\cos\theta) = 0$$

이다.

• 예제 1.4.9 도형 $F(x,\ y) = x^2 - y^2 - 2 = 0$을 원점을 중심으로 $45°$ 회전한 도형의 방정식을 구하여라.

풀이 좌표계 Oxy에서 θ만큼 회전한 도형의 방정식으로부터

$$F\left(\frac{1}{\sqrt{2}}(x+y),\ \frac{1}{\sqrt{2}}(-x+y)\right)=\frac{1}{2}(x+y)^2-\frac{1}{2}(-x+y)^2-2=0$$
$$F(x,\ y)=2xy-2=0$$

이다. 그러므로 $F(x,\ y)=0$을 원점을 중심으로 $45°$ 회전한 도형의 방정식은

$$xy=1$$

이다. ■

1.4.4 선대칭

먼저 원점을 지나는 직선 l_0에 대한 도형 $F(x,\ y)=0$의 대칭이동 방정식에 대하여 알아보자. 그림에서와 같이 직선 l_0가 x축에서 시계 반대 방향으로 이루는 각을 θ라 하고, 도형 $F(x,\ y)=0$ 위의 임의의 점을 P$(x,\ y)$라 하자.

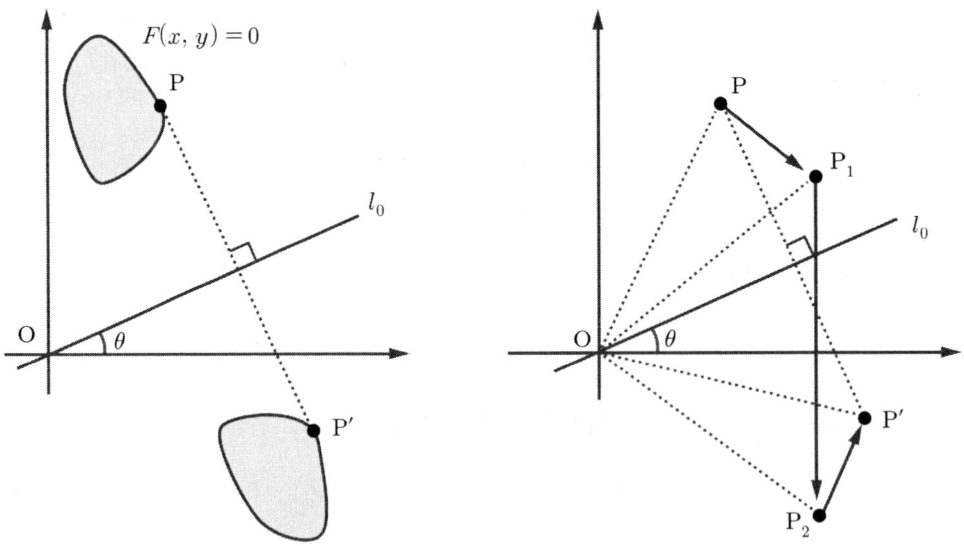

그림 1.25

직선 l_0에 대한 점 P$(x,\ y)$의 대칭점을 P$'(x',\ y')$라 하면 점 P$'$을 구하는 방법은 다음과 같다.

① 직선 l_0을 $-\theta$만큼 회전하여 직선 l_0이 x축이 되도록 하면, 점 P는 점 P_1으로 이동한다.

② 점 P_1을 x축에 대하여 대칭이동하면, 점 P_1은 점 P_2로 이동한다.

③ 점 P_2를 $+\theta$만큼 회전하면 점 P_2는 P'으로 이동한다.

④ 점 P'이 구하고자 하는 점 P의 대칭점이다.

이를 좌표로 표현하면

$$\begin{aligned}(x,\ y) &\to (x\cos\theta + y\sin\theta,\ -x\sin\theta + y\cos\theta)\\ &\to (x\cos\theta + y\sin\theta,\ x\sin\theta - y\cos\theta) = (\alpha,\ \beta)\\ &\to (\alpha\cos\theta - \beta\sin\theta,\ \alpha\sin\theta + \beta\cos\theta)\\ &\to (x\cos2\theta + y\sin2\theta,\ x\sin2\theta - y\cos2\theta)\end{aligned}$$

이다. 따라서 원점을 지나는 직선 l_0에 대한 도형 $F(x,\ y)=0$의 대칭이동 방정식은

$$F(x\cos2\theta + y\sin2\theta,\ x\sin2\theta - y\cos2\theta) = 0$$

이다.

이제 점 $P_0(x_0,\ y_0)$을 지나는 직선 l에 대한 도형 $F(x,\ y)=0$의 대칭이동 방정식을 구하여 보자.

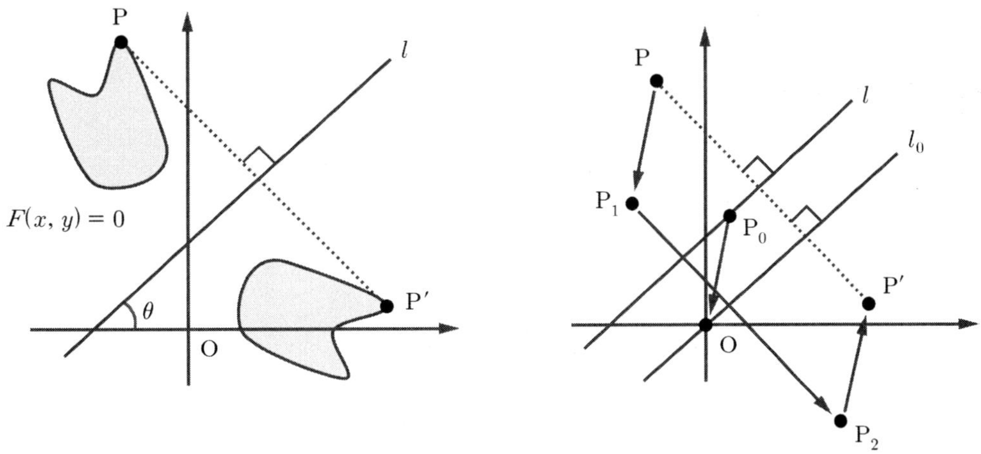

그림 1.26

그림 1.26에서와 같이 점 P′을 구하는 방법은 다음과 같다.

① 점 P_0를 원점 O로 평행이동하면 원점을 지나는 직선 l_0을 그을 수 있고, 이때 점 P은 점 P_1으로 이동한다.
② 점 P_1을 직선 l_0에 대칭이동하면 점 P_1은 점 P_2로 이동한다.
③ 점 P_2를 1의 역방향으로 평행이동하면 점 P_2는 P′으로 이동한다.
④ 점 P′이 구하고자하는 점 P의 대칭점이다.

이를 좌표로 표현하면

$$
\begin{aligned}
&(x, y) \to (x - x_0, y - y_0) \\
&\to ((x - x_0)\cos 2\theta + (y - y_0)\sin 2\theta,\ (x - x_0)\sin 2\theta - (y - y_0)\cos 2\theta) \\
&\to ((x - x_0)\cos 2\theta + (y - y_0)\sin 2\theta + x_0,\ (x - x_0)\sin 2\theta - (y - y_0)\cos 2\theta + y_0)
\end{aligned}
$$

이다. 따라서 직선 l에 대한 도형 $F(x, y) = 0$의 대칭이동 방정식은

$$F((x - x_0)\cos 2\theta + (y - y_0)\sin 2\theta + x_0,\ (x - x_0)\sin 2\theta - (y - y_0)\cos 2\theta + y_0) = 0$$

이다.

•예제 1.4.10 도형 $F(x, y) = \frac{xy}{25} + \frac{x}{5} - \frac{y}{5} + 1 = 0$을 직선 $y = 2x + 1$에 대칭이동한 도형의 방정식을 구하여라.

풀이 직선과 x축이 이루는 각을 θ라 하면

$$\cos\theta = \frac{1}{\sqrt{5}},\ \sin\theta = \frac{2}{\sqrt{5}}$$

이다. 한편 (0, 1)은 주어진 직선 위의 점이므로

$$
\begin{aligned}
&F\left(-\frac{3}{5}x + \frac{4}{5}y - \frac{4}{5},\ \frac{4}{5}x + \frac{3}{5}y + \frac{2}{5}\right) \\
&= -12x^2 + 12y^2 + 7xy - 29x - 3y - 13 \\
&= 0
\end{aligned}
$$

이다. ■

1.4.5 선대칭을 이용한 회전변환

이제 원점을 지나는 두 직선에 대한 대칭이동을 이용하여 도형의 회전이동을 설명할 수 있음을 알아보자.

원점을 지나는 두 직선 $l_{0\theta}$와 $l_{0\phi}$가 주어져 있고, 도형 $F(x, y)=0$ 위의 임의의 점을 $\mathrm{P}(x, y)$라 하자.

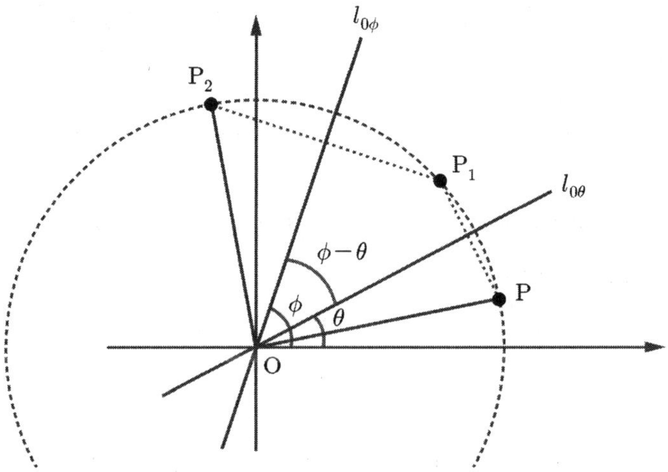

그림 1.27

이를 좌표로 표현하면

$$\begin{aligned}\mathrm{P}(x, y) &\to \mathrm{P}_1(x\cos2\theta+y\sin2\theta,\ x\sin2\theta-y\cos2\theta)=(\alpha, \beta)\\ &\to \mathrm{P}_2(\alpha\cos2\phi+\beta\sin2\phi,\ \alpha\sin2\phi-\beta\cos2\phi)\\ &= \mathrm{P}_2(x\cos2(\phi-\theta)-y\sin2(\phi-\theta),\ x\sin2(\phi-\theta)+y\cos2(\phi-\theta))\end{aligned}$$

이고, 따라서 원점을 지나는 두 직선 $l_{0\theta}$와 $l_{0\phi}$에 대한 두 번의 대칭이동은 회전이동임을 보여주고 있다.

1.4 연습문제

1. 좌표축의 원점을 $P_0(3,\ -4)$로 이동할 때 새로운 좌표계에서 다음 방정식을 표현하라.

(1) $x^2-6x-y+5=0$ (2) $x+2y-8=0$

(3) $x=-3$ (4) $x^2+4y^2-16x+16y+76=0$

2. 좌표축을 주어진 점으로 이동할 때 새로운 좌표계에서 다음 방정식을 표현하라.

(1) $2y=x+4,\ (2,\ 3)$ (2) $x-y=5,\ (1,\ -2)$

(3) $\dfrac{x}{2}+\dfrac{y}{3}=1,\ (-1,\ 1)$ (4) $y=2x+4,\ (-4,\ 2)$

3. 좌표축을 θ만큼 회전하였을 때 새로운 좌표계에서 점 $A(8,\ -6)$, $B(1,\ -3)$, $C(3,\ 1)$의 좌표를 구하여라.

(1) $\theta=30°$ (2) $\theta=-45°$

(3) $\theta=90°$ (4) $\theta=135°$

4. 방정식 $5x^2+4xy+8y^2-9=0$은 좌표축을 $\tan\theta=2$만큼 회전한 새로운 좌표계에서 $9X^2+4Y^2-9=0$임을 보여라.

5. 방정식 $5x-12y=52$을 좌표축을 $\tan\theta=\dfrac{5}{12}$만큼 회전한 새로운 좌표계에서의 방정식으로 표현하여라.

6. 도형 $F(x,\ y)=x+xy+2y-1=0$을 점 $P_0(-2,\ 5)$에 대칭이동한 도형의 방정식을 구하여라.

7. 도형 $F(x,\ y)=x^2-y^2+xy+2=0$을 점 $P_0(-3,\ 1)$으로 평행이동한 도형의 방정식을 구하여라.

8. 도형 $F(x,\ y)=xy+x-y+10=0$을 원점을 중심으로 $60°$ 회전한 도형의 방정식을 구하여라.

제 2 장

직선

2.1 직선의 방정식

2.1.1 직선의 방정식

유클리드《원론》의 제1공준에 의하면 평면 위의 서로 다른 두 점을 지나는 직선은 유일하다. 즉 서로 다른 두 점이 주어지면 유일한 직선은 결정됨을 알 수 있다. 이제 좌표를 도입하여 유일한 직선의 방정식을 구하여 보자.

평면 위의 서로 다른 두 점 $P_1(x_1, y_1)$, $P_2(x_2, y_2)$을 지나는 직선 l을 생각하자. 이때 $x_1 \neq x_2$인 경우

$$m = \frac{y_2 - y_1}{x_2 - x_1}$$

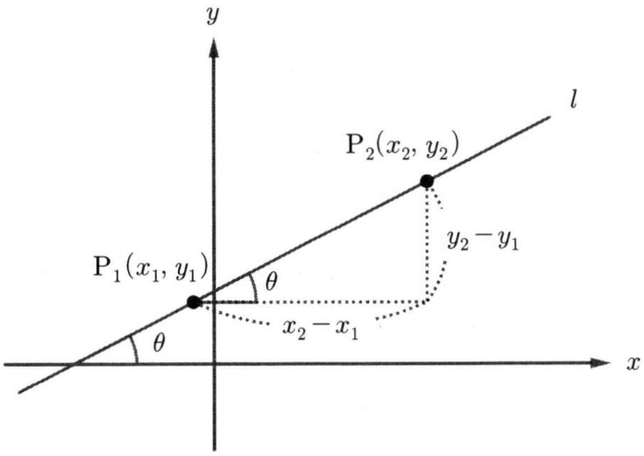

그림 2.1

을 이 직선 l의 **기울기**라 한다. x축의 양의 방향에서 시계 반대 방향으로 직선 l까지 이르는 각 θ을 직선의 **경사각**이라 하면, 직선 l의 기울기는

$$m = \tan\theta$$

이다. 또한

$$x_2 - x_1 : y_2 - y_1$$

을 직선 l의 **방향비**라 한다.

한 직선은 무수히 많은 점들을 가지고 있다. 그렇다면 주어진 직선 l 위에 또 다른 두 점 $P_1'(x_1', y_1')$, $P_2'(x_2', y_2')$을 택하면 그 기울기는 달라지지 않을까?

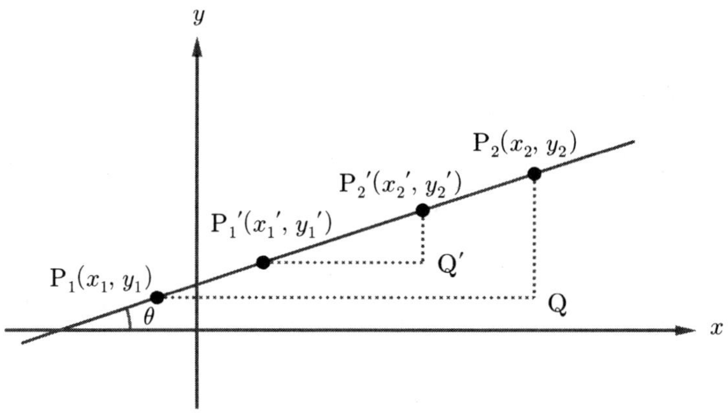

그림 2.2

그림 2.2에서와 같이 두 닮음 삼각형 P_1QP_2과 $P_1'Q'P_2'$의 닮음비

$$\frac{y_2 - y_1}{x_2 - x_1} = \frac{y_2' - y_1'}{x_2' - x_1'}$$

가 서로 같음을 알 수 있다. 이를 이용하여 $P_1(x_1, y_1)$, $P_2(x_2, y_2)$을 지나는 직선 l 위에 임의의 점 $P(x, y)$을 잡으면 그림 2.3에서와 같이

$$\frac{y_2 - y_1}{x_2 - x_1} = \frac{y - y_1}{x - x_1} \qquad (*)$$

이 성립한다. 위 식은 다음과 같이 표현할 수 있고

$$\frac{x-x_1}{x_2-x_1}=\frac{y-y_1}{y_2-y_1} \qquad (**)$$

이를 평면 위의 서로 다른 두 점 $\mathrm{P}_1(x_1, y_1)$, $\mathrm{P}_2(x_2, y_2)$을 지나는 **직선의 방정식**이라 한다.

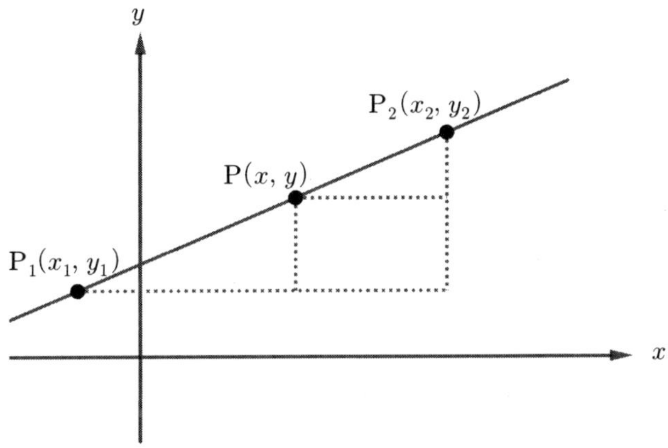

그림 2.3

식 (**)을 다시 정리하면 다음과 같다.

$$(y_2-y_1)x+(x_1-x_2)y+(x_2y_1-x_1y_2)=0$$

이때 $a=y_2-y_1$, $b=x_1-x_2$, $c=x_2y_1-x_1y_2$라 두면 직선 l의 방정식은

$$ax+by+c=0$$

이고, 이를 **직선의 일반형**이라 한다.

만일 $x_2-x_1=0$이면 직선 l은 x축에 수직인 직선이며, $y_2-y_1=0$이면 직선 l은 y축에 수직인 직선이다. 직선이 x, y축과 만나는 점의 x, y좌표를 직선의 x**절편**, y**절편**이라 한다.

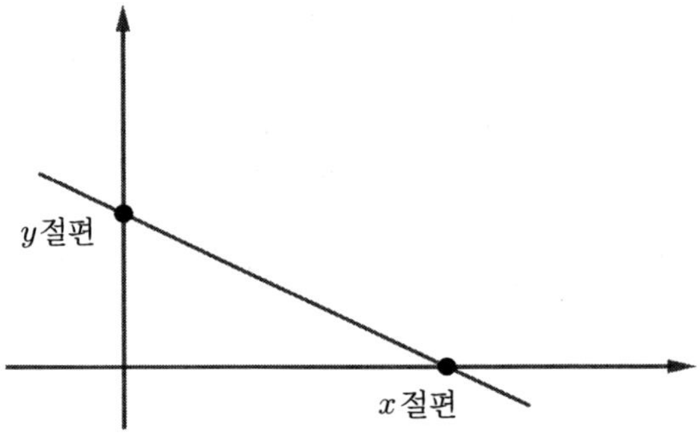

그림 2.4

직선 l이 x축과 이루는 각을 α, y축과 이루는 각을 β라 하자. 이때 α, β를 직선의 방향각이라 하고 $\cos\alpha$, $\cos\beta$를 직선 l의 **방향코사인**이라 한다.

그림 2.5에서 $r = |\mathrm{P_1P_2}|$라 하면

$$x_2 - x_1 = r\cos\alpha,$$
$$y_2 - y_1 = r\sin\alpha = r\sin(90° - \beta) = r\cos\beta$$

이므로

$$x_2 - x_1 : y_2 - y_1 = \cos\alpha : \cos\beta$$

이다. 즉 방향코사인의 비는 직선 l의 방향비이다.

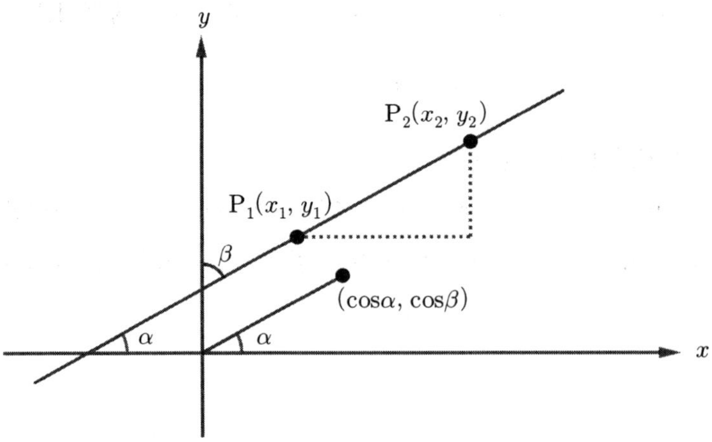

그림 2.5

피타고라스 정리에 의해

$$(x_2 - x_1)^2 + (y_2 - y_1)^2 = r^2$$
$$\Leftrightarrow (r\cos\alpha)^2 + (r\cos\beta)^2 = r^2$$

이므로 방향코사인은

$$\cos^2\alpha + \cos^2\beta = 1$$

이 성립한다.

만일 기울기가 m이고 한 점 $P_1(x_1, y_1)$을 지나는 직선의 방정식은 (*)으로부터

$$y - y_1 = m(x - x_1)$$

이고, 방향비가 $u : v$이고 한 점 $P_1(x_1, y_1)$을 지나는 직선의 방정식은 (**)으로부터

$$\frac{x - x_1}{u} = \frac{y - y_1}{v}$$

이다. 한편 직선의 방향비와 방향코사인의 비는 같으므로 방향코사인이 λ, μ이고 한 점 $P_1(x_1, y_1)$을 지나는 직선의 방정식은

$$\frac{x - x_1}{\lambda} = \frac{y - y_1}{\mu}$$

이다.

예제 2.1.1 기울기가 -2이고 한 점 $(1, 3)$을 지나는 직선의 방정식을 구하여라.

풀이 직선의 방정식 $y - y_1 = m(x - x_1)$으로부터 $y - 3 = -2(x - 1)$이다.
즉 $y = -2x + 5$이다. ■

예제 2.1.2 방향비가 $2 : 3$이고 한 점 $(-1, 2)$을 지나는 직선의 방정식을 구하여라.

풀이 구하고자 하는 방정식은 $\frac{x - (-1)}{2} = \frac{y - 2}{3}$이므로 $3x - 2y + 7 = 0$이다. ■

예제 2.1.3 두 점 $(a, 0)$, $(0, b)$을 지나는 직선의 방정식을 구하여라.

풀이 구하고자 하는 직선의 방향비는 $-a : b$이므로 기울기는 $-\dfrac{b}{a}$이다. 그러므로 한 점 $(a, 0)$을 지나고 기울기가 $-\dfrac{b}{a}$인 직선의 방정식은

$$y-0=-\frac{b}{a}(x-a)$$

이고, 다음과 같이 표현된다.

$$\frac{x}{a}+\frac{y}{b}=1$$

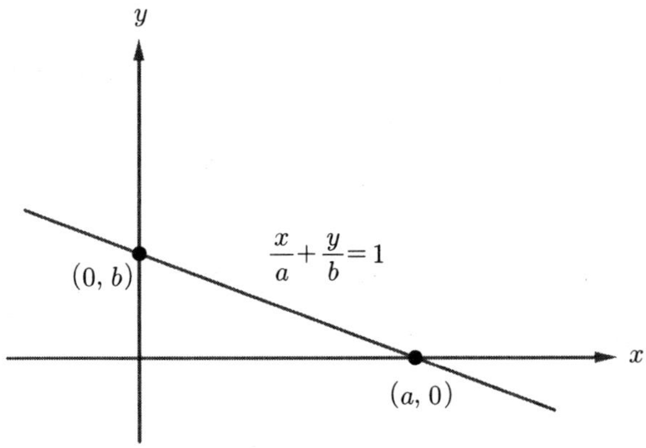

그림 2.6

직선 $\dfrac{x}{a}+\dfrac{y}{b}=1$은 x절편이 $(a, 0)$이고 y절편이 $(0, b)$인 직선의 방정식임을 알 수 있다. ■

예제 2.1.4 직선 $l : ax+by+c=0$의 방향비와 기울기를 구하여라.

풀이 직선 l 위에 두 점 $P_1(x_1, y_1)$, $P_2(x_2, y_2)$을 잡으면

$$ax_1+by_1+c=0,\ ax_2+by_2+c=0$$

이 성립하고

$$a(x_2-x_1)+b(y_2-y_1)=0$$

이다. 이로부터 직선 l의 방향비는

$$x_2-x_1:y_2-y_1=-b:a \text{ 또는 } x_2-x_1:y_2-y_1=b:-a$$

이고, 기울기는

$$\frac{y_2-y_1}{x_2-x_1}=-\frac{a}{b}$$

이다. ■

예제 2.1.5 유향직선의 방향비가 $u:v$이고 방향코사인이 λ, μ일 때

$$\lambda=\pm\frac{u}{\sqrt{u^2+v^2}},\ \mu=\pm\frac{v}{\sqrt{u^2+v^2}}$$

임을 보여라.

풀이 방향코사인의 비는 직선의 방향비와 같으므로, 즉

$$u:v=\lambda:\mu$$

으로부터

$$\frac{\lambda}{u}=\frac{\mu}{v}(=p)$$

이다. 그러므로 $\lambda=up$, $\mu=vp$이고

$$1=\lambda^2+\mu^2=(u^2+v^2)p^2$$

이다. 결국

$$p=\pm\frac{1}{\sqrt{u^2+v^2}}$$

이고, 이로부터 방향코사인 λ, μ는 다음과 같다.

$$\lambda=\pm\frac{u}{\sqrt{u^2+v^2}},\ \mu=\pm\frac{v}{\sqrt{u^2+v^2}}$$ ■

▶ [주의] $\lambda = \frac{u}{\sqrt{u^2+v^2}}$, $\mu = \frac{v}{\sqrt{u^2+v^2}}$과 $\lambda = -\frac{u}{\sqrt{u^2+v^2}}$, $\mu = -\frac{v}{\sqrt{u^2+v^2}}$은 유향직선의 반대 방향의 방향코사인이다. 그러므로 λ, μ에서 +만을 택하여도 무방하다.

예제 2.1.6 직선 $l : ax+by=0$과 $l' : bx-ay=0$은 서로 수직임을 보여라.

풀이 원점에서 직선 $l : ax+by=0$ $(y=-\frac{a}{b}x)$에 수직인 직선을

$$l' : a'x+b'y=0 \quad (y=-\frac{a'}{b'}x)$$

라 하자. 두 직선 l, l'과 직선 $x=k$ (k는 상수)와 만나는 두 점을 A, B라 하면, 점 A, B의 좌표는 각각

$$(k,\ -\frac{a}{b}),\ (k,\ -\frac{a'}{b'})$$

이다.

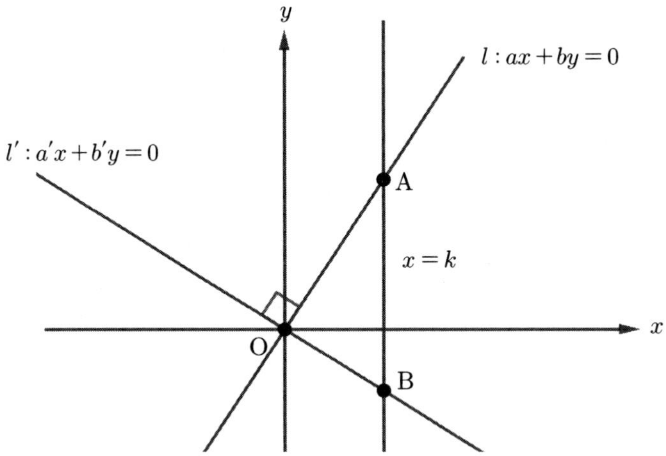

그림 2.7

그림 2.7에서 직각삼각형 AOB로부터

$$k^2(1+\frac{a^2}{b^2})+k^2(1+\frac{a'^2}{b'^2})=k^2(\frac{a}{b}-\frac{a'}{b'})^2$$

즉

$$aa' = -bb' \qquad \cdots\cdots \ (*)$$

을 얻는다. 이로부터

$$\frac{a'}{b} = -\frac{b'}{a} = r$$

$$a' = rb,\ b' = -ra$$

이 성립한다. 결국 직선 l에 수직인 직선 l'은

$$l' : bx - ay = 0$$

이다. ■

[참고]

(1) 식 (*)에서

$$\left(-\frac{a}{b}\right)\left(-\frac{a'}{b'}\right) = -1$$

이다. 즉 수직인 두 직선의 기울기의 곱은 -1이다.

(2) 예제 2.1.6로부터 직선 $ax+by+c=0$에 수직인 직선의 방향비는 $a:b$이다.

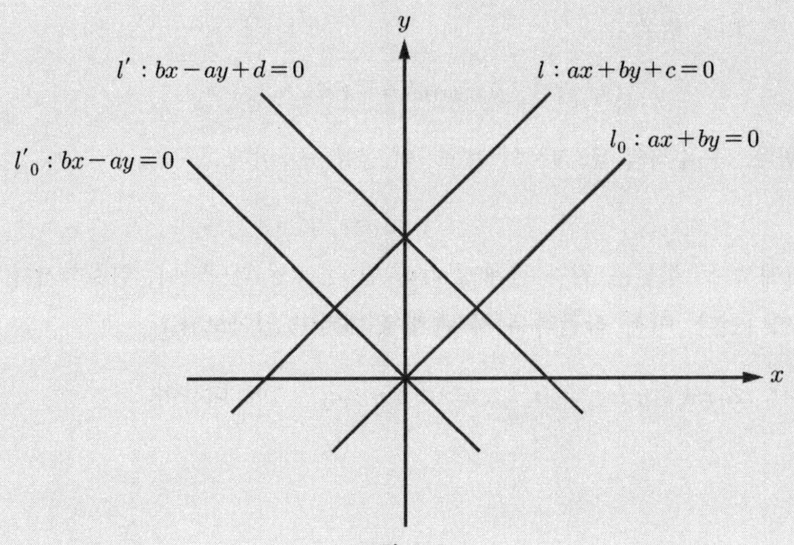

그림 2.8

만일 두 직선 l, l'가 서로 수직이라 하고 m, m'을 각각 두 직선의 기울기라 하자(그림 2.9 참조).

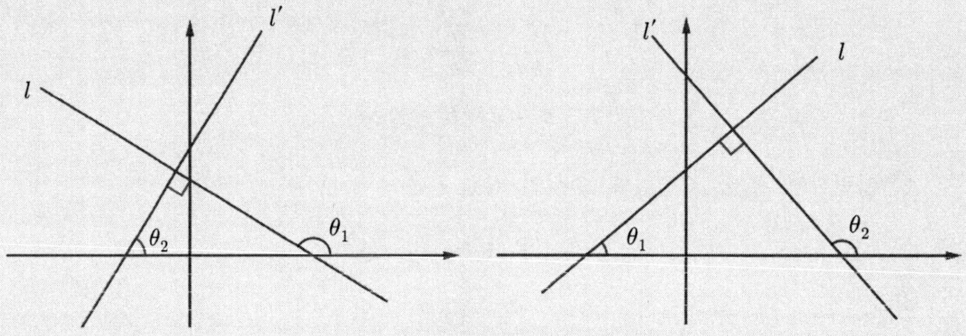

그림 2.9

그림 2.9에서처럼

$$\theta_1 = \theta_2 + 90° \text{ 또는 } \theta_2 = \theta_1 + 90°$$

이므로

$$m = \tan\theta_1 = -\cot\theta_2 = -\frac{1}{\tan\theta_2} = -\frac{1}{m'}$$

임을 알 수 있다. 결국

$$mm' = -1$$

이 성립한다. 즉 수직인 두 직선의 기울기의 곱은 -1이다.

평면기하에서 두 직선은 위치 관계에 따라 한 점에서 만나거나, 일치하거나, 평행하거나 세 중 하나이다. 이제 직선의 위치 관계에 대하여 알아보자.

두 직선 $l_1 : a_1x + b_1y + c_1 = 0$, $l_2 : a_2x + b_2y + c_2 = 0$에 대하여

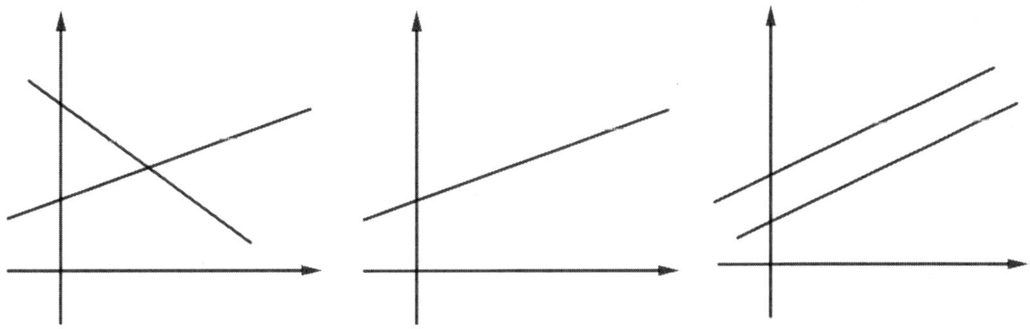

그림 2.10

만일 $\dfrac{a_1}{a_2} \neq \dfrac{b_1}{b_2}$이면 두 직선 l_1, l_2는 한 점에서 만나고,

만일 $\dfrac{a_1}{a_2} = \dfrac{b_1}{b_2} = \dfrac{c_1}{c_2}$이면 두 직선 l_1, l_2는 일치하며,

만일 $\dfrac{a_1}{a_2} = \dfrac{b_1}{b_2} \neq \dfrac{c_1}{c_2}$이면 두 직선 l_1, l_2은 평행하다.

2.1.2 직선의 매개방정식

방향비가 $u : v$이고 한 점 $\mathrm{P}_1(x_1, y_1)$을 지나는 직선의 방정식

$$\frac{x - x_1}{u} = \frac{y - y_1}{v} = t$$

로부터

$$x = x_1 + ut$$
$$y = y_1 + vt$$

을 얻는다. 이것을 직선의 **매개방정식**이라 한다.

만일 방향코사인이 λ, μ이고 한 점 $\mathrm{P}_1(x_1, y_1)$을 지나는 직선의 방정식

$$\frac{x - x_1}{\lambda} = \frac{y - y_1}{\mu} = t$$

으로부터

$$x-x_1=\lambda t,\ y-y_1=\mu t$$

이므로

$$(x-x_1)^2+(y-y_1)^2=(\lambda^2+\mu^2)t^2=t^2$$

이다. 결국 매개방정식에서 t는 점 $\mathrm{P}_1(x_1,\ y_1)$에서 점 $\mathrm{P}(x,\ y)$까지의 유향거리를 나타낸다.

예제 2.1.7 직선 $2x+y+1=0$의 매개방정식을 구하여라.

풀이 주어진 직선의 방향비는 $-1:2$이고, $(-1,\ 1)$을 지나므로 직선의 매개방정식은

$$x=-1-t,\ y=1+2t$$

이다. ■

예제 2.1.8 직선의 매개방정식 $x=1-t,\ y=2+3t$에 대응하는 직교방정식을 구하여라.

풀이 방향비가 $-1:3$이고 $(1,\ 2)$을 지나므로 직선의 방정식은

$$\frac{x-1}{-1}=\frac{y-2}{3}\ \text{또는}\ 3x+y-5=0$$

이다. ■

2.1.3 직선의 극방정식

원점을 지나지 않은 직선 l에 대하여 원점에서 직선에 내린 수선의 발을 R이라 하고, 원점에서 점 R까지의 거리를 $p=|\mathrm{OR}|$라 하자. x축 (극축)과 $\overrightarrow{\mathrm{OR}}$이 이루는 각을 ω라 하자(그림 2.11 참조). 직선 l 위의 임의의 한 점 P의 극좌표를 $(r,\ \theta)$라 하면, 직각삼각형 ORP에서

$$\frac{p}{r}=\cos(\theta-\omega)$$

즉

$$r\cos(\theta-\omega)=p$$

이 성립한다. 이 식을 직선 l의 **극방정식**이라 한다.

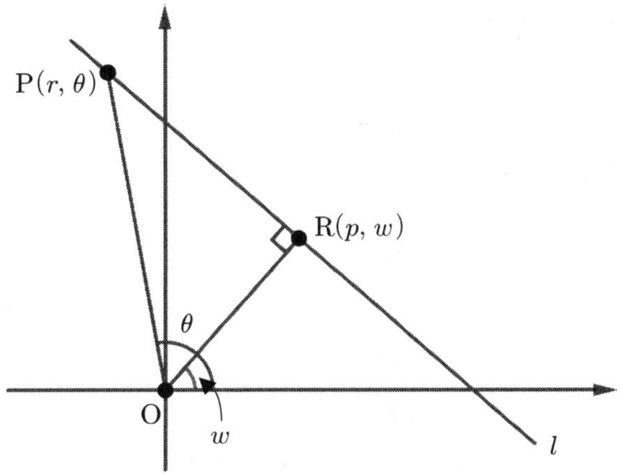

그림 2.11

만일 $\omega=0,\ \pi$이면 $r\cos\theta=\pm p$이고 이 경우 직선 l은 x축(극축)에 수직인 직선이고, 만일 $\omega=\frac{\pi}{2},\ \frac{3\pi}{2}$이면 $r\sin\theta=\pm p$이고 직선 l은 y축에 수직인 직선이다.

직선의 일반형 $ax+by+c=0\,(c\neq 0,\ a\neq b)$은 원점을 지나지 않은 직선이다. 이 직선에 $x=r\cos\theta,\ y=r\sin\theta$을 대입하면 직선의 극방정식은

$$r=-\frac{c}{a\cos\theta+b\sin\theta}$$

이다.

예제 2.1.9 극방정식 $r\cos\theta=4$과 $r\sin\theta=-4$의 그래프를 그려라.

풀이 $x=r\cos\theta$로부터 $r\cos\theta=4$은 $x=4$이다. 또한 $y=r\sin\theta$로부터 $r\sin\theta=-4$은 $y=-4$이다.

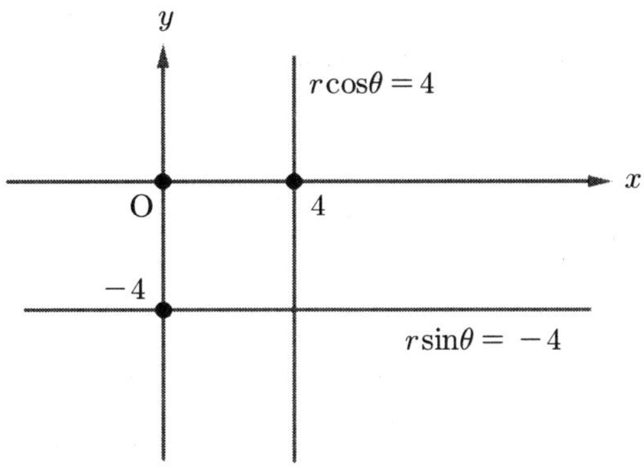

■

그림 2.12

예제 2.1.10 극방정식 $r = \dfrac{4}{\cos\theta - 4\sin\theta}$ 의 그래프를 그려라.

풀이 위 식은 $r\cos\theta - 4r\sin\theta = 4$로 바꿔 표현할 수 있으므로, 주어진 극방정식은 직교방정식으로는 $x - 4y = 4$이다.

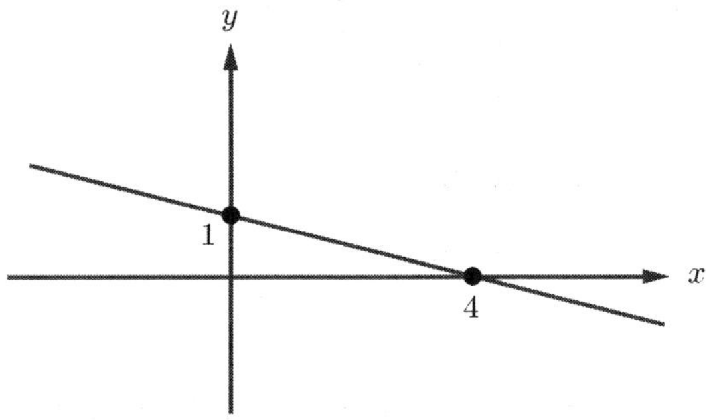

그림 2.13

■

예제 2.1.11 다음 직선의 극방정식을 구하여라.

(1) $x + 2y = 2$ (2) $2x - 3y = 1$

풀이 $x = r\cos\theta,\ y = r\sin\theta$으로부터

(1) $r\cos\theta + 2r\sin\theta = 2$이므로 극방정식은 $r = \dfrac{2}{\cos\theta + 2\sin\theta}$이다.

(2) $2r\cos\theta - 3r\sin\theta = 1$이므로 극방정식은 $r = \dfrac{1}{2\cos\theta - 3\sin\theta}$이다. ■

2.1.4 직선의 Hesse 표준형

원점을 지나지 않은 직선 l의 극방정식(그림 2.11 참조)

$$r\cos(\theta - \omega) = p$$

으로부터

$$\begin{aligned} p &= r\cos(\theta - \omega) \\ &= r(\cos\theta\cos\omega + \sin\theta\sin\omega) \\ &= \cos\omega(r\cos\theta) + \sin\omega(r\sin\theta) \\ &= \cos\omega x + \sin\omega y \end{aligned}$$

이다. 결국

$$\cos\omega x+\sin\omega y=p$$

을 얻을 수 있고, 이를 직선 l의 Hesse **표준형**이라 한다. Hesse 표준형에서 p는 원점에서 직선 l까지의 거리이고 x, y의 계수의 제곱의 합 $\cos^2\omega+\sin^2\omega$은 1이다.

이제 직선의 방정식 $ax+by+c=0$을 Hesse의 표준형으로 바꾸는 방법에 대하여 알아본다. 주어진 직선을

$$ax+by=-c$$

로 바꾸고 양변에 0이 아닌 실수 k를 곱하면

$$kax+kby=-kc$$

이다. 한편 Hesse 표준형의 특징인 x, y의 계수의 제곱의 합이 1임을 이용하면

$$(ka)^2+(kb)^2=1$$

이고, 이로부터

$$k=\pm\frac{1}{\sqrt{a^2+b^2}}$$

이다. 결국 직선 $ax+by+c=0$의 Hesse의 표준형은

$$\pm\frac{a}{\sqrt{a^2+b^2}}x\pm\frac{b}{\sqrt{a^2+b^2}}y=\mp\frac{c}{\sqrt{a^2+b^2}}$$

임을 알 수 있다. 이때 복부호는 우변 $\mp\frac{c}{\sqrt{a^2+b^2}}$이 양수가 되도록 택한다. 이로부터 원점에서 직선 $ax+by+c=0$까지의 거리는

$$p=\frac{|c|}{\sqrt{a^2+b^2}}$$

이다.

예제 2.1.12 다음 직선의 방정식을 Hesse의 표준형으로 바꾸고 원점에서 직선까지의 거리를 구하여라.

(1) $-4x+3y-25=0$ (2) $x+2y+3=0$

풀이 (1) $-4x+3y=25$으로부터 Hesse의 표준형은 $-\frac{4}{5}x+\frac{3}{5}y=5$이고, 원점에서 직선까지의 거리는 5이다.

(2) $-x-2y=3$으로부터 Hesse의 표준형은 $-\frac{1}{\sqrt{5}}x-\frac{2}{\sqrt{5}}y=\frac{3}{\sqrt{5}}$이고, 원점에서 직선까지의 거리는 $\frac{3}{\sqrt{5}}$이다. ■

2.1 연습문제

1. 직선이 x축과 이루는 각이 $120°$일 때 이 직선의 기울기를 구하여라.

2. 직선의 기울기가 -1일 때 직선이 x축과 이루는 각을 구하여라.

3. 다음 두 점을 지나는 직선의 방정식을 구하여라.

(1) $\mathrm{A}(2, 3), \mathrm{B}(6, -2)$　　(2) $\mathrm{A}(-2, 3), \mathrm{B}(1, -2)$

(3) $\mathrm{A}(5, 2), \mathrm{B}(0, 3)$　　(4) $\mathrm{A}(\frac{4}{3}, 0), \mathrm{B}(\frac{2}{3}, -\frac{1}{2})$

4. 다음 점 A와 기울기 m을 갖는 직선의 방정식을 구하여라.

(1) $\mathrm{A}(-5, 3), m = \frac{2}{3}$　　(2) $\mathrm{A}(6, 1), m = -2$

(3) $\mathrm{A}(-3, -4), m = 3$　　(4) $\mathrm{A}(-3, 1), m = \frac{1}{2}$

5. 기울기가 m, x절편이 a, y절편이 b라 할 때 직선의 방정식을 구하여라.

(1) $b = -4, m = \frac{2}{3}$　　(2) $b = -5, m = -\frac{1}{2}$

(3) $a = 2, b = 3$　　(4) $a = -3, m = \frac{3}{5}$

6. 점 $\mathrm{A}(-4, 5)$를 지나고 원점과 점 $\mathrm{P}(6, -2)$를 지나는 직선에 수직인 직선의 방정식을 구하여라.

7. 세 점 $\mathrm{A}(-2, 6), \mathrm{B}(1, 1), \mathrm{C}(7, -9)$는 동일 직선상에 있음을 보여라.

8. 선분 AB의 수직이등분선의 방정식을 구하여라.

(1) $\mathrm{A}(-2, 4), \mathrm{B}(4, 0)$　　(2) $\mathrm{A}(-5, -2), \mathrm{B}(2, 1)$

(3) $\mathrm{A}(0, -4), \mathrm{B}(6, 0)$　　(4) $\mathrm{A}(5, -1), \mathrm{B}(-1, 2)$

9. 점 A에서 선분 BC의 수선의 방정식을 구하여라.

(1) $A(0,\ -4)$, $B(6,\ 2)$, $C(-3,\ 8)$　　(2) $A(-8,\ 3)$, $B(-2,\ 5)$, $C(1,\ -4)$

(3) $A(1,\ 2)$, $B(2,\ 4)$, $C(-3,\ -1)$　　(4) $A(-2,\ 1)$, $B(3,\ 1)$, $C(4,\ 3)$

10. Hesse의 표준형에서 다음을 만족하는 직선의 방정식을 구하여라.

(1) $\omega = 135°,\ p = 8$　　(2) $\omega = 90°,\ p = 3$

(3) $\omega = 240°,\ p = 6$　　(4) $\omega = 180°,\ p = 5$

11. 직선 $2x + 3y - 5 = 0$을 Hesse 표준형으로 고치고, 원점에서 직선까지의 거리를 구하여라.

12. 다음 직선의 매개방정식을 구하여라.

(1) $x + y - 1 = 0$　　(2) $2x - 3y + 5 = 0$

(3) $\dfrac{x}{2} + \dfrac{y}{5} = 2$　　(4) $\dfrac{x}{3} - \dfrac{y}{7} = 0$

13. 다음 직선의 극방정식을 구하여라.

(1) $x - y - 1 = 0$　　(2) $x - 7y + 3 = 0$

(3) $\dfrac{x}{2} - \dfrac{y}{5} = 1$　　(4) $\dfrac{x}{5} - \dfrac{y}{7} = 0$

14. 다음 극방정식의 직교방정식을 구하여라.

(1) $r\cos\left(\theta - \dfrac{\pi}{4}\right) = 4$　　(2) $r\cos\left(\theta + \dfrac{\pi}{3}\right) = 2$

(3) $r = \dfrac{1}{\cos\theta + \sin\theta}$　　(4) $r = \dfrac{2}{\cos\theta - 4\sin\theta}$

15. 다음 두 직선이 평행할 때 수직일 때 $a,\ b$값을 구하여라.

(1) $ax - 2y = 4$
$x + 3y = 7$

(2) $4x + 5y = 20$
$ax - 6y = 4$

(3) $x + 3y = -7$
$5x + by = -4$

(4) $1.2x - 3.6y = 5$
$x + by = 2$

2.2 점과 직선, 두 직선 사이의 관계

2.2.1 주어진 점에서 직선까지의 거리

이제 직선의 Hesse 표준형을 이용하여 원점이 아닌 한 점에서 직선까지의 거리를 구하는 방법에 대하여 알아보자.

직선 $l: ax+by+c=0$ 위에 있지 않은 한 점 $P_1(x_1, y_1)$을 잡고, 점 P_1에서 직선으로 수선을 내려 그 점을 R이라 하자. 점 P_1이 원점이 되도록 평행이동한 좌표계 P_1XY에서 직선 l의 방정식은

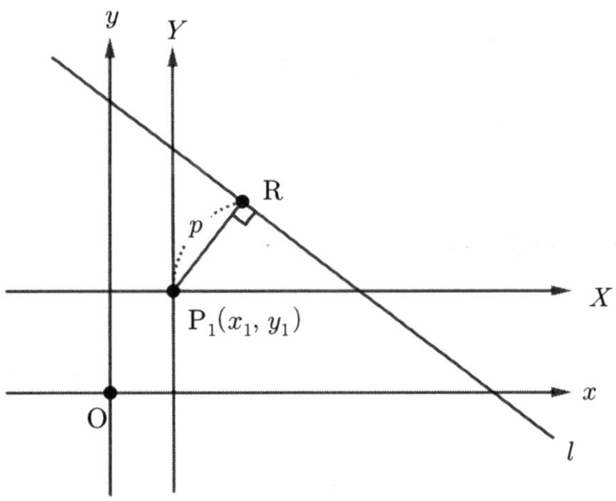

그림 2.14

$$a(X+x_1)+b(Y+y_1)+c=0$$
$$aX+bY+(ax_1+by_1+c)=0$$

이다. 좌표계 P_1XY에서 점 P_1은 원점이므로 원점에서 직선까지의 거리를 측정하는 Hesse의 표준형에 따라 점 $P_1(x_1, y_1)$에서 직선 $aX+bY+(ax_1+by_1+c)=0$까지의 거리는

$$p=\frac{|ax_1+by_1+c|}{\sqrt{a^2+b^2}}$$

이고, 이는 점 $P_1(x_1, y_1)$에서 직선 $ax+by+c=0$까지의 거리이다. 그러므로 Hesse 표준형을 사용하면 한 점에서 한 직선 l에 이르는 거리를 쉽게 구할 수 있다.

예제 2.2.1 다음 점에서 직선 $5x-12y-26=0$까지의 거리를 구하여라.

(1) $P_1(3, -5)$ (2) $P_2(-4, 1)$ (3) $P_3(9, 0)$

풀이 (1) $p_1=\dfrac{|5(3)-12(-5)-26|}{\sqrt{5^2+12^2}}=\dfrac{49}{13}$

(2) $p_2=\dfrac{|5(-4)-12(1)-26|}{\sqrt{5^2+12^2}}=\dfrac{58}{13}$

(3) $p_3=\dfrac{|5(9)-12(0)-26|}{\sqrt{5^2+12^2}}=\dfrac{19}{13}$ ■

2.2.2 두 직선이 이루는 각과 이등분선

서로 다른 두 직선은 한 점에서 만나고 그 점에서 두 직선이 이루는 각이 만들어진다. 이제 두 직선의 교점, 이루는 각과 그 각의 이등분선에 대하여 알아본다.

서로 다른 두 직선

$$l_1: a_1x+b_1y+c_1=0,$$
$$l_2: a_2x+b_2y+c_2=0$$

의 교점은 두 방정식을 만족하는 좌표로서 연립방정식의 해이다.

이제 두 직선 l_1, l_2가 이루는 각을 구하여 보자. 예제 2.1.4에 의하면 l_1, l_2의 방향비는 각각

$$-b_1:a_1,\quad -b_2:a_2$$

이다. 또한 예제 2.1.5에 의하면 l_1의 방향코사인 λ_1, μ_1과 l_2의 방향코사인 λ_2, μ_2는

$$\lambda_1 = \frac{-b_1}{\sqrt{b_1^2 + a_1^2}}, \quad \mu_1 = \frac{a_1}{\sqrt{b_1^2 + a_1^2}}$$

$$\lambda_2 = \frac{-b_2}{\sqrt{b_2^2 + a_2^2}}, \quad \mu_2 = \frac{a_2}{\sqrt{b_2^2 + a_2^2}}$$

이다. 따라서 l_1과 l_2가 이루는 각을 θ $(0 \le \theta \le \frac{\pi}{2})$라 하면

$$\cos\theta = \frac{a_1 a_2 + b_1 b_2}{\sqrt{a_1^2 + b_1^2}\sqrt{a_2^2 + b_2^2}}$$

이다. 특히 $a_1 a_2 + b_1 b_2 = 0$이면 l_1과 l_2는 직교한다.

다음은 서로 다른 두 직선이 이루는 각의 이등분선에 대하여 알아보자. 점 $P_0(x_0, y_0)$을 두 직선 l_1과 l_2의 교점이라고 하자. 점 P_0에서 l_1과 l_2가 이루는 각의 이등분선을 l이라 하면 l 위의 임의의 점 $P(x, y)$에 대하여

$$\text{P에서 } l_1\text{까지의 거리} = \text{P에서 } l_2\text{까지의 거리}$$

을 만족하는 점 P의 자취가 각의 이등분선이고 다음과 같다(그림 2.15).

$$\frac{|a_1 x + b_1 y + c_1|}{\sqrt{a_1^2 + b_1^2}} = \frac{|a_2 x + b_2 y + c_2|}{\sqrt{a_2^2 + b_2^2}}$$

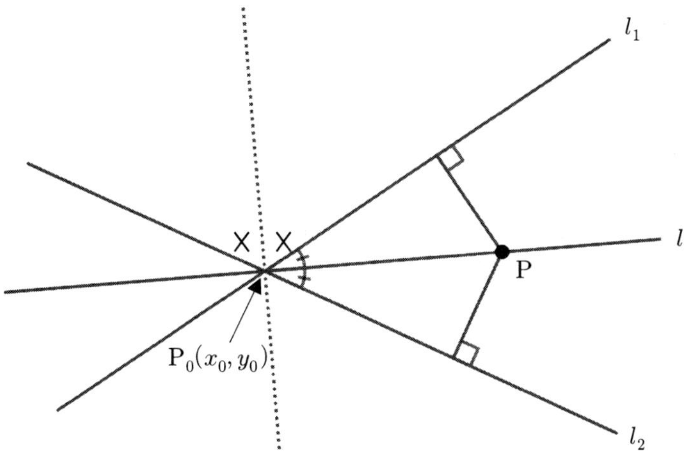

그림 2.15

$$\frac{a_1x+b_1y+c_1}{\sqrt{a_1^2+b_1^2}}=\pm\frac{a_2x+b_2y+c_2}{\sqrt{a_2^2+b_2^2}}$$

예제 2.2.2 두 직선 $2x+y-1=0$, $x-y-2=0$의 교점을 구하여라.

풀이 교점은 연립방정식의 해로서 $x=1$, $y=-1$이므로 교점은 $(1,\ -1)$이다. ■

예제 2.2.3 직선 $ax+by+c=0$와 두 점 $A(x_1,\ y_1)$, $B(x_2,\ y_2)$을 잇는 선분의 교점을 P라 하면

$$\frac{\mathrm{AP}}{\mathrm{PB}}=-\frac{ax_1+by_1+c}{ax_2+by_2+c}$$

이 성립함을 보여라.

풀이 AP: PB$=m:n$이라 하면 점 P의 좌표 $(x,\ y)$는

$$x=\frac{mx_2+nx_1}{m+n},\ y=\frac{my_2+ny_1}{m+n}$$

이다. 한편 점 P는 직선 $ax+by+c=0$ 위의 점이므로

$$a\left(\frac{mx_2+nx_1}{m+n}\right)+b\left(\frac{my_2+ny_1}{m+n}\right)+c=0$$

이 성립하고

$$(ax_2+by_2+c)m+(ax_1+by_1+c)n=0$$

이다. 따라서

$$\frac{\mathrm{AP}}{\mathrm{PB}}=\frac{m}{n}=-\frac{ax_1+by_1+c}{ax_2+by_2+c}$$

이다.

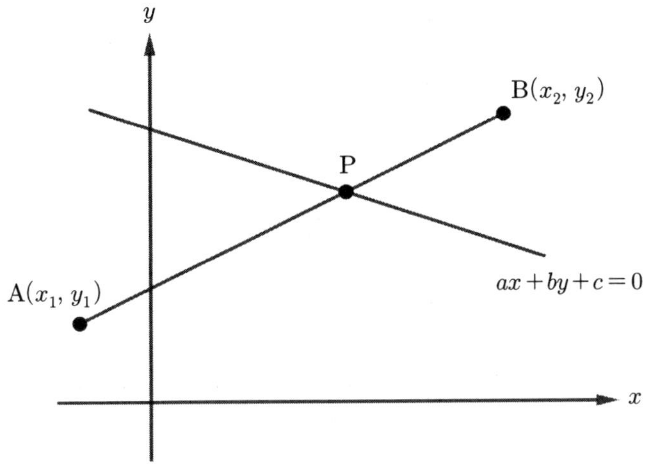

그림 2.16

•예제 2.2.4 직선 l_1, l_2의 기울기를 각각 m_1, m_2라 하고, 두 직선이 이루는 각을 $\phi(0 \le \phi \le \frac{\pi}{2})$라 할 때

$$\tan\phi = \frac{m_1 - m_2}{1 + m_1 m_2}$$

임을 보여라.

풀이 그림 2.17에서

$$\phi = \theta_1 - \theta_2$$

이므로

$$\tan\phi = \tan(\theta_1 - \theta_2) = \frac{\tan\theta_1 - \tan\theta_2}{1 + \tan\theta_1 \tan\theta_2}$$

이다. 한편 직선 l_1, l_2의 기울기가 m_1, m_2이므로

$$m_1 = \tan\theta_1,\ m_2 = \tan\theta_2$$

이다. 결국 두 직선이 이루는 각 ϕ는

$$\tan\phi = \frac{m_1 - m_2}{1 + m_1 m_2}$$

이다.

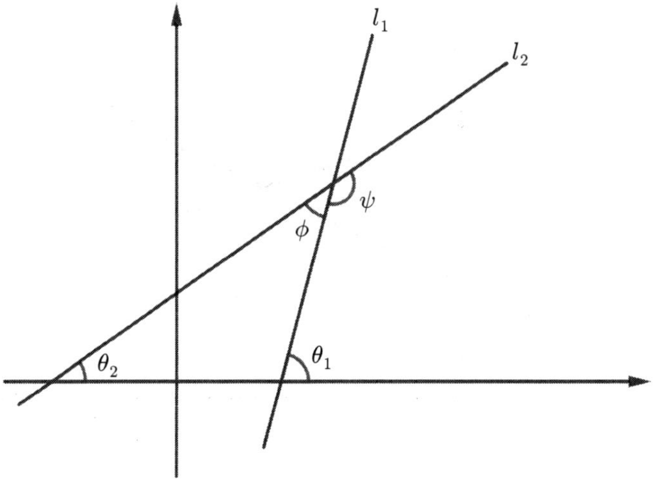

그림 2.17

[참고] 그림 2.17에서 각 ψ는 각 ϕ보다 크므로

$$\tan\psi = -\tan\phi = \frac{m_2 - m_1}{1 + m_1 m_2}$$

이다.

예제 2.2.5 직선 $l_1 : 2\sqrt{3}x - y + 1 = 0$과 $l_2 : 3\sqrt{3}x + 5y - 5 = 0$이 이루는 각을 구하여라.

풀이 $m_1 = 2\sqrt{3}$, $m_2 = -\dfrac{3\sqrt{3}}{5}$이므로

$$\tan\phi = \frac{-\dfrac{3\sqrt{3}}{5} - 2\sqrt{3}}{1 + 2\sqrt{3}\left(-\dfrac{3\sqrt{3}}{5}\right)} = \sqrt{3}$$

이다. 결국 두 직선이 이루는 각은 $\dfrac{\pi}{3}$이다. ■

예제 2.2.6 두 직선 $l_1 : x-2y+1=0$, $l_2 : x+3y-3=0$의 교점에서 각의 이등분선을 구하여라.

풀이 $\dfrac{x-2y+1}{\sqrt{5}}=\pm\dfrac{x+3y-3}{\sqrt{10}}$ 으로부터 각의 이등분선은

$$(1-\sqrt{2})x+(3+2\sqrt{2})y-3-\sqrt{2}=0$$
$$(1+\sqrt{2})x+(3-2\sqrt{2})y-3+\sqrt{2}=0$$

이다. ■

2.2.3 두 직선의 교점을 지나는 직선군

서로 다른 두 직선

$$l_1 : a_1x+b_1y+c_1=0,$$
$$l_2 : a_2x+b_2y+c_2=0$$

의 교점을 $\mathrm{P}_0(x_0, y_0)$라 하면

$$a_1x_0+b_1y_0+c_1=0,$$
$$a_2x_0+b_2y_0+c_2=0 \qquad \cdots\cdots (*)$$

가 성립한다. 동시에 0이 아닌 실수 k_1, k_2에 대하여 직선

$$k_1(a_1x+b_1y+c_1)+k_2(a_2x+b_2y+c_2)=0 \qquad \cdots\cdots (**)$$

은 (*)로부터 두 직선 l_1, l_2의 교점 P_0를 지난다. 만일 $k_1=0$이면 (**)은 직선 l_2이고, $k_2=0$이면 (**)은 직선 l_1이다. 그러므로 $k_1 \neq 0$ 또는 $k_2 \neq 0$라 가정하면 임의의 실수 k에 대하여 (**)은

$$(a_1x+b_1y+c_1)+k(a_2x+b_2y+c_2)=0$$

또는

$$k(a_1x+b_1y+c_1)+(a_2x+b_2y+c_2)=0$$

와 같이 표현할 수 있고, 이를 두 직선 l_1, l_2의 교점 $P_0(x_0, y_0)$을 지나는 **직선군**이라 한다.

예제 2.2.7 서로 다른 세 직선

$$l_1 : a_1x + b_1y + c_1 = 0$$
$$l_2 : a_2x + b_2y + c_2 = 0$$
$$l_3 : a_3x + b_3y + c_3 = 0$$

이 한 점에서 만나기 위한 조건은 동시에 0이 아닌 두 실수 k_1, k_2에 대해서

$$a_3x + b_3y + c_3 = k_1(a_1x + b_1y + c_1) + k_2(a_2x + b_2y + c_2)$$

이거나

$$a_1b_2c_3 + a_3b_1c_2 + a_2b_3c_1 - a_3b_2c_1 - a_2b_1c_3 - a_1b_3c_2 = 0$$

이다.

풀이 서로 다른 두 직선 l_1과 l_2는 교점을 갖는다. 만일 직선 l_3가 교점을 지나는 직선이라고 하면 동시에 0이 아닌 두 실수 k_1, k_2에 대해서

$$a_3x + b_3y + c_3 = k_1(a_1x + b_1y + c_1) + k_2(a_2x + b_2y + c_2)$$

이다. 즉 $l_3 = k_1l_1 + k_2l_2$이 성립한다. 그러므로 모든 x, y에 대해서

$$k_1a_1 + k_2a_2 = a_3$$
$$k_1b_1 + k_2b_2 = b_3$$
$$k_1c_1 + k_2c_2 = c_3$$

이므로 k_1, k_2를 소거하면 세 직선의 계수들 사이에는

$$a_1b_2c_3 + a_3b_1c_2 + a_2b_3c_1 - a_3b_2c_1 - a_2b_1c_3 - a_1b_3c_2 = 0$$

이 성립한다. ■

[참고] 서로 다른 두 직선은 한 점(교점)에 만난다. 이제 또 다른 한 직선이 그 교점을 지날 것인지 그렇지 않을 것인지 하는 질문은 매우 자연스럽다. 예제 2.2.7은 또 다른 한 직선이 그 교점을 지날 조건을 설명해주고 있다. 세 직선이 한 교점을 갖는다는 의미에서 세 직선은 **공점선**이라 한다(그림 2.18).

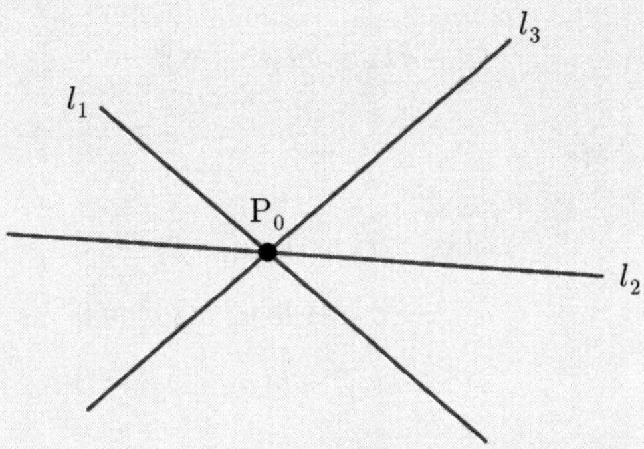

그림 2.18

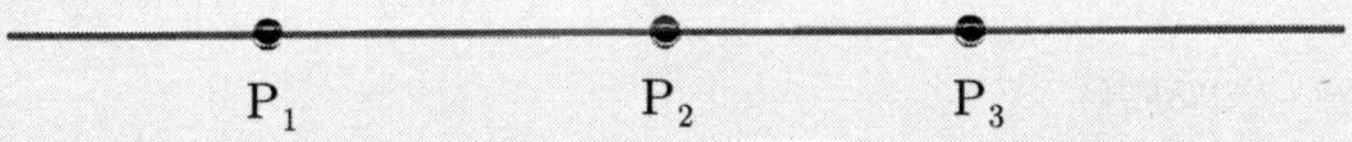

그림 2.19

유클리드 《원론》에 의하면 서로 다른 두 점은 유일한 직선을 결정한다. 이제 또 다른 한 점이 그 직선 위에 놓여 있느냐 그렇지 않느냐 하는 문제는 중요하다. 그러므로 서로 다른 세 점이 동일 직선상에 놓여 있는 경우를 **공선점**이라 한다(그림 2.19).

예제 2.2.8 서로 다른 세 점 $P_1(x_1, y_1)$, $P_2(x_2, y_2)$, $P_3(x_3, y_3)$가 일직선상에 있을 조건은

$$\frac{y_1 - y_3}{x_1 - x_3} = \frac{y_2 - y_3}{x_2 - x_3}$$

이거나

$$x_1(y_2 - y_3) + x_2(y_3 - y_1) + x_3(y_1 - y_2) = 0$$

이다.

풀이 세 점 $P_1(x_1, y_1)$, $P_2(x_2, y_2)$, $P_3(x_3, y_3)$가 직선 $ax+by+c=0$ 위에 있다고 하면

$$ax_1+by_1+c=0$$
$$ax_2+by_2+c=0$$
$$ax_3+by_3+c=0$$

가 성립하고, 이로부터

$$a(x_1-x_2)+b(y_1-y_2)=0$$
$$a(x_1-x_3)+b(y_1-y_3)=0$$
$$a(x_2-x_3)+b(y_2-y_3)=0$$

이다. 위 식에서 a, b를 소거하면

$$\frac{y_1-y_3}{x_1-x_3}=\frac{y_2-y_3}{x_2-x_3}$$

이고, 이를 정리하면

$$x_1(y_2-y_3)+x_2(y_3-y_1)+x_3(y_1-y_2)=0 \qquad \cdots\cdots \text{(***)}$$

이다. ■

[참고] $\begin{vmatrix} a_1 & a_2 & a_3 \\ b_1 & b_2 & b_3 \\ c_1 & c_2 & c_3 \end{vmatrix}=a_1b_2c_3+a_2b_3c_1+a_3c_2b_1-(a_3b_2c_1+a_2b_1c_3+a_1c_2b_3)$

으로 정의하면 식 (***)은 다음과 같이 표현된다.

$$\begin{aligned} &x_1(y_2-y_3)+x_2(y_3-y_1)+x_3(y_1-y_2) \\ &=\begin{vmatrix} x_1 & y_1 & 1 \\ x_2 & y_2 & 1 \\ x_3 & y_3 & 1 \end{vmatrix} \\ &=0 \end{aligned}$$

예제 2.2.9 세 점 $P_1(x_1, y_1)$, $P_2(x_2, y_2)$, $P_3(x_3, y_3)$을 꼭짓점으로 하는 삼각형 $P_1P_2P_3$의 넓이 S는

$$\begin{aligned} S &= \frac{1}{2}|x_1(y_2-y_3)+x_2(y_3-y_1)+x_3(y_1-y_2)| \\ &= \frac{1}{2}\left|\begin{vmatrix} x_1 & y_1 & 1 \\ x_2 & y_2 & 1 \\ x_3 & y_3 & 1 \end{vmatrix}\right| \end{aligned}$$

이다.

풀이 두 점 P_2, P_3을 지나는 직선의 방정식은

$$l : (y_3-y_2)x-(x_3-x_2)y-(x_2y_3-x_3y_2)=0$$

이고, 또 이 두 점을 이은 선분의 길이는

$$|P_2P_3| = \sqrt{(x_3-x_2)^2+(y_3-y_2)^2}$$

이다. 한편 점 P_1에서 직선 l에 내린 수선의 길이 h는

$$h = \frac{|x_1(y_2-y_3)+x_2(y_3-y_1)+x_3(y_1-y_2)|}{\sqrt{(x_3-x_2)^2+(y_3-y_2)^2}}$$

이므로

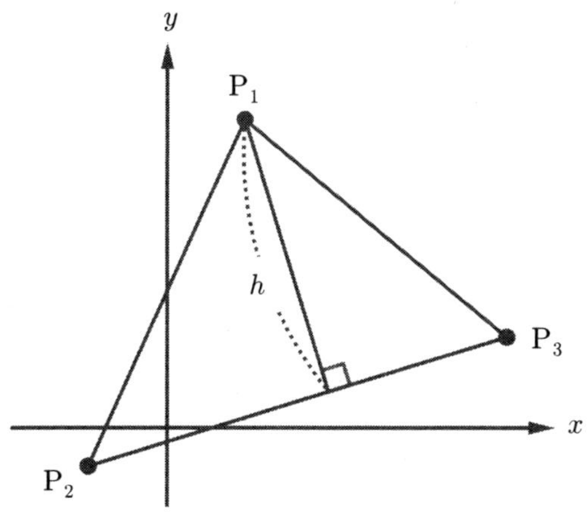

그림 2.20

삼각형 $P_1P_2P_3$의 넓이 S는

$$S = \frac{1}{2}|P_2P_3| \cdot h$$

$$= \frac{1}{2}\sqrt{(x_3-x_2)^2+(y_3-y_2)^2} \cdot \frac{|x_1(y_2-y_3)+x_2(y_3-y_1)+x_3(y_1-y_2)|}{\sqrt{(x_3-x_2)^2+(y_3-y_2)^2}}$$

$$= \frac{1}{2}|x_1(y_2-y_3)+x_2(y_3-y_1)+x_3(y_1-y_2)|$$

이다. ■

[참고] 세 점 $P_1(x_1, y_1)$, $P_2(x_2, y_2)$, $P_3(x_3, y_3)$가 동일 직선 위에 있으면 $S=0$로부터 예제 2.2.8의 결과와 일치함을 알 수 있다.

예제 2.2.10 세 점 $P_1(3, 2)$, $P_2(-2, 5)$, $P_3(4, 7)$으로 만들어진 삼각형 $P_1P_2P_3$의 넓이를 구하여라.

풀이 삼각형의 넓이

$$S = \frac{1}{2}\begin{vmatrix} x_1 & y_1 & 1 \\ x_2 & y_2 & 1 \\ x_3 & y_3 & 1 \end{vmatrix}$$

$$= \frac{1}{2}|3(5-7)+(-2)(7-2)+4(2-5)|$$

$$= 14$$

이다. ■

예제 2.2.11 두 점 $P_1(x_1, y_1)$, $P_2(x_2, y_2)$을 지나는 직선의 방정식을 구하여라.

풀이 두 점 P_1, P_2를 지나는 직선을 l이라 하고, l 위의 임의의 점 $P(x, y)$을 잡자. 이 세 점이 동일 직선상에 있으므로

$$0=\begin{vmatrix} x & y & 1 \\ x_1 & y_1 & 1 \\ x_2 & y_2 & 1 \end{vmatrix}$$

$$=(y_2-y_1)x+(x_1-x_2)y+(x_2y_1-x_1y_2)$$

이다. 그러므로 두 점 P_1, P_2를 지나는 직선의 방정식은

$$(y_2-y_1)x+(x_1-x_2)y+(x_2y_1-x_1y_2)=0$$

이다. ■

2.2 연습문제

1. 점 $A(1, 3)$, $B(7, 9)$로부터 같은 거리에 있는 직선 $2x-3y-30=0$ 위의 점을 구하여라.

2. 두 점 $P_1(-4, 5)$, $P_2(2, 1)$을 지나는 직선을 l이라 하자. 점 $A(-2, 0)$, $B(2, -1)$로부터 같은 거리에 있는 직선 l 위의 점을 구하여라.

3. 원점에서 직선 $3x-5y-8=0$까지의 거리를 구하여라.

4. 주어진 점에서 주어진 직선까지의 거리를 구하여라.

(1) $5x-3y-10=0$, $A(3, 2)$

(2) $6x-8y-1=0$, $A(1.4)$

(3) $\dfrac{x}{3}+\dfrac{y}{5}=1$, $A(2, 1)$

(4) $x+y=4$, $A(-1, -1)$

5. 두 직선 $2x-3y+6=0$, $x=4$이 이루는 각을 구하여라.

6. 두 직선 $3x+2y-10=0$, $ax-2y-3=0$이 이루는 각이 $45°$일 때 a값을 구하여라.

7. 두 직선 $x-2y-9=0$, $2x-4y+12=0$ 사이의 거리를 구하여라.

8. 두 직선 $3x+5y-2=0$, $5x-2y+3=0$이 이루는 각의 이등분선을 구하여라.

9. 두 직선 $3x+4y-6=0$, $x-2y+10=0$의 교점과 점 $A(-2, 1)$을 지나는 직선의 방정식을 구하여라.

10. 두 직선 $2x+3y-1=0$, $x+y-3=0$의 교점을 지나고 직선 $-2x+y-4=0$에 수직인 직선의 방정식을 구하여라.

11. 세 점을 꼭짓점으로 하는 삼각형의 넓이를 구하여라.

(1) $A(1, -2)$, $B(3, 1)$, $C(4, -1)$

(2) $A(5, 1)$, $B(-1, 1)$, $C(2, -1)$

(3) $A(2, -3)$, $B(1, -3)$, $C(6, 1)$

(4) $A(1, 1)$, $B(2, -1)$, $C(3, 3)$

2.3 공점선, 공선점의 활용

연역기하와 해석기하는 매우 밀접한 관계를 가지고 있으며 서로 상호 보완 관계를 가지고 있다. 앞 절에서 언급한 서로 다른 세 점이 동일 직선상에 있을 조건, 서로 다른 세 직선이 한 점에서 만날 조건 등은 중등학교에서 배운 내용 중 가장 대표적인 예라 할 수 있다.

이 절에서는 공점선, 공선점에 대한 연역기하의 대표적인 정리인 체바(Ceva) 정리와 메넬라우스(Menelaus) 정리를 해석기하학적으로 증명하고, 이를 이용하여 삼각형의 오심에 대하여 알아본다.

정리 2.3.1 체바 정리(Ceva's theorem) 삼각형 ABC와 한 점 P가 주어져 있을 때 AP, BP, CP가 BC, CA, AB 또는 그 연장선과 만나는 점을 각각 D, E, F라 하면

$$\frac{\mathrm{AF}}{\mathrm{FB}}\cdot\frac{\mathrm{BD}}{\mathrm{DC}}\cdot\frac{\mathrm{CE}}{\mathrm{EA}}=1$$

이다. 그 역도 성립한다.

증명 점 P를 원점으로 하고 삼각형 ABC의 각 꼭짓점의 좌표를 각각

$$\mathrm{A}(x_1,\ y_1),\ \mathrm{B}(x_2,\ y_2),\ \mathrm{C}(x_3,\ y_3)$$

라 하자. 두 점 A, P를 지나는 직선 위에 점 D가 있으므로 D의 좌표는 $(kx_1,\ ky_1)$로 둘 수 있다. 한편 점 B, D, C는 동일 직선 위에 있으므로

$$\begin{vmatrix} x_2 & y_2 & 1 \\ kx_1 & ky_1 & 1 \\ x_3 & y_3 & 1 \end{vmatrix}=0$$

이 성립하고, 이것으로부터

$$k=\frac{-x_2y_3+y_2x_3}{x_1(y_2-y_3)-y_1(x_2-x_3)}$$

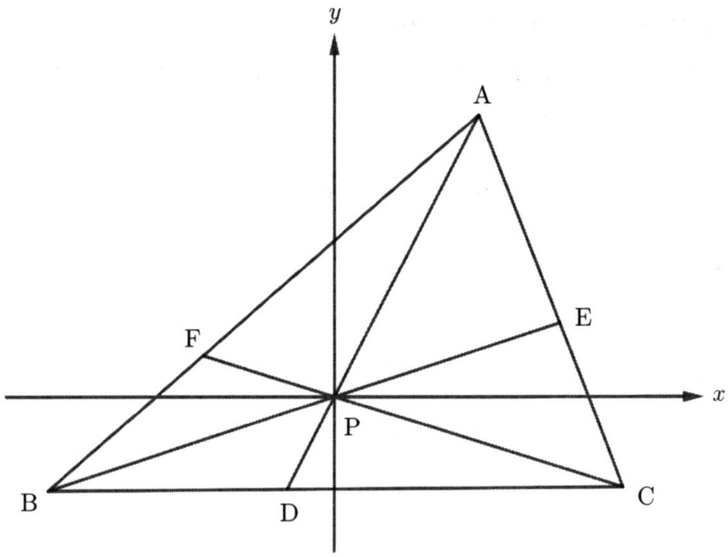

그림 2.21

이다. 그러므로

$$\frac{\mathrm{BD}}{\mathrm{DC}} = \frac{kx_1 - x_2}{x_3 - kx_1} = \frac{x_1y_2 - x_2y_1}{x_3y_1 - x_1y_3}$$

이다. 같은 방법으로 계산하면

$$\frac{\mathrm{CE}}{\mathrm{EA}} = \frac{x_2y_3 - x_3y_2}{x_1y_2 - x_2y_1},\ \frac{\mathrm{AF}}{\mathrm{FB}} = \frac{x_3y_1 - x_1y_3}{x_2y_3 - x_3y_2}$$

을 얻는다. 따라서

$$\begin{aligned}\frac{\mathrm{AF}}{\mathrm{FB}} \cdot \frac{\mathrm{BD}}{\mathrm{DC}} \cdot \frac{\mathrm{CE}}{\mathrm{EA}} &= \left(\frac{x_3y_1 - x_1y_3}{x_2y_3 - x_3y_2}\right)\left(\frac{x_1y_2 - x_2y_1}{x_3y_1 - x_1y_3}\right)\left(\frac{x_2y_3 - x_3y_2}{x_1y_2 - x_2y_1}\right) \\ &= 1\end{aligned}$$

이다. ■

정리 2.3.2 메넬라우스 정리(Menelaus' theorem) 삼각형 ABC의 꼭짓점을 지나지 않은 직선 l이 세 변 AB, CA, BC 또는 그 연장선과 만나는 점을 각각 D, E, F라 하면

$$\frac{\mathrm{AD}}{\mathrm{DB}}\cdot\frac{\mathrm{BF}}{\mathrm{FC}}\cdot\frac{\mathrm{CE}}{\mathrm{EA}}=-1$$

이다. 그 역도 성립한다.

증명 삼각형 ABC의 꼭짓점의 좌표를 각각 $\mathrm{A}(x_1, y_1)$, $\mathrm{B}(0, 0)$, $\mathrm{C}(x_3, y_3)$라 하면 점 F의 좌표는 (kx_3, ky_3)라 할 수 있다.

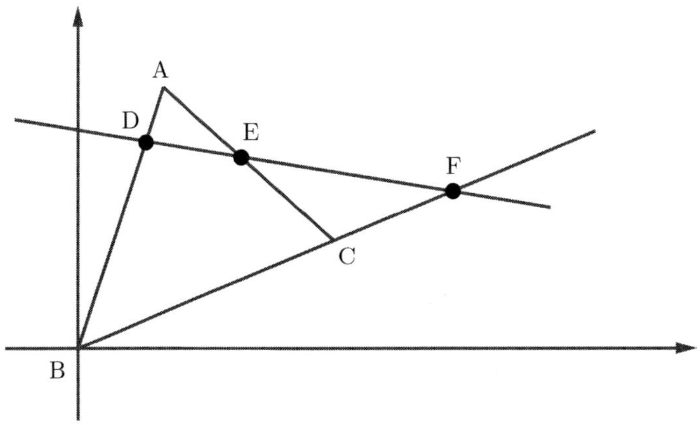

그림 2.22

그리고 점 D, E, F을 지나는 직선을 $l: ax+by+c=0$라 하면

$$akx_3+bky_3+c=0$$

이 성립하고, 이것으로부터

$$k=-\frac{c}{ax_3+by_3}$$

이다. 한편 예제 2.2.3으로부터

$$\frac{\mathrm{AD}}{\mathrm{DB}}=-\frac{ax_1+by_1+c}{c},\ \frac{\mathrm{CE}}{\mathrm{EA}}=-\frac{ax_3+by_3+c}{ax_1+by_1+c},\ \frac{\mathrm{BF}}{\mathrm{FC}}=\frac{k}{1-k}$$

을 얻고, 이로부터

$$\frac{\mathrm{AD}}{\mathrm{DB}} \cdot \frac{\mathrm{BF}}{\mathrm{FC}} \cdot \frac{\mathrm{CE}}{\mathrm{EA}} = \left(-\frac{ax_1+by_1+c}{c}\right)\left(-\frac{c}{ax_3+by_3+c}\right)\left(-\frac{ax_3+by_3+c}{ax_1+by_1+c}\right)$$
$$=-1$$

이다. ■

> **[참고]** 두 정리에서 살펴본 바와 같이 체바 정리는 세 직선이 한 점에서 만난다는 것이고, 메넬라우스 정리는 세 점이 한 직선 위에 있다는 것을 설명하고 있다.

체바 정리와 메넬라우스 정리의 역을 이용하여 삼각형의 오심이 한 점에서 만남을 알아보자.

(1) 삼각형 ABC의 각 꼭짓점의 대변의 이등분선은 한 점에서 만난다. 이를 삼각형 ABC의 **무게중심**이라 한다. 선분 AD, BE, CF가 삼각형 ABC의 중선이면

$$\mathrm{AF}=\mathrm{FB},\ \mathrm{BD}=\mathrm{DC},\ \mathrm{CE}=\mathrm{EA}$$

이므로

$$\frac{\mathrm{AF}}{\mathrm{FB}} \cdot \frac{\mathrm{BD}}{\mathrm{DC}} \cdot \frac{\mathrm{CE}}{\mathrm{EA}} = \frac{\mathrm{AF}}{\mathrm{AF}} \cdot \frac{\mathrm{BD}}{\mathrm{BD}} \cdot \frac{\mathrm{CE}}{\mathrm{CE}} = 1$$

이다. 따라서 체바 정리에 의해서 세 중선은 한 점에서 만난다.

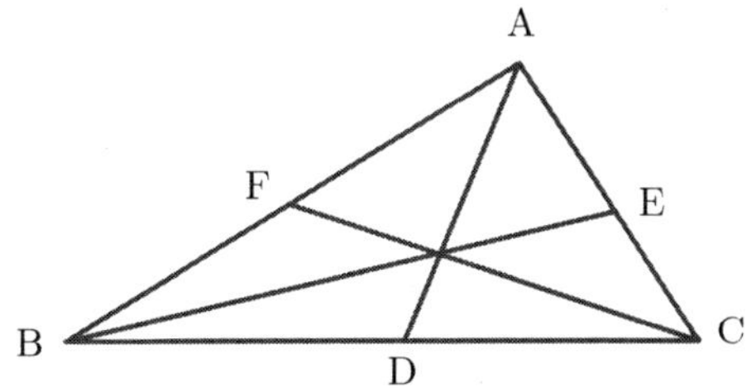

그림 2.23

(2) 삼각형 ABC의 세 내각의 이등분선은 한 점에서 만난다. 이를 삼각형 ABC의 **내심**이라 한다. 내심을 중심으로 하고 삼각형 ABC에 내접하는 원을 삼각형 ABC의 **내접**

원이라 한다. 그림 2.24에서처럼 $|BC|=a$, $|AC|=b$, $|AB|=c$라 하고, 점 C에서 선분 DA에 평행이 되도록 선분 BA의 연장선 위에 점 G을 잡으면 $\triangle BAD \backsim \triangle BGC$이다. 이것으로부터

$$\frac{BA}{AG}=\frac{BD}{DC}=\frac{c}{b}$$

이다. 같은 방법에 의하면

$$\frac{AF}{FB}=\frac{b}{a},\ \frac{CE}{EA}=\frac{a}{c}$$

이다. 결국

$$\frac{AF}{FB}\cdot\frac{BD}{DC}\cdot\frac{CE}{EA}=\frac{b}{a}\cdot\frac{c}{b}\cdot\frac{a}{c}=1$$

이므로 체바 정리에 의해서 세 내각의 이등분선은 한 점에서 만난다.

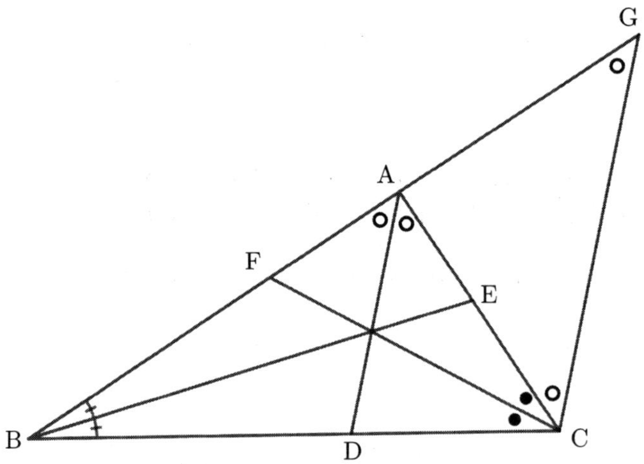

그림 2.24

(3) 삼각형 ABC의 각 꼭짓점에서 대변에 내린 수선은 한 점에서 만난다. 이 점을 삼각형 ABC의 **수심**이라 한다. 그림 2.25에서와 같이 각 꼭짓점에서 대변에 내린 수선의 발을 각각 D, E, F라 하면

$$\triangle AFC \sim \triangle AEB \Rightarrow \frac{AF}{EA} = \frac{AC}{AB}$$

$$\triangle BDA \sim \triangle BFC \Rightarrow \frac{BD}{FB} = \frac{AB}{BC}$$

$$\triangle CEB \sim \triangle CDA \Rightarrow \frac{CE}{DC} = \frac{BC}{AC}$$

이 성립한다. 이것으로부터

$$\frac{AF}{EA} \cdot \frac{BD}{FB} \cdot \frac{CE}{DC} = \frac{AC}{AB} \cdot \frac{AB}{BC} \cdot \frac{BC}{AC} = 1$$

이다. 그러므로 체바 정리에 의해서 각 꼭짓점에서 대변에 내린 수선은 한 점에서 만난다.

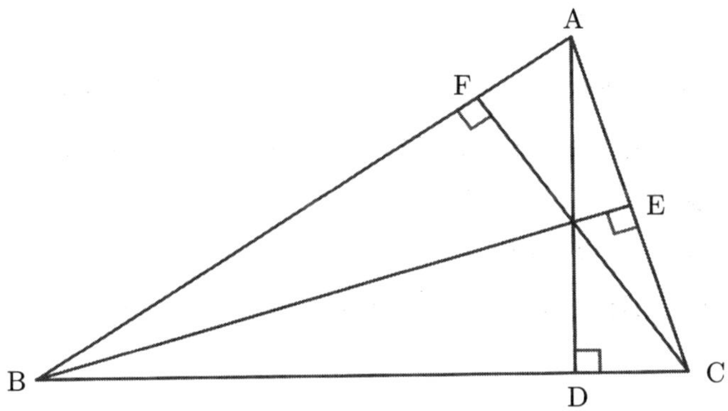

그림 2.25

(4) 삼각형 ABC의 각 변의 수직이등분선은 한 점에서 만난다. 이 점을 삼각형 ABC의 **외심**이라 한다. 외심을 중심으로 하고 삼각형의 각 꼭짓점을 지나는 원을 삼각형 ABC의 **외접원**이라 한다. 그림 2.26에서처럼 삼각형 ABC의 세 변 AB, BC, CA의 중점을 각각 D, E, F라 하고 이 세 점을 연결한 삼각형 DEF에서 각 꼭짓점에 내린 수선의 발을 L, M, N이라 하자. 변 DL, EM, FN은 삼각형 DEF에 수선에 해당하고 삼각형 DEF의 수심은 삼각형 ABC의 외심이 된다. 한편 임의의 삼각형의 수심은 한 점에서 만나므로 삼각형 ABC의 외심은 한 점에서 만남을 확인할 수 있다.

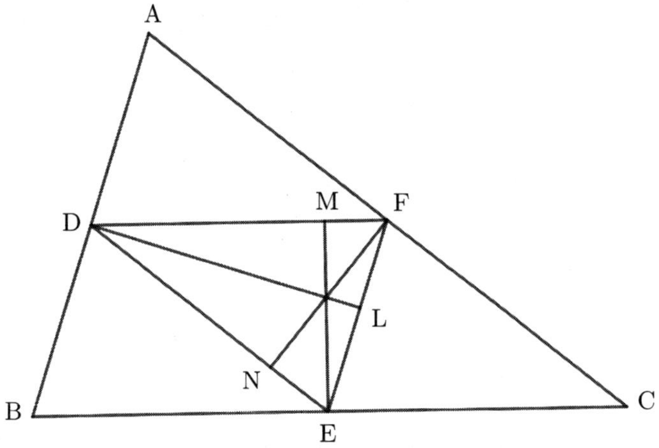

그림 2.26

(5) 삼각형 ABC의 한 내각의 이등분선과 나머지 두 외각의 이등분선은 한 점에서 만난다. 이 점을 삼각형 ABC의 **방심**이라 한다. 삼각형 ABC의 두 각 $\angle ABC$, $\angle ACB$의 외각의 이등분선의 교점을 G라 하자. 점 A를 지나면서 선분 BC에 평행한 직선이 직선 BG, CG와 만나는 점을 각각 E, D라 하자. 그리고 $\angle A$의 이등분선과 선분 BC와의 교점을 H, 선분 AH와 선분 BD의 교점을 F라 하자. 삼각형 GAD와 삼각형 DAF는 닮음이므로

$$\frac{AD}{HC}=\frac{GD}{GC}, \quad 즉 \ HC\cdot\frac{GD}{GC}=AD \qquad \cdots\cdots (*)$$

이고, 삼각형 BHF와 삼각형 DAF는 닮음이므로

$$\frac{BH}{DA}=\frac{FB}{FD}, \quad 즉 \ \frac{1}{BH}\cdot\frac{FB}{FD}=\frac{1}{DA} \qquad \cdots\cdots (**)$$

이다. 식 (*)와 (**)에 의하여

$$\frac{BF}{FD}\cdot\frac{DG}{GC}\cdot\frac{CH}{HB}=1$$

을 얻는다. 이는 삼각형 BCD에 대하여 세 점 F, H, G는 횡단선 위에 있으므로 메넬라우스 정리에 의해 점 G는 삼각형 ABC의 방심이다.

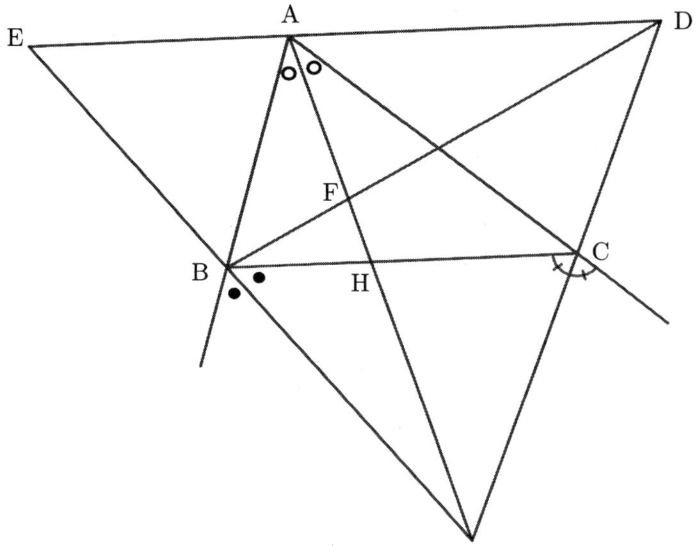

그림 2.27

• 예제 2.3.1 삼각형 ABC의 두 내각의 이등분선과 각에 마주보는 변과 만나는 두 점을 각각 D, E라하고, 한 외각의 이등분선이 각에 마주보는 변에 연장선과 만나는 점을 F라 하면 점 D, E, F는 일직선상에 있음을 보여라.

풀이 삼각형 ABC에서 $\angle$B, $\angle$C의 이등분선이 변 AC, AB와 만나는 점을 각각 D, E라 하자. 또한 $\angle A$의 외각의 이등분선이 변 BC의 연장선과 만나는 점을 F라 하면

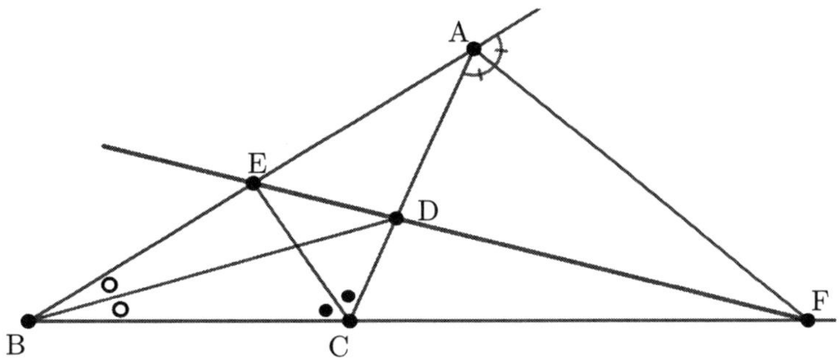

그림 2.28

$$\frac{AD}{DC}=\frac{AB}{BC},\quad \frac{BE}{EA}=\frac{BC}{AC},\quad \frac{CF}{BF}=\frac{AC}{AB}$$

이 성립한다. 따라서 각 변끼리 곱하면

$$\frac{AD}{DC}\cdot\frac{BE}{EA}\cdot\frac{CF}{BF}=\frac{AB}{BC}\cdot\frac{BC}{AC}\cdot\frac{AC}{AB}=1$$

이고, 한편

$$\frac{CF}{BF}=-\frac{CF}{FB}$$

이기 때문에

$$\frac{AD}{DC}\cdot\frac{BE}{EA}\cdot\frac{CF}{FB}=-1$$

이 성립한다. 그러므로 메넬라우스 정리에 의해 D, E, F은 일직선 위에 있다. ■

2.3 연습문제

1. 메넬라우스 정리를 이용하여 무게중심, 내심, 수심이 한 점에서 만남을 보여라.

2. 직교좌표계에서 좌표를 이용하여 삼각형의 오심이 한 점에서 만남을 보여라.

제 3 장

원

3.1 원의 방정식

3.1.1 원의 방정식

유클리드 《원론》 제3공준에 의하면 주어진 점을 중심으로 하고 그 중심으로부터 그려진 유한선분과 동일한 반경을 갖는 원을 그릴 수 있다. 이제 해석기하학적 측면에서 원의 대수적 방정식을 유도한다.

좌표평면 위에 주어진 점을 $\mathrm{P}_0(x_0, y_0)$라 하고 이 점으로부터 거리가 a인 점을 $\mathrm{P}(x, y)$라 할 때 이 점들의 집합을 **원**이라 한다. 이때 점 $\mathrm{P}_0(x_0, y_0)$을 원의 **중심**, 거리 $a = |\mathrm{P}_0\mathrm{P}|$을 원의 **반지름**이라 한다.

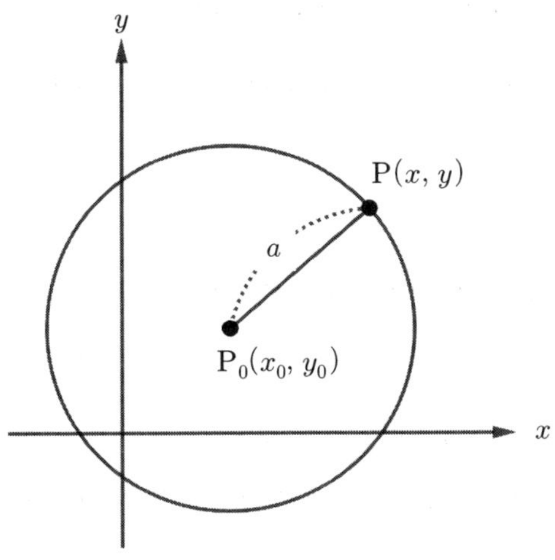

그림 3.1

$|P_0P|^2 = a^2$으로부터

$$(x-x_0)^2 + (y-y_0)^2 = a^2 \qquad \cdots\cdots (*)$$

이고, 이를 중심이 $P_0(x_0, y_0)$이고 반지름이 a인 **원의 방정식**이라 한다.

만일 중심이 원점 O이면

$$x^2 + y^2 = a^2$$

이고 이를 **원의 표준형**이라 한다.

원의 방정식 (*)을 전개하면

$$x^2 + y^2 - 2x_0x - 2y_0y + x_0^2 + y_0^2 - a^2 = 0$$

이고

$$x^2 + y^2 + 2gx + 2fy + c = 0$$

으로 표현할 수 있다. 이 방정식을 **원의 일반형**이라 한다. 단 $(x_0, y_0) = (-g, -f)$, $c = x_0^2 + y_0^2 - a^2$이다.

> **[참고]** 원의 일반형은 다시
>
> $$(x+g)^2 + (y+f)^2 = g^2 + f^2 - c$$
>
> 으로 표현할 수 있으며, 만일 $g^2 + f^2 - c > 0$이면 주어진 원은 중심이 $(-g, -f)$이고 반지름이 $\sqrt{g^2 + f^2 - c}$인 원이다.

예제 3.1.1 다음 원의 중심과 반지름을 구하여라.

(1) $x^2 + y^2 - 2x + 4y + 1 = 0$ (2) $x^2 + y^2 + 8x - 16y + 16 = 0$

풀이 (1) $(x-1)^2 + (y+2)^2 = 4$이므로 중심은 $(1, -2)$이고 반지름은 2이다.

(2) $(x+4)^2 + (y-8)^2 = 64$이므로 중심은 $(-4, 8)$이고 반지름은 8이다. ■

예제 3.1.2 일직선상에 있지 않은 서로 다른 세 점 $P_1(x_1, y_1)$, $P_2(x_2, y_2)$, $P_3(x_3, y_3)$은 유일한 원을 결정함을 보여라.

풀이 일직선상에 있지 않은 서로 다른 세 점 P_1, P_2, P_3을 꼭짓점으로 하는 삼각형 $P_1P_2P_3$의 외심과 외접원은 유일하게 존재한다. 그러므로 이 외접원이 세 점 P_1, P_2, P_3을 지나는 유일한 원임을 알 수 있다. ■

3.1.2 원의 매개방정식

중심이 $P_0(x_0, y_0)$이고 반지름이 a인 원 위에 점 $P(x, y)$를 잡고, 직선 P_0P과 x축이 이루는 각을 θ라 하자. 그림 3.2에서

$$|P_0P| = a,\ |HP_o| = x - x_0,\ |PH| = y - y_0$$

이므로 직각삼각형 P_0HP에서

$$\cos\theta = \frac{x - x_0}{a},\ \sin\theta = \frac{y - y_0}{a}$$

이고

$$x = x_0 + a\cos\theta,\ y = y_0 + a\sin\theta$$

이다. 이것을 원 $(x - x_0)^2 + (y - y_0)^2 = a^2$의 **매개방정식**이라 한다.

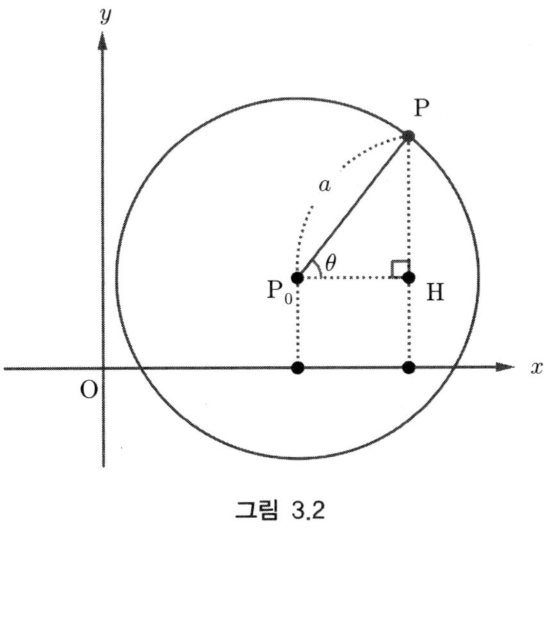

그림 3.2

[참고] 원 $x^2+y^2=a^2$의 매개방정식은 다음과 같다.

$$x=a\cos\theta,\ y=a\sin\theta$$

예제 3.1.3 원 $x^2+y^2-2x+4y+1=0$의 매개방정식을 구하여라.

풀이 $(x-1)^2+(y+2)^2=4$으로부터 $x-1=2\cos\theta,\ y+2=2\sin\theta$이다. 그러므로 주어진 원의 매개방정식은

$$x=1+2\cos\theta,\ y=-2+2\sin\theta$$

이다. ■

예제 3.1.4 원의 매개방정식 $x=-2+2\cos\theta,\ y=3+2\sin\theta$를 직교방정식으로 표현하여라.

풀이 $x+2=2\cos\theta,\ y-3=2\sin\theta$로부터

$$(x+2)^2+(y-3)^2=4$$

이다. ■

3.1.3 원의 극방정식

극좌표계에서 중심이 $P_0(r_0,\ \theta_0)$이고 반지름이 a인 원 위에 임의의 점 $P(r,\ \theta)$을 잡자. 그림 3.3에서 삼각형 POP_0에 코사인법칙을 적용하면

$$r^2+r_0^2-2r_0r\cos(\theta-\theta_0)=a^2$$

이고,

$$r^2+r_0^2-2r_0r(\cos\theta\cos\theta_0+\sin\theta\sin\theta_0)=a^2$$

이다. 이것을 중심이 $P_0(r_0,\ \theta_0)$이고 반지름이 a인 **원의 극방정식**이라 한다.

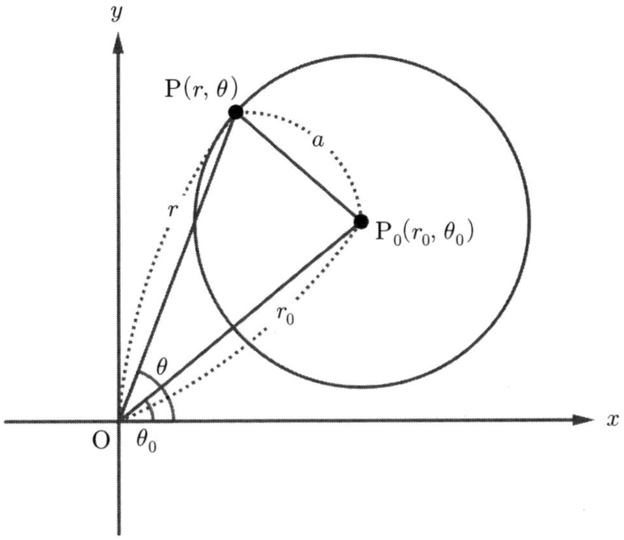

그림 3.3

[참고]

(1) 극좌표 $P_0(0, \theta)$은 원점을 의미한다. 그러므로 중심이 원점이고 반지름이 a인 원의 극방정식은

$$r = a$$

이다. 이는 직교좌표계에서 $r = \sqrt{x^2 + y^2}$이므로, 즉 $x^2 + y^2 = a^2$임을 확인할 수 있다.

(2) 중심이 $P_0(a, 0)$이고 반지름이 a인 원의 극방정식은

$$r = 2a\cos\theta$$

이다. 한편 $r = \sqrt{x^2 + y^2}$, $\cos\theta = \dfrac{x}{r}$을 위 식에 대입하여 정리하면

$$(x - a)^2 + y^2 = a^2$$

임을 알 수 있다(그림 3.4).

(3) 중심이 $P_0(a, \dfrac{\pi}{2})$이고 반지름이 a인 원의 극방정식은

$$r = 2a\sin\theta$$

이다. 이는 직교좌표계에서는

$$x^2 + (y-a)^2 = a^2$$

이다(그림 3.5).

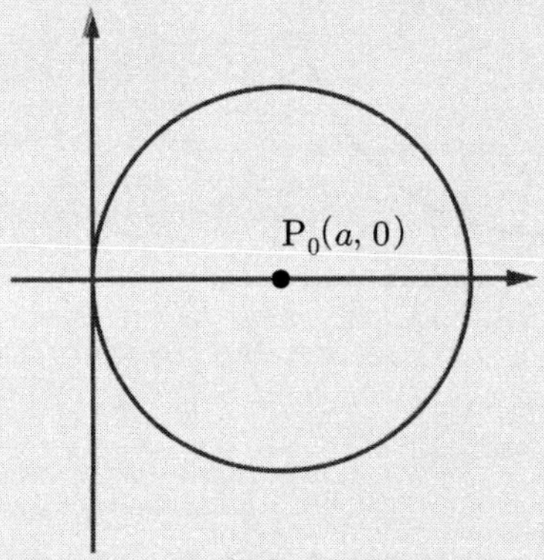

그림 3.4

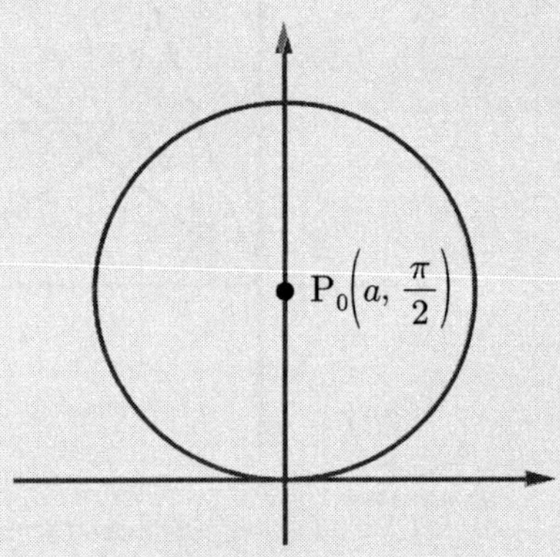

그림 3.5

예제 3.1.5 중심이 $(\sqrt{3}, \frac{\pi}{3})$이고 반지름이 2인 원의 극방정식을 구하여라.

풀이 $r_0 = \sqrt{3}$, $\theta_0 = \frac{\pi}{3}$, $a = 2$로부터

$$r^2 + (\sqrt{3})^2 - 2\sqrt{3}\,r\cos(\theta - \frac{\pi}{3}) = 4$$

$$r^2 + 3 - 2\sqrt{3}\,r(\frac{1}{2}\cos\theta + \frac{\sqrt{3}}{2}\sin\theta) = 4$$

$$r^2 - r(\sqrt{3}\cos\theta + 3\sin\theta) = 1$$

■

예제 3.1.6 원의 일반형 $x^2 + y^2 + 2gx + 2fy + c = 0$의 극방정식을 구하여라.

풀이 평면의 극좌표방정식 $x = r\cos\theta$, $y = r\sin\theta$으로부터 원의 일반형에 대한 극방정식은

$$r^2 + 2r(g\cos\theta + f\sin\theta) + c = 0$$

이다. ■

예제 3.1.7 극방정식 $r^2-4r(\sqrt{2}\cos\theta+\sqrt{3}\sin\theta)+4=0$으로 주어진 원의 중심과 반지름을 구하여라.

풀이 $x=r\cos\theta,\ y=r\sin\theta$으로부터

$$x^2+y^2-4\sqrt{2}\,x-4\sqrt{3}\,y+4=0$$
$$(x-2\sqrt{2})^2+(y-2\sqrt{3})^2=16$$

이다. 그러므로 중심은 $(2\sqrt{2},\ 2\sqrt{3})$이고 반지름은 4이다. ■

3.1 연습문제

1. 중심이 C이고 반지름이 r인 원의 방정식을 구하여라.

(1) $C(4,\ -2),\ r=3$

(2) $C(1,\ 2),\ r=4$

(3) $C(-4,\ 3),\ r=\sqrt{5}$

(4) $C(0,\ 3),\ r=\sqrt{7}$

2. 다음 원의 중심과 반지름을 구하여라.

(1) $x^2+y^2-4x+6y-12=0$

(2) $x^2+y^2+2x+10y+1=0$

(3) $x^2+y^2+4x+4y-1=0$

(4) $x^2+y^2-3x+5y+7=0$

3. 세 점 $A(1,\ 1),\ B(4,\ 0),\ C(2,\ -1)$을 지나는 원의 방정식을 구하여라.

4. x축에 접하고 중심이 직선 $y=2x+1$ 위에 있으며 점 $A(-2,\ 8)$을 지나는 원의 방정식을 구하여라.

5. 다음을 만족하는 원의 방정식을 구하여라.

(1) 두 점 $A(-2,\ -4),\ B(6,\ 4)$에 대하여 $|AB|$을 반지름으로 하는 원

(2) 두 점 $A(3,\ 0),\ B(12,\ 0)$을 지나고 y축에 접하는 원

(3) 중심이 직선 $y=\dfrac{1}{2}x+3$ 위에 있고 각 축에 접하는 원

6. 다음 원의 매개방정식을 직교방정식으로 변환하라.

(1) $x=4+3\cos\theta$
$y=-2+3\sin\theta$

(2) $x=-5+2\cos\theta$
$y=2+2\sin\theta$

7. 원 $r^2-2r(\sqrt{3}\cos\theta+\sin\theta)+3=0$의 중심과 반지름을 구하여라.

8. 원 $x^2+y^2-6x-4y-14=0$의 매개방정식을 구하여라.

9. 원 $x^2+y^2=a^2$ 위의 두 점 $\mathrm{P}(a\cos\theta_1,\ a\sin\theta_1)$, $\mathrm{Q}(a\cos\theta_2,\ a\sin\theta_2)$을 지나는 직선의 방정식은

$$x\cos\frac{\theta_1+\theta_2}{2}+y\sin\frac{\theta_1+\theta_2}{2}=a\cos\frac{\theta_1-\theta_2}{2}$$

임을 보여라.

10. 두 점 $\mathrm{A}(x_1,\ y_1)$, $\mathrm{B}(x_2,\ y_2)$을 잇는 선분을 지름으로 하는 원의 방정식은

$$(x-x_1)(x-x_2)+(y-y_1)(y-y_2)=0$$

임을 보여라.

3.2 직선과 원, 두 원 사이의 관계

3.2.1. 원의 접선

평면 위의 두 점 P_0, P_1에 대하여 점 P_0를 중심, $|P_0P_1|$을 반지름으로 하는 원은 작도 가능하다. 주어진 원 위의 접선을 긋는 방법은 두 점 P_0, P_1을 지나는 직선을 긋고 점 P_1에서 이 직선에 수선을 작도함으로서 점 P_1에서 원의 접선을 작도할 수 있다.

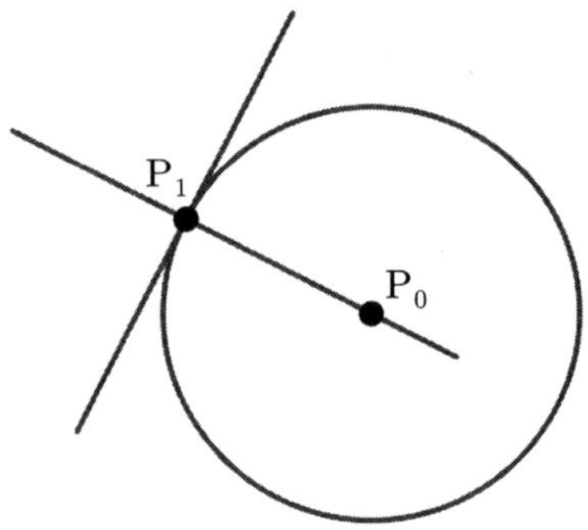

그림 3.6

이제 해석기하학적 측면에서 원의 접선을 구하는 방법에 대하여 알아본다.

중심이 $P_0(x_0, y_0)$이고 반지름이 a인 원

$$(x-x_0)^2+(y-y_0)^2=a^2$$

위에 놓여 있는 점 $P_1(x_1, y_1)$을 지나고 주어진 원에 접하는 접선의 방정식을 구하자. 먼저 두 점 P_0, P_1을 지나는 직선 l의 방향비를 구하면 그 비는

$$x_1-x_0 : y_1-y_0$$

이다. 이제 점 $P_1(x_1, y_1)$을 지나고 직선 l에 수직인 직선의 방정식을 구하면 된다. 예제 2.1.6에 의하면 직선 l에 수직인 직선의 방정식은

$$(x_1-x_0)(x-x_1)+(y_1-y_0)(y-y_1)=0$$

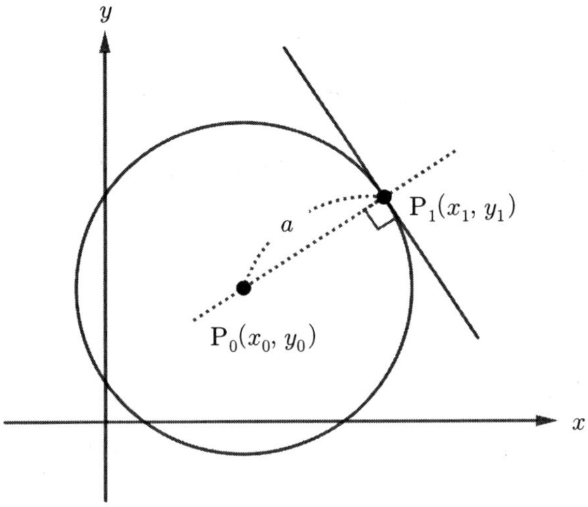

그림 3.7

이며, 이것은

$$(x_1 - x_0)(x - x_0) + (y_1 - y_0)(y - y_0) - [(x_1 - x_0)^2 + (y_1 - y_0)^2] = 0$$

으로 표현할 수 있다. 한편 점 $P_1(x_1, y_1)$은 주어진 원 위의 점이므로

$$(x_1 - x_0)^2 + (y_1 - y_0)^2 = a^2$$

이 성립한다. 결국 원 $(x - x_0)^2 + (y - y_0)^2 = a^2$ 위의 임의의 점 $P_1(x_1, y_1)$에서 원의 접선의 방정식은

$$(x_1 - x_0)(x - x_0) + (y_1 - y_0)(y - y_0) = a^2$$

이다. 이 접선에 수직인 직선을 **법선**이라 한다.

[참고] 원

$$x^2 + y^2 = a^2$$

위에 놓여 있는 점 $P_1(x_1, y_1)$에서의 접선의 방정식은

$$x_1 x + y_1 y = a^2$$

이다.

원의 일반형

$$x^2+y^2+2gx+2fy+c=0$$

위의 점 $P_1(x_1, y_1)$에서 접선의 방정식을 구하여 보자. 주어진 원의 중심과 반지름은 각각

$$(-g, -f), \sqrt{g^2+f^2-c}$$

이므로 구하는 접선의 방정식은

$$(x_1+g)(x+g)+(y_1+f)(y+f)=g^2+f^2-c$$

즉

$$x_1x+y_1y+g(x+x_1)+f(y+y_1)+c=0$$

이다.

예제 3.2.1 원 $x^2+y^2=9$ 위의 점 $(1, 2\sqrt{2})$에서 접선의 방정식을 구하여라.

풀이 $x_1=1, y_1=2\sqrt{2}$이므로 접선의 방정식은 $x+2\sqrt{2}y=9$이다. ■

예제 3.2.2 원 $x^2+y^2-4x+2y=0$ 위의 점 $(3, 1)$에서 접선의 방정식을 구하여라.

풀이 (1) $x_1=3, y_1=1, g=-2, f=1, c=0$로부터 접선의 방정식은 $x+2y-5=0$이다.

(2) 주어진 원은

$$(x-2)^2+(y+1)^2=5$$

이므로 중심이 $(2, -1)$이고 반지름이 $\sqrt{5}$인 원이다. 그러므로 원 위의 점 $(3, 1)$에서의 접선의 방정식은 $(3-2)(x-2)+(1+1)(y+1)=5$, 즉 $x+2y=5$이다. ■

3.2.2. 원과 직선

이제 주어진 원에 임의의 직선이 접선이 되기 위한 조건에 대하여 알아보자. 주어진 원을

$$(x-x_0)^2+(y-y_0)^2=r^2$$

라 하자.

(1) 임의의 직선을

$$l: ax+by+c=0$$

라 하자. 직선 l이 주어진 원의 접선이면 원의 중심 $(x_0,\ y_0)$과 접점을 잇는 직선은 접선과 수직이므로 중심에서 접선까지의 거리는 원의 반지름과 같다.

따라서 중심 $(x_0,\ y_0)$이고 반지름이 r인 원에 직선 $l: ax+by+c=0$이 접할 조건은

$$\frac{|ax_0+by_0+c|}{\sqrt{a^2+b^2}}=r$$

이다.

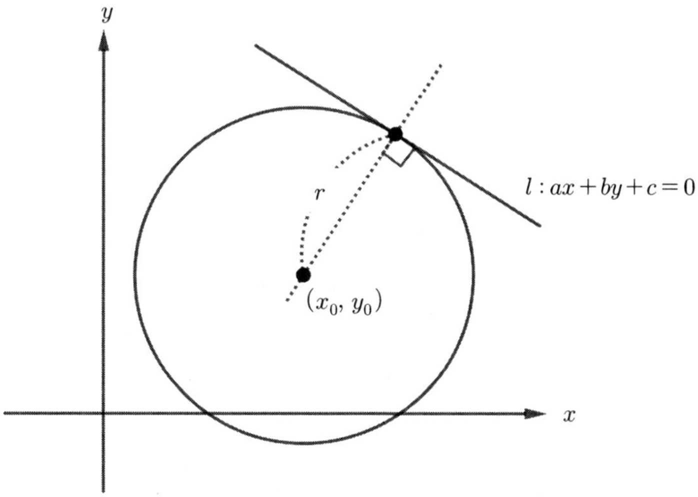

그림 3.8

(2) 임의의 직선을

$$y = mx + b$$

라 하자. 이 경우 (1)의 결과를 적용하면

$$\frac{|mx_0 - y_0 + b|}{\sqrt{m^2+1}} = r$$

이므로 직선 $y = mx + b$이 원 $(x - x_0)^2 + (y - y_0)^2 = r^2$에 접할 조건은

$$b = -mx_0 + y_0 \pm r\sqrt{m^2+1}$$

이다. 이로부터 다음의 결과를 얻을 수 있다.

원 $(x - x_0)^2 + (y - y_0)^2 = r^2$에 접하는 기울기가 m인 직선의 방정식은

$$y = mx - mx_0 + y_0 \pm r\sqrt{m^2+1}$$

즉

$$y - y_0 = m(x - x_0) \pm r\sqrt{m^2+1}$$

이다.

[참고] 원

$$x^2 + y^2 = r^2$$

에 접하는 기울기가 m인 접선의 방정식은

$$y = mx \pm r\sqrt{m^2+1}$$

이다.

예제 3.2.3 원 $(x+2)^2 + (y-3)^2 = 16$에 대하여 다음을 구하여라.

(1) 기울기가 2인 접선의 방정식을 구하여라.

(2) 직선 $x + y + b = 0$이 접선일 때 b의 값을 구하여라.

풀이 (1) $x_0 = -2$, $y_0 = 3$, $m = 2$으로부터

$$y - 3 = 2(x+2) \pm 4\sqrt{5}$$

이므로 접선의 방정식은

$$y = 2x + 7 \pm 4\sqrt{5}$$

이다.

(2) 원의 중심 $(-2, 3)$에서 직선까지의 거리가 4가 되어야 하므로

$$\frac{|-2+3+b|}{\sqrt{1+1}} = 4$$

이 성립한다. 이 식으로부터

$$b = \pm 4\sqrt{2} - 1$$

이다. ■

예제 3.2.4 원 $(x-1)^2 + (y+2)^2 = 4$에 대하여 점 $(1, 3)$에서 접선의 방정식을 구하여라.

풀이 점 $(1, 3)$은 주어진 원 위에 있지 않다. 기울기가 m인 접선의 방정식은

$$y + 2 = m(x-1) \pm 2\sqrt{m^2+1}$$

이고, 이 접선이 점 $(1, 3)$을 지나므로

$$3 + 2 = m(1-1) \pm 2\sqrt{m^2+1}$$

이 성립한다. 이로부터 $m = \pm\frac{1}{2}$이다. 따라서 구하고자 하는 접선의 방정식은

$$y = \pm\frac{1}{2}(x-1) \pm \sqrt{5} - 2$$

이다. ■

3.2.3. 원의 극선과 멱

유클리드 《원론》에서는 원과 직선 및 원과 원의 교점의 존재성은 언급하지 않고 무의식적으로 사용하였는데 이후 힐베르트(D. Hilbert)는 그의 저서 《기하학 기초(Foundations of Geometry)》에서 연속성 공리를 소개하고 원과 직선 및 원과 원의 교점의 존재성을 주었다. 이 절에서는 원과 직선, 원과 원의 관계에 대하여 알아본다.

원

$$F(x,\ y) = x^2 + y^2 + 2gx + 2fy + c = 0$$

과 원 위에 있지 않은 점 $\mathrm{P}_1(x_1,\ y_1)$에 대하여 점 P_1을 지나고 방향코사인이 $\lambda,\ \mu$인 직선을 l이라 하면 이 직선의 매개방정식은

$$x = x_1 + \lambda t,\ y = y_1 + \mu t$$

이다. 이 직선과 원의 교점을 Q, R이라 할 때 4점 P_1, P, Q, R이 조화점열을 이루는, 즉

$$\frac{1}{\mathrm{P_1Q}} + \frac{1}{\mathrm{P_1R}} = \frac{2}{\mathrm{P_1P}}$$

을 만족하는 점 $\mathrm{P}(x,\ y)$의 자취를 구해보자. 교점을 구하기 위하여 직선의 방정식을 원의 방정식에 대입하면

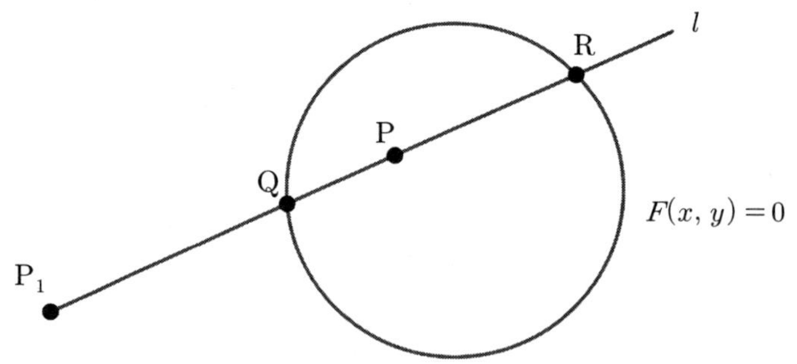

그림 3.9

$$\begin{aligned} F(x_1 + \lambda t,\ y_1 + \mu t) &= (x_1 + \lambda t)^2 + (y_1 + \mu t)^2 + 2g(x_1 + \lambda t) + 2f(y_1 + \mu t)y + c \\ &= t^2 + 2[\lambda(x_1 + g) + \mu(y_1 + f)]t + F(x_1,\ y_1) \\ &= 0 \qquad \cdots\cdots (*) \end{aligned}$$

이다. 이 방정식은 두 실근을 가지므로 그 실근을 t_1, t_2라 하자. 만일 $t=t_1$일 때 Q, $t=t_2$일 때 R이라 하면

$$\mathrm{P_1Q}=t_1,\ \mathrm{P_1P}=t,\ \mathrm{P_1R}=t_2 \qquad \cdots\cdots\ (**)$$

이고 이로부터

$$\begin{aligned}\frac{2}{t}=\frac{1}{t_1}+\frac{1}{t_2}&=\frac{t_1+t_2}{t_1t_2}\\ &=-\frac{2[\lambda(x_1+g)+\mu(y_1+f)]}{F(x_1,\ y_1)}\end{aligned}$$

을 얻을 수 있다. 이를 다시 정리하면

$$[\lambda(x_1+g)+\mu(y_1+f)]t+F(x_1,\ y_1)=0$$

이고, 한편 $x=x_1+\lambda t,\ y=y_1+\mu t$을 위 식에 대입하면

$$x_1x+y_1y+g(x+x_1)+f(y+y_1)+c=0$$

을 얻을 수 있으며, 이것은 구하고자 하는 자취의 방정식이다. 이 방정식은 $x,\ y$에 관한 일차방정식이므로 직선임을 알 수 있고, 이 직선을 점 $\mathrm{P_1}(x_1,\ y_1)$에서 원 $F(x,\ y)=0$의 **극선**이라 한다. 그리고 점 $\mathrm{P_1}(x_1,\ y_1)$을 극선의 **극**이라 한다.

점 $\mathrm{P_1}(x_1,\ y_1)$에서 주어진 원의 극선에 대하여 알아보자. 원 $F(x,\ y)=0$과 극선 l과 교점을 각각 $\mathrm{A}(x_2,\ y_2)$, $\mathrm{B}(x_3,\ y_3)$라 하자. 이때 교점 A, B에서 그은 원의 접선은 각각

$$\begin{aligned}&l_{\mathrm{A}}: x_2x+y_2y+g(x+x_2)+f(y+y_2)+c=0\\ &l_{\mathrm{B}}: x_3x+y_3y+g(x+x_3)+f(y+y_3)+c=0\end{aligned}$$

이다. 한편 점 A, B는 극선 위에 있으므로

$$\begin{aligned}&x_1x_2+y_1y_2+g(x_2+x_1)+f(y_2+y_1)+c=0\\ &x_1x_3+y_1y_3+g(x_3+x_1)+f(y_3+y_1)+c=0\end{aligned}$$

또한 성립한다. 이로부터 접선 $l_{\mathrm{A}},\ l_{\mathrm{B}}$은 극 $\mathrm{P_1}(x_1,\ y_1)$을 지남을 알 수 있다.

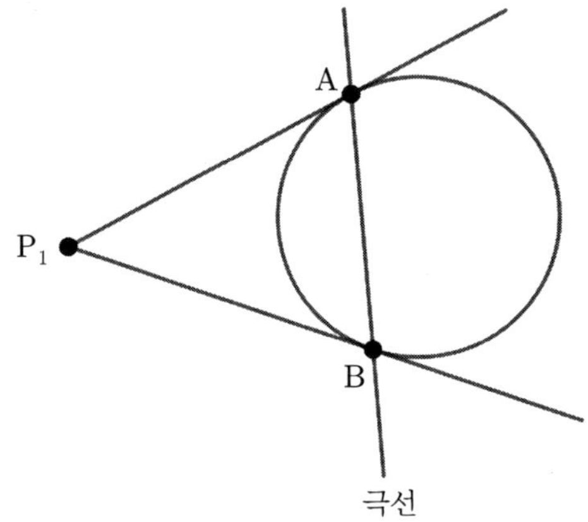

그림 3.10

결국 점 P_1에서 주어진 원에 두 접선을 그을 수 있다면 그 접점 A, B를 잇는 직선이 점 P_1에서 원의 극선이다. 만일 점 P_1이 원 위에 있으면 P_1에서 주어진 원의 극선은 접선과 일치한다.

점 $P_1(x_1, y_1)$에서 주어진 원

$$F(x, y) = x^2 + y^2 + 2gx + 2fy + c = 0$$

의 극선은

$$l : x_1x + y_1y + g(x + x_1) + f(y + y_1) + c = 0$$

이다. 만일 점 $P_2(x_2, y_2)$가 직선 l 위의 점이면

$$x_1x_2 + y_1y_2 + g(x_2 + x_1) + f(y_2 + y_1) + c = 0 \qquad \cdots\cdots \ (***)$$

이 성립하고, 점 P_2에 대한 원 $F(x, y) = 0$의 극선은

$$l' : x_2x + y_2y + g(x + x_2) + f(y + y_2) + c = 0$$

이다. 식 (***)으로부터 점 $P_1(x_1, y_1)$은 직선 l'을 지남을 알 수 있다. 이런 이유로 두 직선 l, l'을 원 $F(x, y) = 0$의 서로 **공액**이라 한다(그림 3.11 참조).

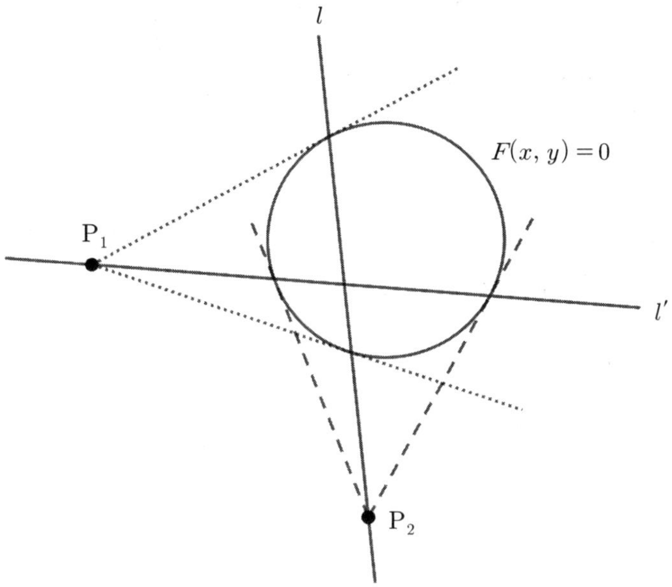

그림 3.11

예제 3.2.5 원 $x^2 + y^2 + 4x - 6y - 3 = 0$에 대하여

(1) 점 $(4, 2)$에서 극선 l을 구하여라.

(2) 점 $(1, 5)$에서 극선 l'을 구하여라.

풀이 (1) $x_1 = 4,\ y_1 = 2,\ g = 2,\ f = -3,\ c = -3$이므로 극선의 방정식은

$$4x + 2y + 2(x+4) - 3(y+2) - 3 = 0$$

으로부터 $l : 6x - y - 1 = 0$이다.

(2) $x_1 = 1,\ y_1 = 5,\ g = 2,\ f = -3,\ c = -3$으로부터 극선의 방정식은

$$l' : 3x + 2y - 16 = 0$$

이다. 이때 두 직선 l, l'은 서로 공액임을 알 수 있다. ■

예제 3.2.6 원 $x^2 + y^2 + 4x - 6y - 3 = 0$에 대하여 직선 $x - 4y - 2 = 0$이 극선일 때 극을 구하여라.

풀이 점 $P_1(x_1, y_1)$가 주어진 원의 극이라 하면 극선은

$$(x_1+2)x+(y_1-3)y+2x_1-3y_1-3=0$$

이다. 그러므로 주어진 극선과 비교하면 $x_1=-1$, $y_1=-1$이므로 극은 $(-1,\ -1)$이다. ■

예제 3.2.7 점 $P_1(x_1,\ y_1)$을 원 $x^2+y^2+2gx+2fy+c=0$의 극이라 하자. 극선과 점 P_1에서 원의 중심을 잇는 직선은 직교함을 보여라.

풀이 주어진 원의 중심은 $C(-g,\ -f)$이므로, 직선 P_1C의 기울기는 $m_1=\dfrac{-f-y_1}{-g-x_1}$이다. 한편 점 P_1에서 극선의 기울기는 $m_2=-\dfrac{g+x_1}{f+y_1}$이다. 결국 두 기울기의 곱은 $m_1m_2=-1$이므로 직선 P_1C과 극선은 직교한다(그림 3.12).

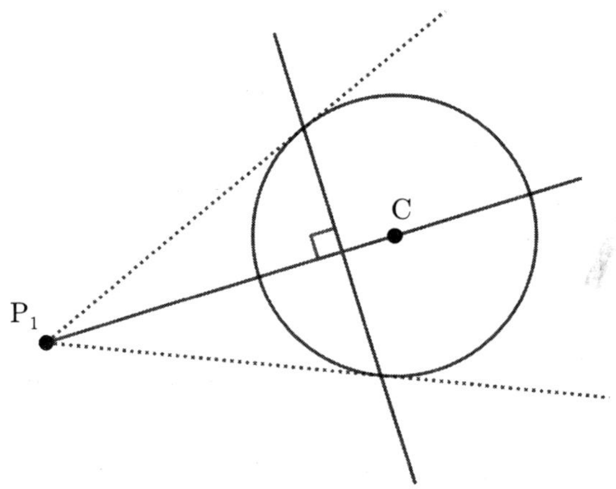

그림 3.12 ■

원

$$F(x,\ y)=x^2+y^2+2gx+2fy+c=0$$

위에 있지 않은 점 $P_1(x_1,\ y_1)$에 대하여 점 P_1을 지나고 방향코사인이 $\lambda,\ \mu$인 직선의 매개방정식은

$$x=x_1+\lambda t,\ y=y_1+\mu t$$

이다. 이 직선과 원의 두 교점을 Q, R이라 하면(그림 3.9 참조) 식 (**)으로부터 유향선분의 거리는

$$\mathrm{P_1Q} = t_1,\ \mathrm{P_1R} = t_2$$

이고 식 (*)으로부터

$$t_1 t_2 = F(x_1,\ y_1)$$

함을 알 수 있다. 결국

$$(\mathrm{P_1Q})(\mathrm{P_1R}) = t_1 t_2 = F(x_1,\ y_1) = \text{일정}$$

이다. 즉 점 P_1에서 직선과 원의 교점 Q, R까지의 유향거리의 곱은 일정함을 알 수 있다. 이 일정한 값을 원 $F(x,\ y)=0$에 대한 점 $\mathrm{P}_1(x_1,\ y_1)$의 **멱**(power)이라 한다.
유향거리 $\mathrm{P_1Q}$과 $\mathrm{P_1R}$으로부터

$$\text{점 } \mathrm{P}_1(x_1,\ y_1)\text{이 원의 외부에 있으면 } F(x_1,\ y_1) > 0$$
$$\text{점 } \mathrm{P}_1(x_1,\ y_1)\text{이 원의 내부에 있으면 } F(x_1,\ y_1) < 0$$

임을 알 수 있다. 만일 점 P_1이 원 위에 있으면 $F(x_1,\ y_1)=0$이다.

예제 3.2.8 원 $x^2+y^2+12x+8y+36=0$에 대하여 점 $(1,\ -1)$의 멱을 구하여라.

풀이 $F(1,\ -1)=(1)^2+(-1)^2+12(1)+8(-1)+36=42$ ■

3.2.4. 두 원 사이의 관계

우리는 2.2.3절에서 두 직선의 교점을 지나는 직선군을 어떻게 구하는지에 대한 방법을 알아보았다. 이 절에서는 두 원의 교점을 지나는 원군과 교점을 지나는 직선에 대하여 알아본다.

만나는 두 원

$$F_1(x,\ y)=x^2+y^2+2g_1x+2f_1y+c_1=0$$
$$F_2(x,\ y)=x^2+y^2+2g_2x+2f_2y+c_2=0$$

과 모두는 0이 아닌 실수 k_1, k_2에 대하여

$$k_1F_1(x,\ y)+k_2F_2(x,\ y)=0 \qquad \cdots\cdots\ (*)$$

을 생각하자. 위 식은 다시

$$(k_1+k_2)(x^2+y^2)+2(k_1g_1+k_2g_2)x+2(k_1f_1+k_2f_2)y+k_1c_1+k_2c_2=0 \qquad \cdots\cdots\ (*')$$

으로 표현할 수 있다.

(1) 만일 $k_1+k_2\neq 0$이면 식 $(*')$은 x^2, y^2의 계수가 각각 1로서 원임을 알 수 있고, 결국 식 $(*)$은 두 원 $F_1(x,\ y)=0$, $F_2(x,\ y)=0$의 교점을 지나는 원이다. 이때 $k_1\neq 0$ 또는 $k_2\neq 0$라 하면 식 $(*)$은 0이 아닌 실수 k에 대하여

$$F_1(x,\ y)+kF_2(x,\ y)=0 \text{ 또는 } kF_1(x,\ y)+F_2(x,\ y)=0$$

이고, 이를 두 원의 교점을 지나는 **원군**이라 한다.

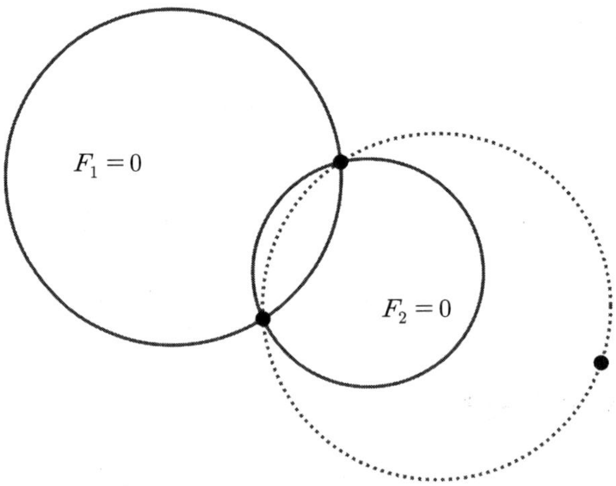

그림 3.13

[참고] 예제 3.1.2에서 보였듯이 일직선 위에 있지 않은 서로 다른 세 점은 하나의 원을 결정한다. 따라서 두 원의 교점과 교점을 잇는 직선 위에 있지 않은 점들을 선택함으로써 무수히 많은 원을 만들 수 있다.

(2) 만일 $k_1 + k_2 = 0$이면 식 $(*')$은

$$2(g_1 - g_2)x + 2(f_1 - f_2)y + c_1 - c_2 = 0$$

이고, 이것은 x, y에 관한 일차방정식이므로 직선이다. 이 직선은 두 원 $F_1(x, y) = 0$, $F_2(x, y) = 0$의 교점을 지나는 직선으로 **근축**이라 한다.

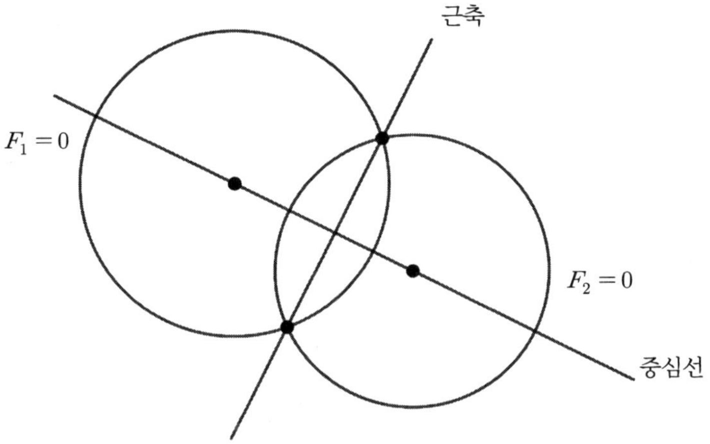

그림 3.14

두 원의 중심 $(-g_1, -f_1)$, $(-g_2, -f_2)$을 잇는 직선

$$(f_1 - f_2)x - (g_1 - g_2)y + f_1 g_2 - f_2 g_1 = 0$$

을 원의 **중심선**이라 한다.

[참고]

(1) 근축은 $F_1 - F_2 = 0$이다.

(2) 근축 위에 한 점 P_1을 잡으면 점 P_1에서 두 원 $F_1(x, y) = 0$, $F_2(x, y) = 0$의 멱은 같다.

예제 3.2.9 근축과 중심선은 직교함을 보여라.

풀이 두 직선의 기울기의 곱을 계산하면

$$(\frac{g_1 - g_2}{f_1 - f_2})(-\frac{f_1 - f_2}{g_1 - g_2}) = -1$$

이므로 두 직선은 직교한다. ■

예제 3.2.10 두 원

$$x^2 + y^2 + 2x + 4y - 5 = 0,\ x^2 + y^2 - x + 9y - 3 = 0$$

에 대하여

(1) 두 원의 교점과 (3, 1)을 지나는 원의 방정식을 구하여라.

(2) 두 원의 근축의 방정식을 구하여라.

풀이 (1) 두 원의 교점을 지나는 원의 방정식

$$(x^2 + y^2 + 2x + 4y - 5) + k(x^2 + y^2 - x + 9y - 3) = 0$$

에 점 (3, 1)을 대입하면 $k = -\frac{15}{13}$이므로 교점을 지나는 원의 방정식은

$$x^2 + y^2 - \frac{171}{2}x + \frac{83}{2}y + 10 = 0$$

이다.

(2) $2g_1 = 2,\ 2f_1 = 4,\ c_1 = -5$이고 $2g_2 = -1,\ 2f_2 = 9,\ c_2 = -3$이므로 근축의 방정식은

$$(2+1)x + (4-9)y - 5 + 3 = 0$$
$$3x - 5y - 2 = 0$$

이다. ■

예제 3.2.11 두 원의 근축 위의 점에서 두 원의 접점까지의 거리는 같음을 보여라.

풀이 두 원

$$F_1(x,\ y) = x^2 + y^2 + 2g_1x + 2f_1y + c_1 = 0$$
$$F_2(x,\ y) = x^2 + y^2 + 2g_2x + 2f_2y + c_2 = 0$$

의 근축 위의 점을 $P_0(x_0, y_0)$라 하면

$$2(g_1 - g_2)x_0 + 2(f_1 - f_2)y_0 + c_1 - c_2 = 0$$

이 성립한다. 두 원의 중심을 각각 C_1, C_2라 하고, 점 $P_0(x_0, y_0)$에서 두 원의 접점을 각각 A, B라 하면 다음이 성립한다.

$$\begin{aligned} |P_0A|^2 &= |P_0C_1|^2 - |C_1A|^2 \\ &= (x_0 + g_1)^2 + (y_0 + f_1)^2 - (g_1^2 + f_1^2 - c_1) \\ |P_0B|^2 &= |P_0C_2|^2 - |C_2B|^2 \\ &= (x_0 + g_2)^2 + (y_0 + f_2)^2 - (g_2^2 + f_2^2 - c_2) \end{aligned}$$

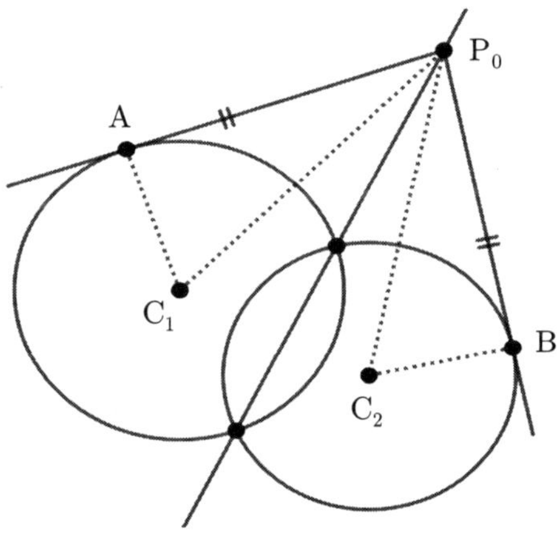

그림 3.15

이로부터

$$\begin{aligned} |P_0A|^2 - |P_0B|^2 &= 2(g_1 - g_2)x_0 + 2(f_1 - f_2)y_0 + c_1 - c_2 \\ &= 0 \end{aligned}$$

을 얻고, 따라서

$$|P_0A| = |P_0B|$$

이 성립한다. ■

3.2 연습문제

1. 점 $P_0(2,\ -3)$을 중심으로 하고 직선 $y=3x-4$에 접하는 원의 방정식을 구하여라.

2. 점 $P_0(-2, 3)$에서 원 $x^2+y^2-6x+4y-37=0$의 접선의 방정식을 구하여라.

3. 두 원 $x^2+y^2+2g_1x+2f_1y+c_1=0,\ x^2+y^2+2g_2x+2f_2y+c_2=0$이 직교하기 위한 조건은 $2(g_1g_2+f_1f_2)=c_1+c_2$임을 보여라.
(참고: 두 곡선이 서로 만나고 그 교점에서 각 곡선의 접선이 수직일 때 두 곡선은 직교한다라고 한다.)

4. 점 $(3, 0)$에서 x축에 접하고 또 직선 $3y-4x=12$에 접하는 원의 방정식을 구하여라.

5. x축과 $45°$의 각을 이루는 원 $x^2+y^2-2x-6y-8=0$의 접선의 방정식과 접점의 좌표를 구하여라.

6. 점 $P(1,\ -1)$은 원 $2x^2+2y^2-x+3y+1=0$의 밖에 있고, 원 $x^2+y^2=4$의 안에 있음을 보여라.

7. 두 원 $x^2+y^2-2x-4y-3=0,\ x^2+y^2+4x-9y+3=0$의 근축의 방정식, 공통현의 길이, 두 원의 교점과 원점을 지나는 원의 방정식을 구하여라.

8. 원 $(x-1)^2+(y-3)^2=1$에 대한 직선 $2x-3y+6=0$의 극을 구하여라.

9. 점 P의 원 O에 관한 극선을 l이라 하면 $OP\perp l$이고 OP와 l의 교점을 Q라 하면 $OQ \cdot OP=a^2$(a는 원의 반지름)임을 보여라.

10. 직선 $ax+by+c=0$의 원 $x^2+y^2=r^2$에 관한 극 (x_1, y_1)은 $x_1=-\frac{a}{c}r^2$, $y_1=-\frac{b}{c}r^2$임을 보여라.

11. 원 $x^2+y^2=a^2$에 대하여 삼각형 ABC의 꼭짓점 A, B의 극선이 각각 BC, CA이면 꼭짓점 C의 극선은 AB임을 보여라.

제 4 장

원뿔곡선

이 장에서는 **이차곡선**으로 잘 알려진 원뿔곡선에 대하여 알아본다. 공간에서 중심선(축)을 중심으로 모선을 회전하면 원뿔을 얻을 수 있고, 원뿔의 축을 포함하지 않은 평면으로 절단할 때 생기는 곡선을 **원뿔곡선** 또는 **원추곡선**이라 한다. 원뿔곡선에는 원, 타원, 쌍곡선, 포물선이 있다. 원뿔곡선은 수학과 과학의 발전과 함께 많은 분야에서 중요하게 응용된다. 광학에서 빛의 반사원리, 투사물이 그리는 곡선 등에서 포물선이 적용되고, 태양 주

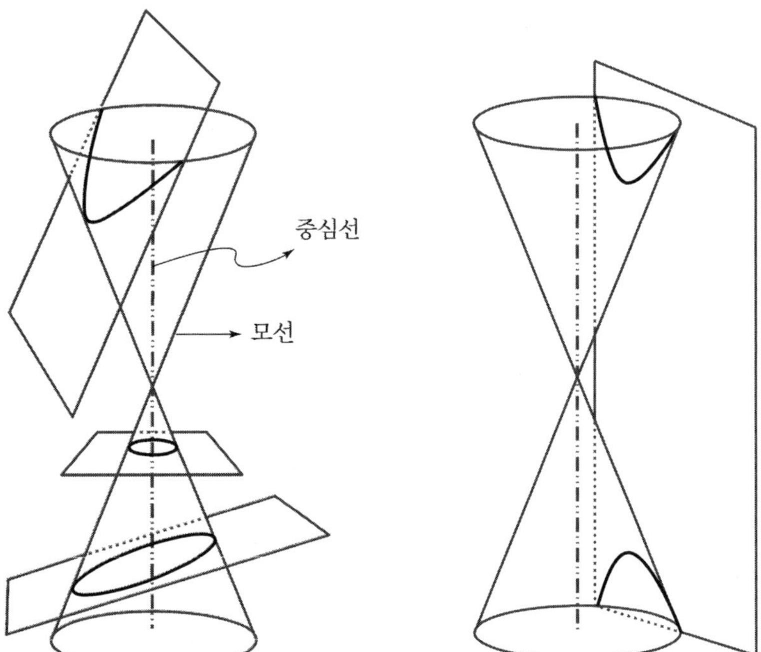

그림 4.1

위를 운행하는 행성들의 궤도는 타원으로 설명되며, 반사망원경의 원리, 전기장 내에서 입자의 운동 등에는 쌍곡선이 적용된다. 그 밖에도 다양한 분야에서 원뿔곡선의 응용을 찾아볼 수 있다.

4.1 타원

4.1.1 타원의 방정식

평면 위에 두 점 F, F′이 주어져 있을 때 이 두 점 사이의 거리의 합이 $2a$로 일정한 점의 자취를 **타원**이라 하고, 이 두 점 F, F′을 타원의 **초점**이라 한다.

이제 좌표평면 위에서 타원의 방정식을 구하자. 점 F의 좌표를 $(c, 0)$, 점 F′의 좌표를 $(-c, 0)$라 하고, 임의의 한 점 P의 좌표를 (x, y)라 하면

$$|\mathrm{PF}|+|\mathrm{PF}'|=2a \quad (a>c)$$
$$\sqrt{(x-c)^2+y^2}+\sqrt{(x+c)^2+y^2}=2a$$

이다. 따라서 이를 정리하면

$$cx-a^2=-a\sqrt{(x-c)^2+y^2}$$
$$(a^2-c^2)x^2+a^2y^2=a^2(a^2-c^2)$$

이다. 한편 $a>c$이므로

$$b^2=a^2-c^2$$

이라 두면 위 식은

$$b^2x^2+a^2y^2=a^2b^2$$

이고, 이것을 a^2b^2으로 나누면

$$\frac{x^2}{a^2}+\frac{y^2}{b^2}=1 \quad (a>b>0)$$

을 얻는다. 이것이 구하는 **타원의 방정식**이다. 특히 **타원의 표준형**이라 한다. 위 방정식의 그래프는 다음과 같다.

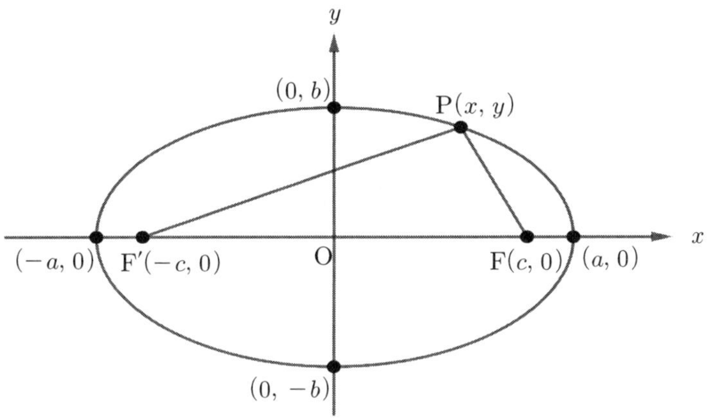

그림 4.2

이때 x축을 **장축**, y축을 **단축**이라 하고 $(\pm a, 0)$, $(0, \pm b)$을 타원의 **꼭짓점**이라 한다. 타원의 방정식은 x^2, y^2만의 식이므로 타원은 x축과 y축에 대하여 모두 대칭이다. 따라서 타원은 원점에 대하여 대칭임을 알 수 있다. 이 원점을 타원의 **중심**이라 한다.

한편 $b^2 = a^2 - c^2 \ (c > 0)$으로부터 $c = \sqrt{a^2 - b^2}$이다. 따라서 $\dfrac{c}{a} = \dfrac{\sqrt{a^2 - b^2}}{a}$이고 $\dfrac{\sqrt{a^2 - b^2}}{a} = e$라 두면

$$e = \frac{c}{a}$$

을 타원의 **이심률**이라 한다. 그러므로 타원의 초점의 좌표는 각각 $(-ae, 0)$, $(ae, 0)$이다. 또 $c \leq a$이므로 이심률의 범위는 $0 < e < 1$이다. 만일 $e = 0$이면 $a = b$이므로 반지름이 a인 원이다. 이 사실로부터 이심률은 타원이 원에 가까운 정도를 나타낸다. 즉 a, b의 차가 클수록 타원이 납작해진다.

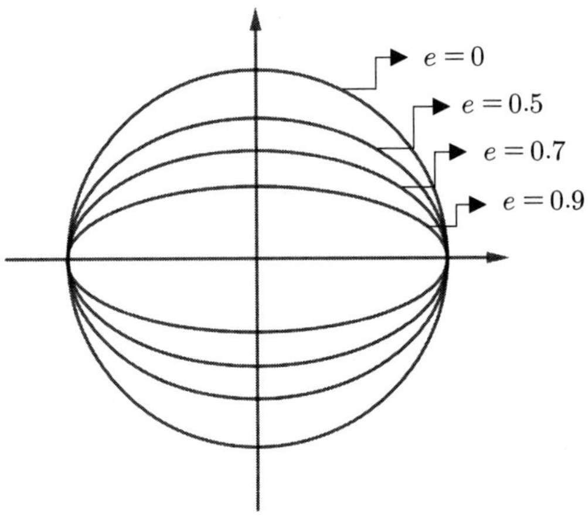

그림 4.3

타원의 방정식 $\dfrac{x^2}{a^2}+\dfrac{y^2}{b^2}=1$은

$$cx-a^2=-a\sqrt{(x-c)^2+y^2}$$

으로 표현할 수 있고, 이것은 다시

$$\sqrt{(x-c)^2+y^2}=\frac{c}{a}\left(\frac{a^2}{c}-x\right)$$

와 같다. 위 식에서 좌변은 타원의 초점 $\mathrm{F}(c,0)$와 타원 위의 점 $\mathrm{P}(x,y)$ 사이의 거리이고, 우변 $\dfrac{a^2}{c}-x$는 점 $\mathrm{P}(x,y)$와 직선 $l:x=\dfrac{a^2}{c}$ 사이의 거리이다. 따라서

$$\frac{\sqrt{(x-c)^2+y^2}}{\dfrac{a^2}{c}-x}=\frac{c}{a}\Leftrightarrow\frac{|\mathrm{PF}|}{|\mathrm{P}l|}=e$$

이 성립한다. 한편 타원은 y축에 대칭이므로

$$\frac{|\mathrm{F}'\mathrm{P}|}{|\mathrm{P}l'|}=e$$

가 또한 성립하고 $l':x=-\dfrac{a^2}{c}$이다. 이때 y축에 평행한 두 직선

$$l : x = \frac{a}{e}, \quad l' : x = -\frac{a}{e}$$

을 타원의 **준선**이라 한다.

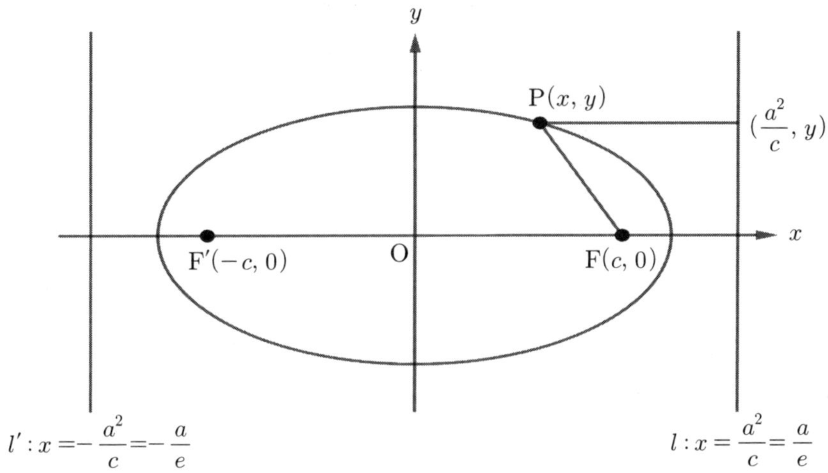

그림 4.4

그러므로 타원은 다음과 같은 성질을 갖는다.

> 타원은 주어진 점과 직선까지의 거리의 비가 0과 1 사이의 일정한 값을 갖는 점들의 집합이다. 즉 타원은 $\frac{|F'P|}{|Pl'|} = e$ 또는 $\frac{|FP|}{|Pl|} = e(0 < e < 1)$을 만족하는 점 $P(x, y)$의 자취의 방정식이다.

이제 타원의 표준형의 평행이동에 대하여 알아보자. 타원 $\frac{x^2}{a^2} + \frac{y^2}{b^2} = 1$의 중심 $O(0, 0)$을 점 $C(x_0, y_0)$로 평행이동하면 타원의 방정식은

$$\frac{(x - x_0)^2}{a^2} + \frac{(y - y_0)^2}{b^2} = 1$$

이다. $a > b$인 경우 $c = \sqrt{a^2 - b^2}$ 이므로 주어진 타원은 초점 $(\pm c + x_0, y_0)$, 이심률 $e = \frac{c}{a}$, 준선 $x = \pm \frac{a}{e} + x_0$이다.

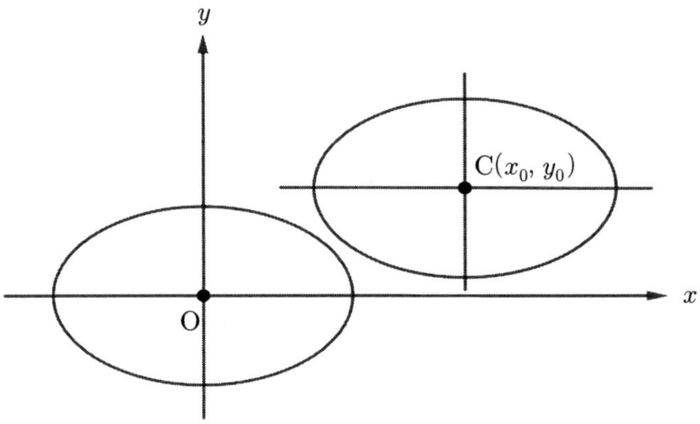

그림 4.5

만일 $b > a$이면 대칭축인 x축과 평행한 직선이 단축, y축과 평행한 직선이 장축이 되고, 초점 $\mathrm{F}(x_0,\ c+y_0)$, $\mathrm{F}'(x_0,\ -c+y_0)$, 이심률 $e=\dfrac{c}{b}$, 준선 $y=\pm\dfrac{b}{e}+y_0$이다.

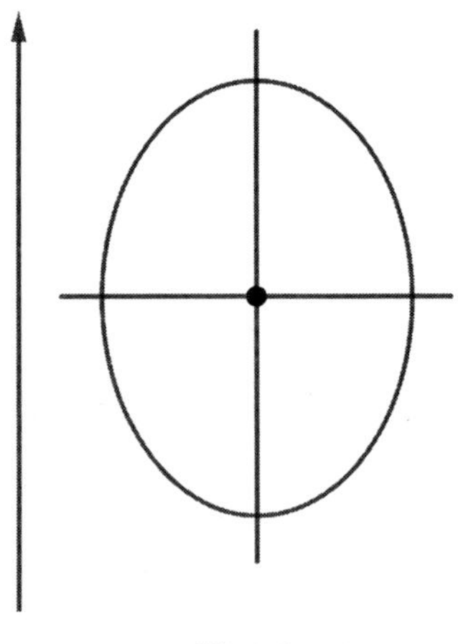

그림 4.6

예제 4.1.1 타원 $x^2+\dfrac{9}{4}y^2=9$의 장축, 단축, 초점, 준선, 이심률을 구하여라.

풀이 주어진 방정식은

$$\frac{x^2}{9}+\frac{y^2}{4}=1$$

이므로 장축은 x축, 단축은 y축이며, $c = \sqrt{9-4} = \sqrt{5}$ 으로부터 초점은 $(\pm\sqrt{5}, 0)$, 이심률은 $e = \dfrac{\sqrt{5}}{3}$, 준선은 $x = \pm\dfrac{9}{\sqrt{5}}$ 이다. ■

예제 4.1.2 초점이 $(4, -2)$, $(10, -2)$이고 한 꼭짓점이 $(12, -2)$인 타원의 방정식을 구하여라.

풀이 두 초점의 중점은 $(7, -2)$이고, 두 초점 사이의 거리는 6이다. 또한 중심에서 한 꼭짓점까지의 거리는 5이다. 결국 $c=3$, $a=5$이므로 $b^2 = a^2 - c^2 = 16$이다. 따라서 구하는 타원의 방정식은

$$\frac{(x-7)^2}{25} + \frac{(y+2)^2}{16} = 1$$

이다. ■

예제 4.1.3 타원 $9x^2 + 4y^2 - 72x - 24y + 144 = 0$의 중심, 초점, 준선, 이심률을 구하여라.

풀이 주어진 방정식은

$$9x^2 + 4y^2 - 72x - 24y + 144 = 0$$
$$\frac{(x-4)^2}{4} + \frac{(y-3)^2}{9} = 1$$

이므로 중심은 $(4, 3)$, 초점 $(4, 3-\sqrt{5})$, $(4, 3+\sqrt{5})$, 준선 $y = \pm\dfrac{9}{\sqrt{5}} + 3$, 이심율 $e = \dfrac{\sqrt{5}}{3}$ 이다. ■

예제 4.1.4 한 점 $(1, 0)$과 직선 $x=6$에서 거리의 비가 $\dfrac{1}{\sqrt{6}}$인 점 $\mathrm{P}(x, y)$의 자취의 방정식을 구하여라.

풀이 $\dfrac{|\mathrm{PF}|}{|\mathrm{P}l|} = e$ 으로부터 $(x-1)^2 + y^2 = \dfrac{1}{6}(x-6)^2$이므로 이 식을 정리하면

$$\frac{x^2}{6}+\frac{y^2}{5}=1$$

이다. ■

4.1.2 타원의 매개방정식

이 절에서는 직교방정식으로 주어진 타원의 방정식을 극좌표로 표현하는 방법에 대하여 알아본다.

먼저 타원의 방정식

$$\frac{x^2}{a^2}+\frac{y^2}{b^2}=1 \quad (a>b>0)$$

에 대하여 장축과 단축의 양 꼭짓점을 지름으로 하는 원을 그리고 타원 위의 점 $\mathrm{P}(x, y)$에서 수선을 그어 원과 만나는 점을 A, x축과 만나는 점을 M이라 하자. 선분 OA와 그림 4.7에서처럼 작은 원과의 교점을 B라 하고, x축과 선분 OA가 이루는 각을 θ라 하면

$$x=\mathrm{OM}=\mathrm{OA}\cos\theta=a\cos\theta$$
$$y=\mathrm{MP}=\mathrm{NB}=\mathrm{OB}\sin\theta=b\sin\theta$$

이다. 따라서

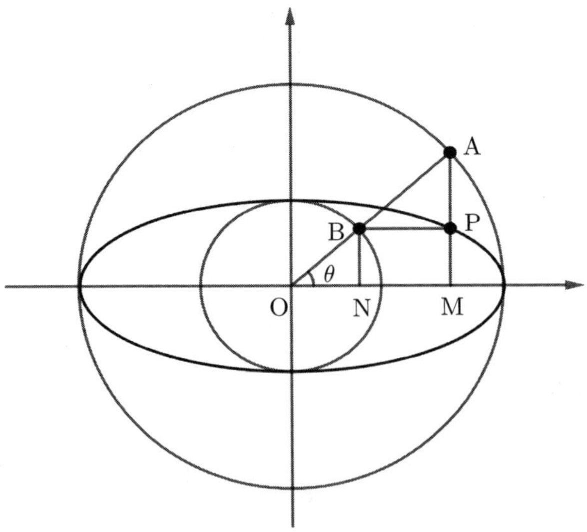

그림 4.7

$$x = a\cos\theta,\ y = b\sin\theta$$

을 타원 $\frac{x^2}{a^2} + \frac{y^2}{b^2} = 1\,(a > b > 0)$의 **매개방정식**이라 한다.

타원 $\frac{x^2}{a^2} + \frac{y^2}{b^2} = 1$의 중심 $O(0,\ 0)$을 점 $C(x_0,\ y_0)$로 평행이동하면 타원의 방정식은

$$\frac{(x-x_0)^2}{a^2} + \frac{(y-y_0)^2}{b^2} = 1$$

이고, 이 방정식에 대한 매개방정식은

$$x = x_0 + a\cos\theta,\ y = y_0 + b\sin\theta$$

이다.

예제 4.1.5 타원 $x^2 + 2y^2 - 2x + 4y = 1$의 매개방정식을 구하여라.

풀이 주어진 방정식은

$$\frac{(x-1)^2}{4} + \frac{(y+1)^2}{2} = 1$$

이므로 매개방정식은

$$x = 2\cos\theta + 1,\ y = \sqrt{2}\sin\theta - 1$$

이다. ■

예제 4.1.6 매개방정식 $x = 3 + \cos\theta,\ y = -2 + 4\sin\theta$의 직교방정식을 구하여라.

풀이 주어진 방정식은 $x - 3 = \cos\theta,\ y + 2 = 4\sin\theta$이고 $4(x-3) = 4\cos\theta,\ y + 2 = 4\sin\theta$을 각각 제곱하여 더하면 다음과 같다.

$$16(x-3)^2 + (y+2)^2 = 16$$

$$(x-3)^2 + \frac{(y+2)^2}{16} = 1$$

■

4.1.3 타원의 극방정식

타원 $\dfrac{x^2}{a^2}+\dfrac{y^2}{b^2}=1$ 위의 점 $\mathrm{P}(x, y)$에 대하여

$$cx-a^2=-a\sqrt{(x-c)^2+y^2}$$

이 성립한다. 그림 4.2에서처럼

$$\mathrm{FP}=\sqrt{(x-c)^2+y^2}$$

이므로 위 두 식으로부터

$$\mathrm{FP}=a-\frac{c}{a}x=a-ex$$

이다. 같은 방법에 의해서

$$\mathrm{PF}'=a+ex$$

이 성립한다. 초점 $\mathrm{F}'(-c, 0)$을 극이라 하고, $r=\mathrm{F}'\mathrm{P}$, 점 P에서 x축에 수선의 발을 H, x축과 선분 $\mathrm{F}'\mathrm{P}$기 이루는 각을 θ라 하면

$$\mathrm{F}'\mathrm{P}=r=a+ex$$

이다. 한편

$$x=\mathrm{F}'\mathrm{H}-\mathrm{F}'\mathrm{O}=r\cos\theta-ae$$

으로부터

$$r=a+e(r\cos\theta-ae)=\frac{b^2}{a}+re\cos\theta$$

$$r=\frac{b^2}{a(1-e\cos\theta)}$$

이다. 만일 $l=\dfrac{b^2}{a}$라 두면

$$r=\frac{l}{1-e\cos\theta}$$

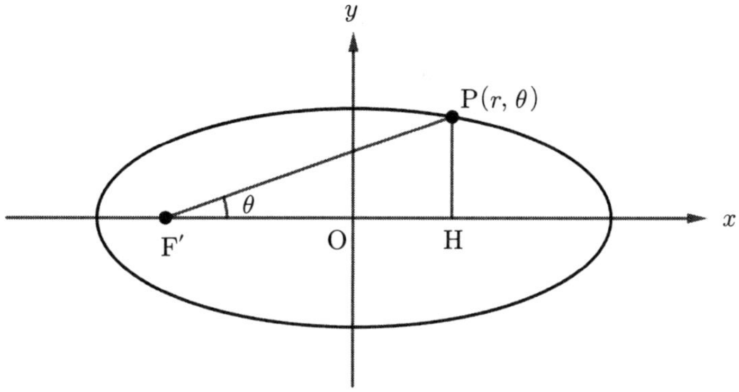

그림 4.8

이다. 이것은 초점 $F'(-c, 0)$을 극으로 하는 타원 $\dfrac{x^2}{a^2}+\dfrac{y^2}{b^2}=1$의 **극방정식**이다.

예제 4.1.7 다음 극방정식을 직교방정식을 구하여라.

(1) $r=\dfrac{12}{2-\cos\theta}$ (2) $r=\dfrac{6}{3-\cos\theta}$

풀이 (1) 주어진 식은

$$r=\frac{6}{1-\frac{1}{2}\cos\theta}$$

이다. 따라서 $e=\dfrac{1}{2}$, $6a=b^2$이고, 이것으로부터 $a=8$, $b=4\sqrt{3}$, $c=4$이다. 결국 구하는 타원의 방정식은

$$\frac{x^2}{64}+\frac{y^2}{48}=1$$

이다.

(2) 주어진 식은

$$r=\frac{2}{1-\frac{1}{3}\cos\theta}$$

이다. 따라서 $e=\dfrac{1}{3}$, $2a=b^2$이고, 이것으로부터 $a=\dfrac{9}{4}$, $b=\dfrac{3\sqrt{2}}{2}$, $c=\dfrac{3}{4}$이

다. 결국 구하는 타원의 방정식은

$$\frac{16}{81}x^2 + \frac{4}{18}y^2 = 1$$

이다. ■

예제 4.1.8 타원 $\frac{x^2}{16}+\frac{y^2}{9}=1$의 극방정식을 구하여라.

풀이 주어진 타원의 방정식으로부터 $a=4,\ b=3,\ c=\sqrt{16-9}=\sqrt{7},\ e=\frac{\sqrt{7}}{4},\ l=\frac{9}{4}$ 이다. 따라서 극방정식은

$$r=\frac{\frac{9}{4}}{1-\frac{\sqrt{7}}{4}\cos\theta}=\frac{9}{4-\sqrt{7}\cos\theta}$$

이다. ■

4.1 연습문제

1. 다음 타원의 방정식을 구하여라.

(1) 이심률 $\frac{1}{3}$, 준선 $x=5$, 초점 $(2,\ 0)$

(2) 초점 $(5,\ 0)$, $(-1,\ 0)$, 단축의 꼭짓점 $(2,\ 1)$

(3) 한 초점 $(-2,\ 2+\sqrt{2})$, 한 꼭짓점 $(-2,\ 6)$, 중심 $(-2,\ 2)$

(4) 초점 $(-4,\ 2)$, $(4,\ 2)$, 장축의 길이 10

2. 다음 타원의 중심, 초점, 준선, 이심률을 구하여라.

(1) $\frac{x^2}{25}+\frac{y^2}{9}=1$

(2) $x^2+4y^2=4$

(3) $\frac{(x-5)^2}{169}+\frac{(y+5)^2}{49}=1$

(4) $\frac{(x-3)^2}{36}+\frac{(y-2)^2}{9}=1$

3. 타원의 한 초점 F'을 지나는 임의의 현을 AB라 하면 $\frac{1}{\mathrm{F'A}}+\frac{1}{\mathrm{F'B}}$은 일정함을 보여라.

4. 다음 타원의 매개방정식을 구하여라.

(1) $x^2+4y^2=4$

(2) $4x^2+8y^2-4x-24y-13=0$

(3) $x^2+4y^2+6x+16y+21=0$

(4) $4x^2+y^2+8x-4y-8=0$

5. 다음 극방정식을 직교방정식을 구하여라.

(1) $r=\dfrac{6}{1-\frac{1}{4}\cos\theta}$

(2) $r=\dfrac{12}{3-\cos\theta}$

6. 다음 타원의 방정식을 극방정식을 구하여라.

(1) $\dfrac{x^2}{16}+\dfrac{y^2}{4}=1$ (2) $\dfrac{x^2}{9}+\dfrac{y^2}{4}=1$

7. 중심이 O인 타원에 있어서 $\angle \mathrm{POQ}=\dfrac{\pi}{2}$가 되는 임의의 두 점 P, Q를 그 위에 잡으면 $\dfrac{1}{\mathrm{OP}^2}+\dfrac{1}{\mathrm{OQ}^2}$은 일정함을 보여라.

4.2 쌍곡선

4.2.1 쌍곡선의 방정식

평면 위에 두 점 F, F′이 주어져 있을 때 이 두 점 사이의 거리의 차이가 $2a$로 일정한 점의 자취를 **쌍곡선**이라 하고, 이 두 점 F, F′을 쌍곡선의 **초점**이라 한다.

이제 좌표평면 위에서 쌍곡선의 방정식을 구하자. 점 F의 좌표를 $(c, 0)$, 점 F′의 좌표를 $(-c, 0)$라 하고, 임의의 한 점 P의 좌표를 (x, y)라 하면

$$||\mathrm{PF}|-|\mathrm{PF'}|| = 2a \quad (0 < a < c)$$
$$\sqrt{(x-c)^2+y^2}-\sqrt{(x+c)^2+y^2}=\pm 2a$$

이다. 따라서 이를 정리하면

$$a^2+cx=\mp a\sqrt{(x+c)^2+y^2}$$
$$(c^2-a^2)x^2-a^2y^2=a^2(c^2-a^2)$$

이다. 한편 $a<c$이므로

$$b^2=c^2-a^2$$

이라 두면 위 식은

$$b^2x^2-a^2y^2=a^2b^2$$

이고, 이것을 a^2b^2으로 나누면

$$\frac{x^2}{a^2}-\frac{y^2}{b^2}=1$$

이다. 이것이 구하는 **쌍곡선의 방정식**이다. 특히 **쌍곡선의 표준형**이라 한다. 위 방정식의 그래프는 다음과 같다.

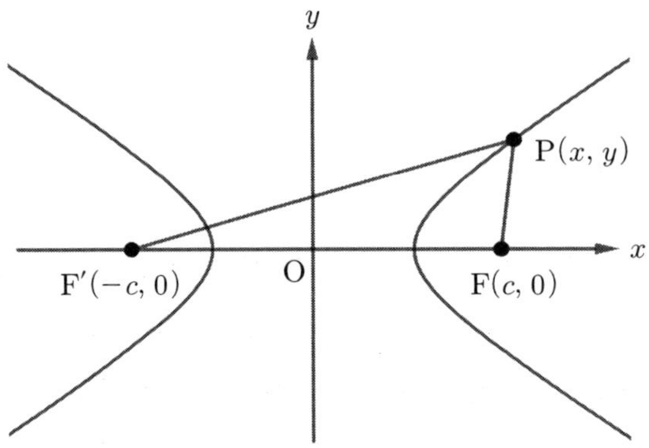

그림 4.9

이때 x축을 **주축**, y축을 **공액축**, $(\pm a, 0)$를 **꼭짓점**이라 한다. 이 쌍곡선은 원점에 대칭이며, 이 점을 **중심**이라 한다. 한편 $b^2 = c^2 - a^2$으로부터 $c = \sqrt{a^2 + b^2}$이다. 따라서 $\frac{c}{a} = \frac{\sqrt{a^2+b^2}}{a}$이고 $\frac{\sqrt{a^2+b^2}}{a} = e$라 두면

$$e = \frac{c}{a}$$

을 쌍곡선의 **이심률**이라 한다. $a < c$이므로 $e > 1$이다. 만일 c가 a에 가까워지면 e는 1에 가까워진다. 이때 b는 0에 가까워져야 하므로 쌍곡선은 납작해진다. 반대로 a, b의 차

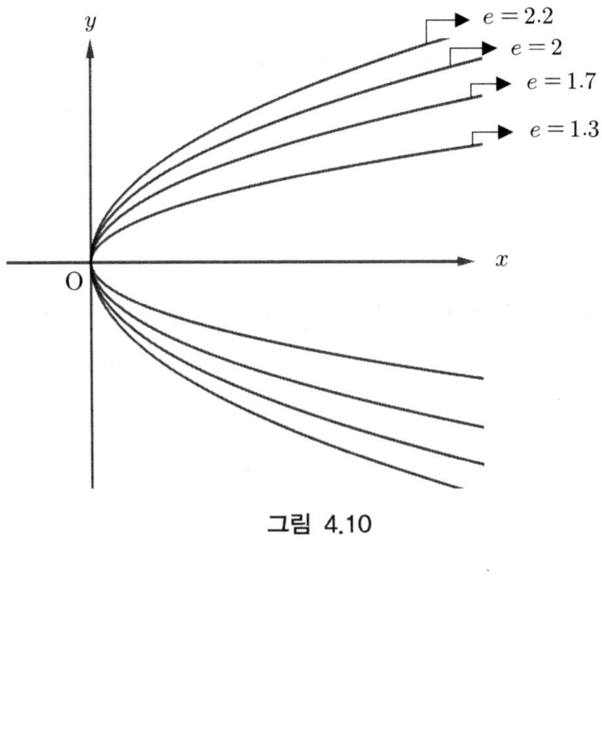

그림 4.10

가 커지면 c는 커지고, 이때 이심률은 커지게 되면 쌍곡선은 상하로 더 벌어지게 된다.

쌍곡선의 방정식 $\dfrac{x^2}{a^2}-\dfrac{y^2}{b^2}=1$은

$$a^2+cx=\mp a\sqrt{(x+c)^2+y^2}$$

으로 표현할 수 있고, 이것은 다시

$$\sqrt{(x+c)^2+y^2}=\mp \frac{c}{a}\left(\frac{a^2}{c}+x\right)$$

와 같다. 위 식에서 좌변은 쌍곡선의 초점 $\mathrm{F}'(-c, 0)$와 쌍곡선 위의 점 $\mathrm{P}(x, y)$ 사이의 거리이고, 우변 $\dfrac{a^2}{c}+x$는 점 $\mathrm{P}(x, y)$와 직선 $l' : x=-\dfrac{a^2}{c}$ 사이의 거리이다. 즉

$$|\mathrm{F}'\mathrm{P}|=\frac{c}{a}|\mathrm{P}l'|(0<a<c)$$

이다. 따라서

$$\frac{|\mathrm{F}'\mathrm{P}|}{|\mathrm{P}l'|}=e$$

이 성립한다. 한편 쌍곡선은 y축에 대칭이므로

$$\frac{|\mathrm{FP}|}{|\mathrm{P}l|}=e$$

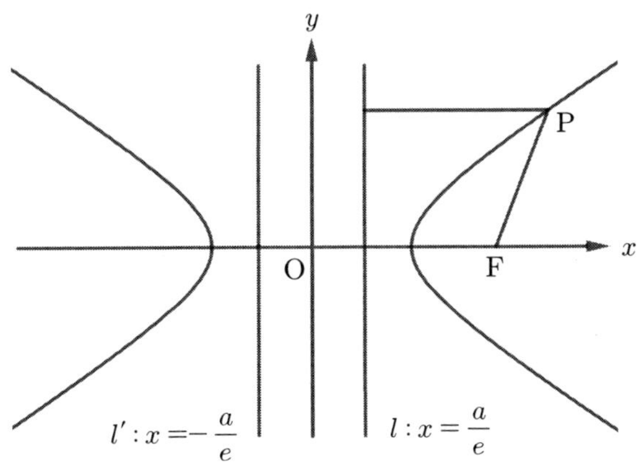

그림 4.11

가 또한 성립하고 이때 $l: x=\dfrac{a^2}{c}$이다. y축에 평행한 두 직선

$$l: x=\frac{a}{e},\ l': x=-\frac{a}{e}$$

을 쌍곡선의 **준선**이라 한다. 그러므로 쌍곡선은 다음과 같은 성질을 갖는다.

> 쌍곡선은 주어진 점과 직선까지의 거리의 비가 1보다 큰 점들의 집합이다. 즉 쌍곡선은 $\dfrac{|\mathrm{F'P}|}{|\mathrm{P}l'|}=e$ 또는 $\dfrac{|\mathrm{FP}|}{|\mathrm{P}l|}=e$ $(e>1)$을 만족하는 점 $\mathrm{P}(x, y)$의 자취의 방정식이다.

쌍곡선

$$\frac{x^2}{a^2}-\frac{y^2}{b^2}=1$$

의 초점의 좌표는

$$\mathrm{F}'(-\sqrt{a^2+b^2}, 0),\ \mathrm{F}(\sqrt{a^2+b^2}, 0)$$

이다. 다음 그림 4.12와 같이 $x=\pm a$, $y=\pm b$로 직사각형을 만들면 그 대각선의 길이는 $\sqrt{a^2+b^2}$이다. 따라서 중심이 원점이고 반지름을 $\sqrt{a^2+b^2}$으로 하는 원을 그리면 쌍곡선의 초점은 원과 x축이 만나는 점이다.

y축 위에 두 점 $\mathrm{F}'(0, -c)$, $\mathrm{F}(0, c)$을 잡고 두 점 사이의 거리의 차가 $2b$로 일정한 점 $\mathrm{P}(x, y)$의 자취의 방정식은

$$\frac{x^2}{a^2}-\frac{y^2}{b^2}=-1$$

이고, $0<b<c$, $c^2=a^2+b^2$이다. 이때 이 쌍곡선의 초점 $(0, \pm c)$, 이심률 $e=\dfrac{c}{b}$, 준선 $y=\pm\dfrac{b}{e}$이다. 이 쌍곡선을 쌍곡선 $\dfrac{x^2}{a^2}-\dfrac{y^2}{b^2}=1$의 **공액쌍곡선**이라 한다.

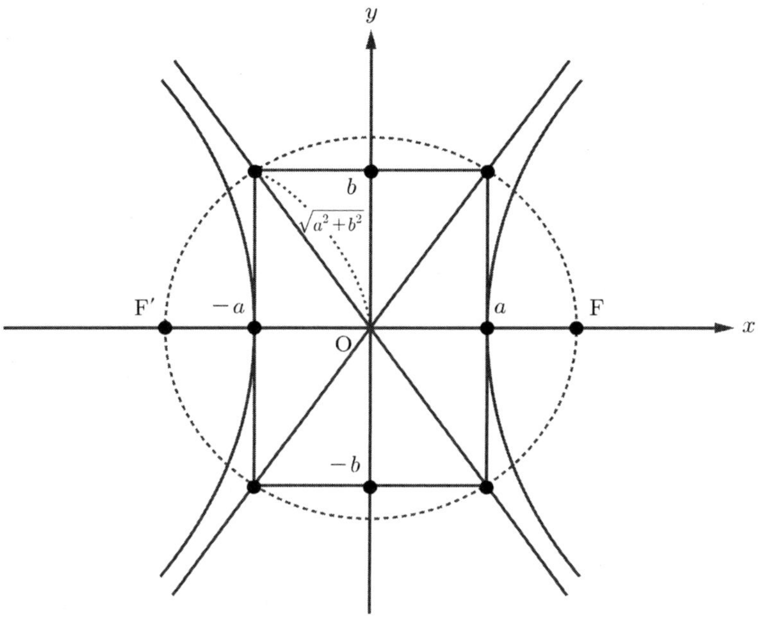

그림 4.12

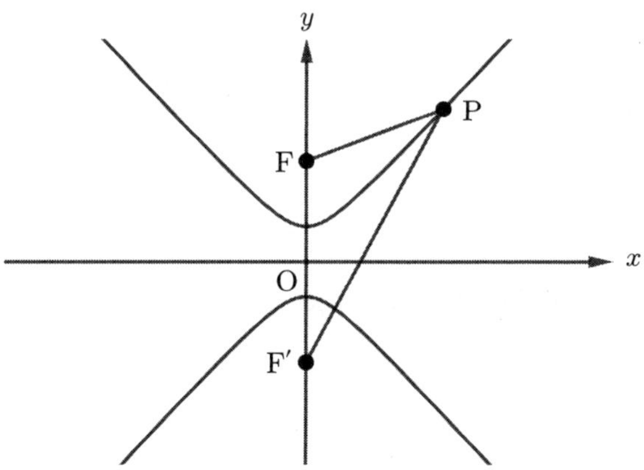

그림 4.13

이제 쌍곡선의 표준형의 평행이동에 대하여 알아보자. 쌍곡선 $\frac{x^2}{a^2}-\frac{y^2}{b^2}=1$의 중심 $\mathrm{O}(0,\,0)$을 점 $\mathrm{C}(x_0,\,y_0)$로 평행이동하면 쌍곡선의 방정식은

$$\frac{(x-x_0)^2}{a^2}-\frac{(y-y_0)^2}{b^2}=1$$

이다. 주어진 쌍곡선은 초점 $(\pm c+x_0,\ y_0)$, 이심률 $e=\frac{c}{a}$, 준선 $x=\pm\frac{a}{e}+x_0$이다.

예제 4.2.1 다음 쌍곡선의 초점, 이심률, 준선을 구하여라.

(1) $\frac{x^2}{16}-\frac{y^2}{9}=1$　　(2) $\frac{(x-1)^2}{9}-\frac{(y+1)^2}{4}=1$

(3) $4x^2-y^2-16x-6y+8=0$　　(4) $4x^2-12y^2-16x-72y-44=0$

풀이 (1) $a=4,\ b=3,\ c=\sqrt{16+9}=5$이므로 초점 $(\pm 5,\ 0)$, 이심률 $e=\frac{c}{a}=\frac{5}{4}$, 준선 $x=\pm\frac{a}{e}=\pm\frac{16}{5}$이다.

(2) $a=3,\ b=2,\ c=\sqrt{5},\ (x_0,\ y_0)=(1,\ -1)$로부터 초점 $(\pm\sqrt{5}+1,\ -1)$, 이심율 $e=\frac{\sqrt{5}}{3}$, 준선 $x=\pm\frac{9}{\sqrt{5}}+1$이다.

(3) 주어진 식은 $4(x-2)^2-(y+3)^2=-1$이므로 $a=\frac{1}{2},\ b=1,\ c=\frac{\sqrt{5}}{2}$, $(x_0,\ y_0)=(2,\ -3)$이다. 따라서 초점 $(2,\ \pm\frac{\sqrt{5}}{2}-3)$, 이심률 $e=\frac{\sqrt{5}}{2}$, 준선 $y=\pm\frac{2}{\sqrt{5}}-3$이다.

(4) 주어진 방정식은 $\frac{(x-2)^2}{12}-\frac{(y+3)^2}{4}=-1$이므로 $a=\sqrt{12},\ b=2,\ c=4$, $(x_0,\ y_0)=(2,\ -3)$이다. 따라서 초점 $(2,\ 1),\ (2,\ -7)$, 이심률 $e=2$, 준선 $y=-1,\ y=-5$이다. ■

쌍곡선 $\frac{x^2}{a^2}-\frac{y^2}{b^2}=1$ 위의 한 점 $\mathrm{P}(x,\ y)$를 잡아 이 점 P로부터 직선

$$\frac{x}{a}-\frac{y}{b}=0$$

에 내린 수선의 발을 H라 하면

$$|\mathrm{PH}|=\frac{\left|\frac{x}{a}-\frac{y}{b}\right|}{\sqrt{(\frac{1}{a})^2+(\frac{1}{b})^2}}$$

이다. 한편 점 P는 쌍곡선 위에 있으므로

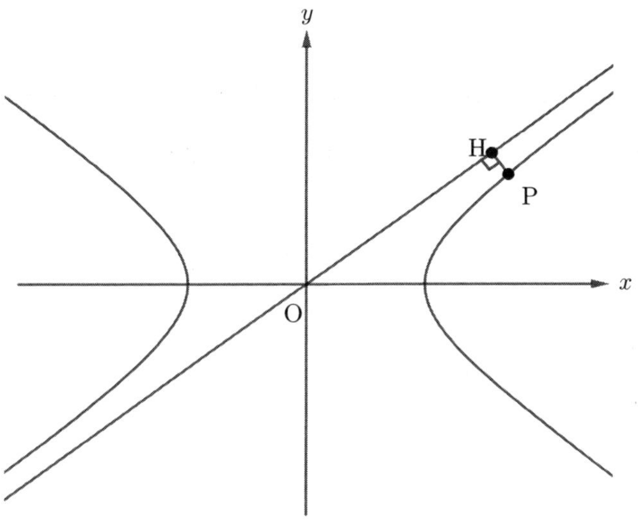

그림 4.14

$$\frac{x^2}{a^2} - \frac{y^2}{b^2} = 1 \text{ 또는 } (\frac{x}{a} + \frac{y}{b})(\frac{x}{a} - \frac{y}{b}) = 1$$

이다. 이것으로부터

$$\left|\frac{x}{a} - \frac{y}{b}\right| = \frac{1}{\left|\frac{x}{a} + \frac{y}{b}\right|}$$

이 성립하므로

$$|\mathrm{PH}| = \frac{\left|\frac{x}{a} - \frac{y}{b}\right|}{\sqrt{(\frac{1}{a})^2 + (\frac{1}{b})^2}} = \frac{1}{\sqrt{(\frac{1}{a})^2 + (\frac{1}{b})^2}\left|\frac{x}{a} + \frac{y}{b}\right|}$$

이다. 이제 점 P가 쌍곡선 위의 제1사분면과 제3사분면에서 원점으로부터 한없이 멀어지면

$$\left|\frac{x}{a} + \frac{y}{b}\right| \to \infty$$

이므로

$$|\mathrm{PH}| \to 0$$

이다. 이와 같은 성질을 갖는 직선 $\frac{x}{a} - \frac{y}{b} = 0$을 쌍곡선의 **점근선**이라 한다. 마찬가지로 직선 $\frac{x}{a} + \frac{y}{b} = 0$도 같은 성질을 갖는다. 따라서 두 직선

$$y = \pm\,\frac{b}{a}x$$

을 쌍곡선 $\frac{x^2}{a^2} - \frac{y^2}{b^2} = 1$의 **점근선**이라 한다.

[참고] 공액쌍곡선 $\frac{x^2}{a^2} - \frac{y^2}{b^2} = -1$의 점근선도 $\frac{x}{a} \pm \frac{y}{b} = 0$이다.

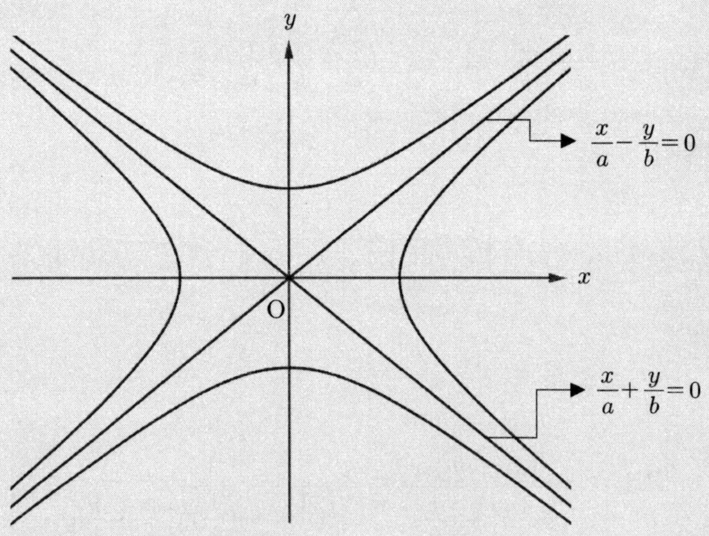

그림 4.15

예제 4.2.2 쌍곡선 $\frac{x^2}{16} - \frac{y^2}{9} = 1$의 점근선을 구하여라.

풀이 $a = 4,\ b = 3$으로부터 점근선은 $y = \pm\,\frac{3}{4}x$이다. ■

예제 4.2.3 쌍곡선 $\frac{x^2}{9}-\frac{y^2}{4}=-1$의 점근선을 구하여라.

풀이 $a=3$, $b=2$으로부터 점근선은 $y=\pm\frac{2}{3}x$이다. ■

예제 4.2.4 쌍곡선 $x^2-3y^2=3$의 점근선 사이의 각을 구하여라.

풀이 점근선은 $x\pm\sqrt{3}\,y=0$이다. 그러므로 $\cos\theta=\frac{1-3}{\sqrt{4}\sqrt{4}}=-\frac{1}{2}$이다. 따라서 $\theta=\frac{\pi}{3}$ $(0<\theta<\frac{\pi}{2})$이다. ■

예제 4.2.5 쌍곡선 $\frac{x^2}{a^2}-\frac{y^2}{b^2}=1$ 위의 임의의 점에서 그 점근선에 내린 수선의 길이의 곱은 일정함을 보여라.

풀이 점 $P(x_1, y_1)$을 주어진 쌍곡선 위의 점이라 하자. 점 P에 두 점근선에 내린 수선의 길이는 각각

$$\frac{\left|\frac{x_1}{a}-\frac{y_1}{b}\right|}{\sqrt{(\frac{1}{a})^2+(\frac{1}{b})^2}},\quad \frac{\left|\frac{x_1}{a}+\frac{y_1}{b}\right|}{\sqrt{(\frac{1}{a})^2+(\frac{1}{b})^2}}$$

이다. 따라서 두 길이의 곱은

$$\frac{a^2b^2}{a^2+b^2}\left|\frac{x_1^2}{a^2}-\frac{y_1^2}{b^2}\right|$$

이다. 한편 점 $P(x_1, y_1)$는 주어진 쌍곡선 위의 점이므로 구하는 수선의 길이의 곱은

$$\frac{a^2b^2}{a^2+b^2}=\text{일정}$$

이다. ■

4.2.2 쌍곡선의 매개방정식

이제 쌍곡선 $\frac{x^2}{a^2} - \frac{y^2}{b^2} = 1$의 매개방정식을 구하여 보자. 주어진 쌍곡선의 양 꼭짓점 $(a, 0)$, $(-a, 0)$을 지름으로 하는 원을 긋고, 쌍곡선 위의 한 점 $\mathrm{P}(x, y)$에서 x축에 내린 수선의 발을 H라 하자. 점 H에서 원에 접선을 그어 그 접점을 Q라 하고 x축과 선분 OQ가 이루는 각을 θ라 하면

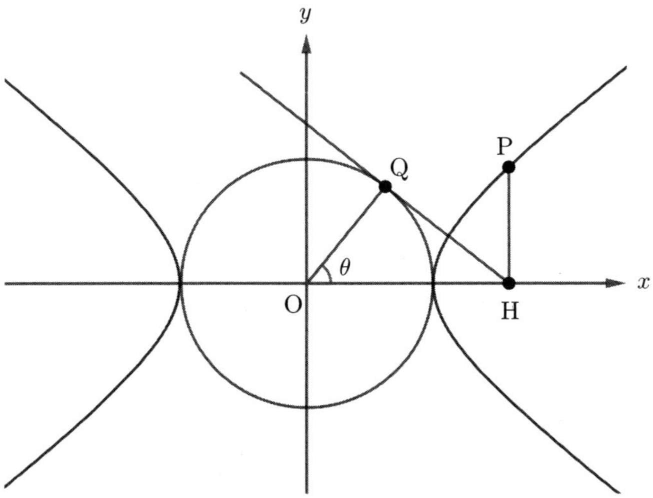

그림 4.16

$$x = \mathrm{OH} = \mathrm{OQ}\sec\theta = a\sec\theta$$

이고, 이를 쌍곡선의 방정식에 대입하면

$$y = b\tan\theta$$

이다. 따라서

$$x = a\sec\theta,\ y = b\tan\theta$$

을 쌍곡선 $\frac{x^2}{a^2} - \frac{y^2}{b^2} = 1$의 **매개방정식**이라 한다.

쌍곡선 $\frac{x^2}{a^2} - \frac{y^2}{b^2} = 1$의 중심 $\mathrm{O}(0, 0)$을 점 $\mathrm{C}(x_0, y_0)$로 평행이동하면 쌍곡선의 방정식은

$$\frac{(x-x_0)^2}{a^2}-\frac{(y-y_0)^2}{b^2}=1$$

이며, 이때 매개방정식은

$$x=x_0+a\sec\theta,\ y=y_0+b\tan\theta$$

이다.

예제 4.2.6 쌍곡선 $\frac{(x-5)^2}{9}-\frac{(y+2)^2}{4}=1$의 매개방정식을 구하여라.

풀이 $a=3,\ b=2,\ (x_0,\ y_0)=(5,\ -2)$로부터 매개방정식은

$$x=5+3\sec\theta,\ y=-2+2\tan\theta$$

이다. ■

예제 4.2.7 매개방정식 $x=2+4\sec\theta,\ y=-3+2\tan\theta$의 직교방정식을 구하여라.

풀이 $x_0=2,\ y_0=-3,\ a=4,\ b=2$이므로 직교방정식은 다음과 같다.

$$\frac{(x-2)^2}{16}-\frac{(y+3)^2}{4}=1$$ ■

4.2.3 쌍곡선의 극방정식

쌍곡선 $\frac{x^2}{a^2}-\frac{y^2}{b^2}=1$ 위의 점 $P(x,\ y)$에 대하여

$$a^2+cx=a\sqrt{(x+c)^2+y^2}$$

이 성립한다. 그림 4.8에서

$$F'P=\sqrt{(x+c)^2+y^2}$$

이다. 초점 $F'(-c,\ 0)$을 극이라 하고, $r=F'P$, 점 P에서 x축에 수선의 발을 H, x축과 선분 $F'P$가 이루는 각을 θ라 하자. 이때

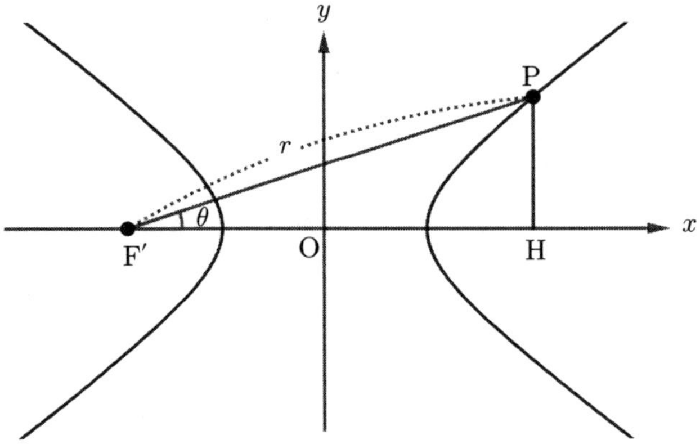

그림 4.17

$$x = \mathrm{F'H} - \mathrm{F'O} = r\cos\theta - c$$

이므로 따라서

$$ar = a^2 + c(r\cos\theta - c)$$

을 얻고, $l = -\dfrac{b^2}{a}$라 두면

$$r = \frac{l}{1 - e\cos\theta}$$

이다. 이 방정식을 초점 $\mathrm{F'}(-c,\ 0)$을 극으로 하는 쌍곡선 $\dfrac{x^2}{a^2} - \dfrac{y^2}{b^2} = 1$의 **극방정식**이라 한다.

예제 4.2.8 쌍곡선 $\dfrac{x^2}{16} - \dfrac{y^2}{9} = 1$의 극방정식을 구하여라.

풀이 주어진 쌍곡선 방정식으로부터 $a = 4,\ b = 3,\ c = \sqrt{16+9} = 5,\ e = \dfrac{5}{4},\ l = -\dfrac{9}{4}$이다. 따라서 극방정식은 다음과 같다.

$$r = \frac{-\dfrac{9}{4}}{1 - \dfrac{5}{4}\cos\theta} = \frac{-9}{4 - 5\cos\theta}$$

■

4.2 연습문제

1. 다음 쌍곡선의 초점, 준선, 이심률, 점근선을 구하여라.

(1) $\dfrac{x^2}{25}-\dfrac{y^2}{9}=1$ (2) $x^2-4y^2=4$

(3) $\dfrac{(x-5)^2}{169}-\dfrac{(y+5)^2}{49}=1$ (4) $\dfrac{(x-3)^2}{36}-\dfrac{(y-2)^2}{9}=1$

2. 다음 쌍곡선의 방정식을 구하여라.

(1) 중심 $(2, 2)$, 한 초점 $(10, 2)$, 한 꼭짓점 $(5, 2)$

(2) 중심 $(-2, 2)$, 한 초점 $(6, 2)$, 한 꼭짓점 $(4, 2)$

(3) 초점 $(1, 1)$, 이심률 2, 준선 $y=2$

(4) 초점 $(\pm 4, 0)$, 이심률 $\dfrac{3}{2}$

3. 다음 조건을 만족하는 쌍곡선을 구하여라.

(1) 점근선 $x+y-1=0$, $x-y-3=0$, 초점 $(3, -1)$

(2) 점근선 $5x-6y-30=0$, $5x+6y-30=0$, 꼭짓점 $(6, 5)$

4. 다음 쌍곡선의 매개방정식을 구하여라.

(1) $x^2-4y^2=100$ (2) $3x^2-4y^2=-144$

(3) $4x^2-y^2-8x-4y-4=0$ (4) $5x^2-4y^2=40x$

5. 다음 쌍곡선의 극방정식을 구하여라.

(1) $9x^2-16y^2=144$ (2) $x^2-4y^2=36$

(3) $4x^2-9y^2=36$ (4) $x^2-16y^2=16$

6. 쌍곡선 $x^2-3y^2=3$의 점근선 사이의 각을 구하여라.

4.3 포물선

4.3.1 포물선의 방정식

평면 위의 점 F와 직선 l에 이르는 거리가 같은 점 P의 자취를 **포물선**이라 한다.

좌표를 도입하여 포물선의 방정식을 유도하여 보자. x축 위에 점 F를 잡고 그 좌표를 $(p, 0)$라 하면 포물선의 정의에 의해 직선 g의 방정식은 $x+p=0$이다. 따라서 조건을 만족하는 포물선 위의 점을 $\mathrm{P}(x, y)$라 하고 이 점에서 직선 l에 내린 수선의 발을 H라 하면

$$\mathrm{FP} = \mathrm{PH}$$
$$\sqrt{(x-p)^2+y^2} = |x+p|$$

이고, 이를 간단히 하면

$$y^2 = 4px$$

이다. 이 방정식을 **포물선의 방정식**이라 한다. 특히 **포물선의 표준형**이라 한다. 이때 점 $\mathrm{F}(p, 0)$을 **초점**, 직선 $g : x=-p$을 **준선**, 원점을 **꼭짓점**, x축을 포물선의 **축**이라 한다.

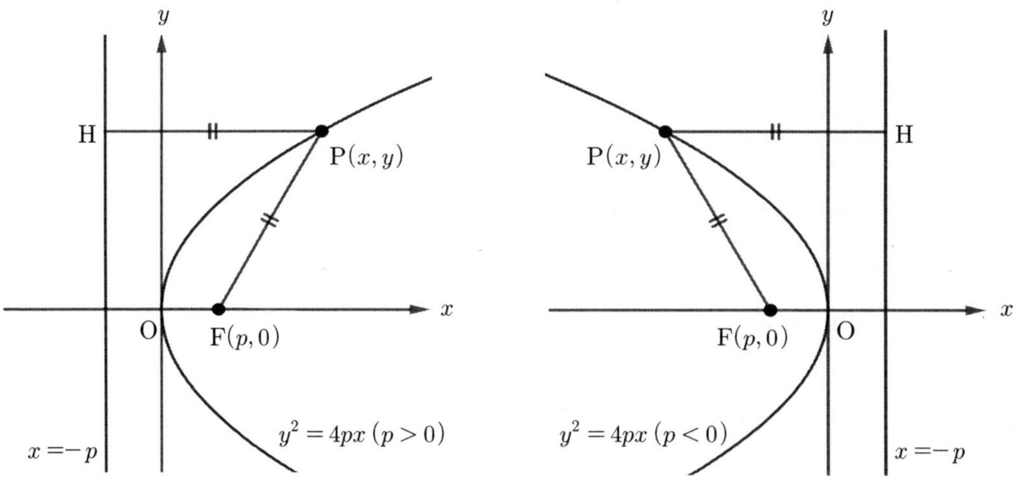

그림 4.18

y축 위에 점 F를 잡고 그 좌표를 $(0, p)$라 하면 포물선의 방정식은

$$x^2 = 4py$$

이고, 점 $F(0, p)$을 **초점**, 직선 $g : y = -p$을 **준선**, 원점을 **꼭짓점**, y축을 포물선의 **축**이라 한다.

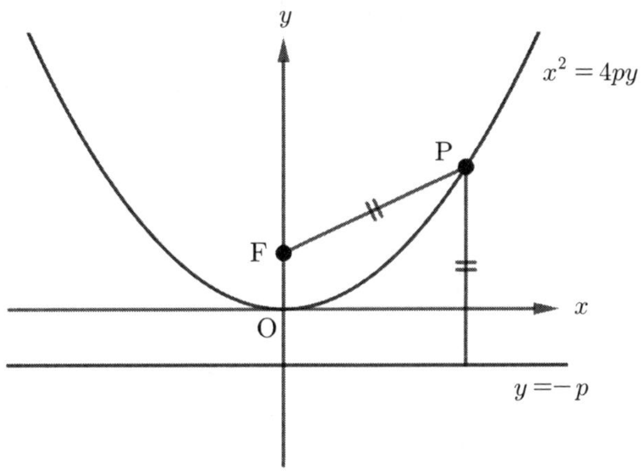

그림 4.19

포물선 $y^2 = 4px$의 꼭짓점 $O(0, 0)$을 점 $C(x_0, y_0)$로 평행이동하면 포물선의 방정식은

$$(y - y_0)^2 = 4p(x - x_0)$$

이고, 주어진 포물선의 초점 $(p + x_0, y_0)$, 준선 $x = -p + x_0$이다. 한편 위 식을 전개하여 얻은 일반적인 방정식은

$$y^2 + Ax + By + C = 0 \, (A \neq 0)$$

이다. 이것은 세 점을 지나는 포물선의 방정식을 구하는데 사용한다.

예제 4.3.1 포물선 $y^2 = 4x$에 대한 초점, 준선을 구하여라.

풀이 $p = 1$로부터 초점 $(1, 0)$, 준선 $x = -1$이다. ■

예제 4.3.2 포물선 $y^2+2y-8x+17=0$에 대한 초점, 준선을 구하여라.

풀이 주어진 방정식은 $(y+1)^2=8(x-2)$이므로 $p=2$, $(x_0, y_0)=(2, -1)$이다. 따라서 초점 $(4, -1)$, 준선 $x=-4$이다. ■

예제 4.3.3 포물선 $y^2=4px$의 초점을 지나는 직선이 포물선과 만나는 두 점을 A, B라 하면 선분 AB를 지름으로 하는 원은 준선에 접함을 보여라.

풀이 선분 AB의 중점을 M, 점 A, B에서 준선에 수선의 발을 각각 P, Q, 점 M에서 준선에 수선의 발을 N이라 하자.

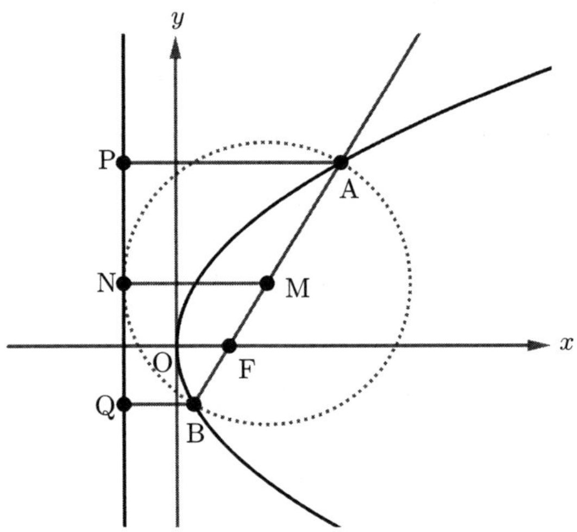

그림 4.20

포물선의 성질에 의해

$$\begin{aligned} 2|\mathrm{AM}| &= |\mathrm{AB}| \\ &= |\mathrm{FA}|+|\mathrm{FB}| \\ &= |\mathrm{AP}|+|\mathrm{BQ}| \\ &= 2|\mathrm{MN}| \end{aligned}$$

이다. 따라서 $|\mathrm{AM}|=|\mathrm{MB}|=|\mathrm{MN}|$으로부터 준선은 선분 AB를 지름으로 하는 원에 접한다. ■

4.3.2 포물선의 매개방정식

포물선의 방정식 $y^2 = 4px$에서

$$x = pt^2,\ y = 2pt$$

를 주어진 포물선의 **매개방정식**이라 하고, 꼭짓점을 $(x_0,\ y_0)$으로 평행이동한 포물선

$$(y - y_0)^2 = 4p(x - x_0)$$

의 매개방정식은

$$x = x_0 + pt^2,\ y = y_0 + 2pt$$

이다.

예제 4.3.4 포물선 $y^2 = 3x$의 매개방정식을 구하여라.

풀이 $p = \frac{3}{4}$이므로 매개방정식은 $x = \frac{3}{4}t^2,\ y = \frac{3}{2}t$이다. ■

예제 4.3.5 포물선 $y^2 - 2y - 5x - 9 = 0$의 매개방정식을 구하여라.

풀이 주어진 방정식은 $(y-1)^2 = 5(x+2)$이므로 $p = \frac{5}{4}$, $(x_0,\ y_0) = (-2,\ 1)$이다. 따라서 매개방정식은 $x = -2 + \frac{5}{4}t^2,\ y = 1 + \frac{5}{2}t$이다. ■

예제 4.3.6 매개방정식 $x = 5 + 3t^2,\ y = -2 + 6t$에 대한 포물선의 직교방정식을 구하여라.

풀이 $(x_0,\ y_0) = (5,\ -2)$, $p = 3$이므로 직교방정식은 $(y+2)^2 = 12(x-5)$이다. ■

4.3.3 포물선의 극방정식

포물선 $y^2 = 4px$에서 초점 $\mathrm{F}(p,\ 0)$을 극으로 하는 극방정식을 유도하자. 포물선 위의 임의의 점 $\mathrm{P}(r,\ \theta)$에서 x축에 내린 수선의 발을 M이라 하면 그림 4.21에서처럼

$$\mathrm{FP} = \mathrm{PH} = \mathrm{QM} = \mathrm{QF} + \mathrm{FM}$$

이다. 만일 $\mathrm{QF} = l(=2p)$라 두면

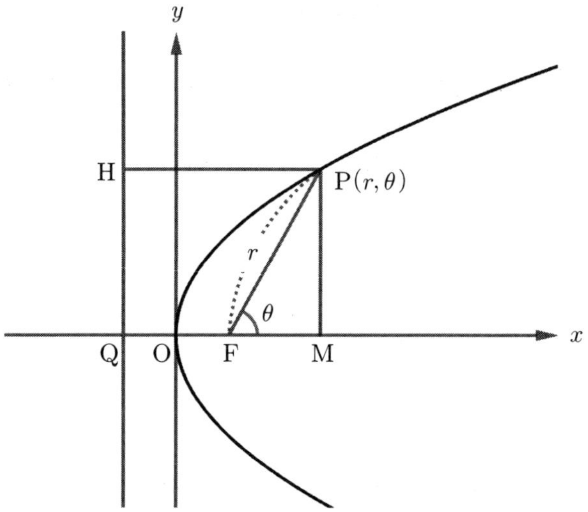

그림 4.21

$$r = l + r\cos\theta$$

이므로 따라서

$$r = \frac{l}{1-\cos\theta}$$

이다. 이 방정식을 초점 F를 극으로 하는 포물선 $y^2 = 4px$의 **극방정식**이라 한다.

예제 4.3.7 극방정식 $r = \dfrac{3}{1-\cos\theta}$의 직교방정식을 구하여라.

풀이 $l = 3 = 2p$이므로 $p = \dfrac{3}{2}$이다. 따라서 $y^2 = 6x$이다. ■

예제 4.3.8 포물선 $y^2 = 8x$의 극방정식을 구하여라.

풀이 $p = 2$이므로 $l = 4$이다. 따라서 극방정식은 $r = \dfrac{4}{1-\cos\theta}$이다. ■

4.3 연습문제

1. 다음 포물선의 초점, 준선, 꼭짓점을 구하여라.

(1) $y^2 + 8x + 8 = 0$

(2) $y^2 - 4y + 8x - 28 = 0$

(3) $x^2 + 10x - 20y + 25 = 0$

(4) $y^2 - 12x - 48 = 0$

2. 다음을 만족하는 포물선의 방정식을 구하여라.

(1) 꼭짓점 $(3, 2)$, 초점 $(3, 4)$

(2) 꼭짓점 $(-6, -4)$, 초점 $(0, -4)$

(3) 초점 $(5, 0)$, 준선 $x = -1$

(4) 초점 $(1, 3)$, 준선 $y = 4$

(5) 꼭짓점 $(3, -4)$, 축은 x축과 평행하고 $(2, -5)$을 지난다.

(6) 축은 y축과 평행하고 세 점 $(-1, 0)$, $(5, 0)$, $(1, 8)$을 지난다.

제 5 장

이차곡선

이 장에서는 이차곡선의 접선, 직경, 극선에 대하여 알아본다.

$x,\, y$에 관한 이차방정식

$$F(x,\, y) = ax^2 + by^2 + 2hxy + 2gx + 2fy + c = 0$$

의 그래프를 이차곡선이라 한다.

5.1 이차곡선의 접선

먼저 이차곡선 위의 점 $\mathrm{P}_1(x_1,\, y_1)$에서 접선을 정의하고 그 방정식을 유도한다. 점 $\mathrm{P}_1(x_1,\, y_1)$을 지나고 방향코사인이 $\lambda,\, \mu$인 직선의 방정식

$$l : x = x_1 + \lambda t,\ y = y_1 + \mu t$$

을 이차곡선 $F(x,\, y) = 0$에 대입하면 직선과 이차곡선의 교점을 구할 수 있다. 즉

$$\begin{aligned}&(a\lambda^2 + 2h\lambda\mu + b\mu^2)t^2 + 2[(ax_1 + hy_1 + g)\lambda + (hx_1 + by_1 + f)\mu]t \\ &+ ax_1^2 + 2hx_1y_1 + by_1^2 + 2gx_1 + 2fy_1 + c = 0\end{aligned}$$

이다. 한편 점 $\mathrm{P}_1(x_1,\, y_1)$은 이차곡선 위의 점이므로

$$ax_1^2 + 2hx_1y_1 + by_1^2 + 2gx_1 + 2fy_1 + c = 0$$

이 성립한다. 따라서

$$(a\lambda^2+2h\lambda\mu+b\mu^2)t^2+2[(ax_1+hy_1+g)\lambda+(hx_1+by_1+f)\mu]t=0$$

인 t에 관한 이차방정식을 얻는다. 이 방정식의 근은 이차곡선과 주어진 직선과의 교점이 되고, 두 근 중 하나는 $t=0$이고 이것이 이차곡선 위의 점 P_1이 된다. 나머지 한 근은 다른 교점 P_2가 되고, 점 P_2가 점 P_1에 한없이 가까이 갈 때 점 P_1에서 접선이 된다.

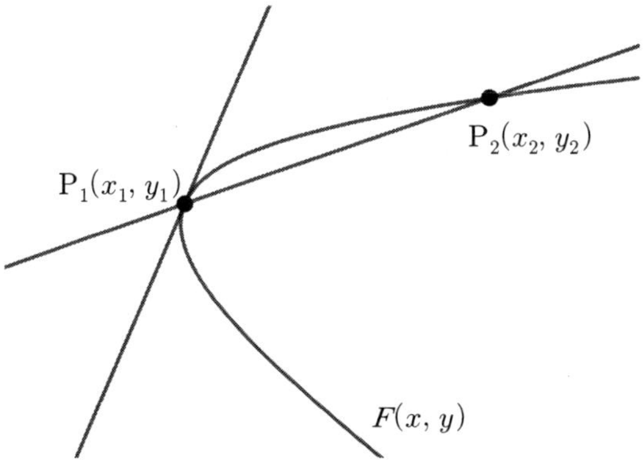

그림 5.1

따라서 직선 l이 이차곡선의 접선이 될 조건은

$$(ax_1+hy_1+g)\lambda+(hx_1+by_1+f)\mu=0$$

이며, 점 P_1을 지나고 이차곡선의 접선 l의 방향코사인의 비가

$$\lambda:\mu=(hx_1+by_1+f):\ -(ax_1+hy_1+g)$$

이므로 점 $\mathrm{P}_1(x_1,\ y_1)$을 지나는 직선의 방정식은

$$\frac{x-x_1}{hx_1+by_1+f}=-\frac{y-y_1}{ax_1+hy_1+g}$$

이다. 따라서 위 방정식을 정리하고 $F(x_1,\ y_1)=0$을 사용하면

$$ax_1x+h(x_1y+xy_1)+by_1y+g(x+x_1)+f(y+y_1)+c=0$$

이고, 이 방정식을 점 $P_1(x_1, y_1)$에서 이차방정식 $F(x, y)=0$의 **접선의 방정식**이라 한다.

이제 원뿔곡선의 접선의 방정식을 알아보자.

(1) 타원 $\frac{x^2}{a^2}+\frac{y^2}{b^2}=1$ 위의 점 $P_1(x_1, y_1)$에서 접선의 방정식은 다음과 같다.

$$\frac{x_1x}{a^2}+\frac{y_1y}{b^2}=1$$

(2) 쌍곡선 $\frac{x^2}{a^2}-\frac{y^2}{b^2}=1$ 위의 점 $P_1(x_1, y_1)$에서 접선의 방정식은 다음과 같다.

$$\frac{x_1x}{a^2}-\frac{y_1y}{b^2}=1$$

(3) 포물선 $y^2=4px$ 위의 점 $P_1(x_1, y_1)$에서 접선의 방정식은 다음과 같다.

$$y_1y=2p(x+x_1)$$

예제 5.1.1 다음 곡선의 점 P_1에서 접선의 방정식을 구하여라.

(1) $4x^2+16y^2=64$, $P_1(2\sqrt{3}, -1)$　　(2) $y^2=12x$, $P_1(3, 6)$

(3) $4x^2-9y^2=36$, $P_1(4, \frac{2}{3}\sqrt{7})$　　(4) $x^2=12y$, $P_1(6, 3)$

풀이 (1) $\frac{2\sqrt{3}x}{16}-\frac{y}{4}=1$으로부터 접선의 방정은 $\sqrt{3}x-2y=8$이다.

(2) $6y=6(x+3)$으로부터 접선의 방정은 $y=x+3$이다.

(3) $\frac{4x}{9}-\frac{\frac{2}{3}\sqrt{7}y}{4}=1$으로부터 접선의 방정은 $24x-9\sqrt{7}y=54$이다.

(4) $6x=6(y+3)$으로부터 접선의 방정은 $y=x-3$이다. ■

예제 5.1.2 타원 $\frac{x^2}{a^2}+\frac{y^2}{b^2}=1$ 위의 점 $P_1(a\cos\theta, b\sin\theta)$에서 접선의 방정식을 구하여라.

풀이 $\frac{a\cos\theta x}{a^2}+\frac{b\sin\theta y}{b^2}=1$으로부터 접선의 방정식은 $b\cos\theta x+a\sin\theta y=ab$이다. ■

• 예제 5.1.3 쌍곡선 $\frac{x^2}{a^2}-\frac{y^2}{b^2}=1$ 위의 점 $P_1(a\sec\theta, b\tan\theta)$에서 접선의 방정식을 구하여라.

풀이 $\frac{a\sec\theta x}{a^2}-\frac{b\tan\theta y}{b^2}=1$으로부터 접선의 방정식은 $b\sec\theta x-a\tan\theta y=ab$이다. ■

다음은 주어진 방향을 갖는 원뿔곡선의 접선의 방정식을 유도한다. 원뿔곡선의 접선이 방향계수 m을 갖는다고 하면 접선의 방정식은

$$l: y=mx+k \quad \text{또는} \quad l: mx-y+k=0$$

이다.

(1) 타원 $\frac{x^2}{a^2}+\frac{y^2}{b^2}=1$ 위의 점 $P_1(x_1, y_1)$에서 접선의 방정식은

$$\frac{x_1x}{a^2}+\frac{y_1y}{b^2}=1$$

이고, 이 직선이 방향계수 m을 갖는 직선 l과 일치해야 하므로

$$\frac{\frac{x_1}{a^2}}{m}=\frac{\frac{y_1}{b^2}}{-1}=\frac{-1}{k}$$

이 성립한다. 이것으로부터

$$x_1=-\frac{a^2m}{k},\ y_1=\frac{b^2}{k}$$

이다. 한편 점 $P_1(x_1, y_1)$이 타원 위의 점이므로

$$\frac{x_1^2}{a^2}+\frac{y_1^2}{b^2}=1$$

이 성립한다. 따라서

$$\frac{a^2m^2}{k^2}+\frac{b^2}{k^2}=1$$

이고, 이것으로부터

$$k^2=a^2m^2+b^2$$

이다. 결국 구하는 접선의 방정식은

$$y=mx\pm\sqrt{a^2m^2+b^2}$$

이다. 이 방정식은 타원 $\frac{x^2}{a^2}+\frac{y^2}{b^2}=1$의 기울기가 m인 접선의 방정식이다.

(2) 쌍곡선 $\frac{x^2}{a^2}-\frac{y^2}{b^2}=1$ 위의 점 $\mathrm{P}_1(x_1,\ y_1)$에서 접선의 방정식은

$$\frac{x_1x}{a^2}-\frac{y_1y}{b^2}=1$$

이고, 이 직선이 방향계수 m을 갖는 직선 l과 일치해야 하므로

$$\frac{\frac{x_1}{a^2}}{m}=\frac{-\frac{y_1}{b^2}}{-1}=\frac{-1}{k}$$

이 성립한다. 이것으로부터

$$x_1=-\frac{a^2m}{k},\ y_1=-\frac{b^2}{k}$$

이다. 한편 점 $\mathrm{P}_1(x_1,\ y_1)$이 쌍곡선 위의 점이므로

$$\frac{x_1^2}{a^2}-\frac{y_1^2}{b^2}=1$$

이 성립한다. 따라서

$$\frac{a^2m^2}{k^2}-\frac{b^2}{k^2}=1$$

이고, 이것으로부터

$$k^2=a^2m^2-b^2$$

이다. 결국 구하는 접선의 방정식은

$$y=mx\pm\sqrt{a^2m^2-b^2}$$

이다. 이 방정식은 쌍곡선 $\frac{x^2}{a^2}-\frac{y^2}{b^2}=1$의 기울기가 m인 접선의 방정식이다.

(3) 포물선 $y^2=4px$ 위의 점 $\mathrm{P}_1(x_1,\ y_1)$에서 접선의 방정식은

$$y_1y=2p(x+x_1) \text{ 또는 } 2px-y_1y+2px_1=0$$

이다. 이 방정식은 직선 l과 일치해야 하므로

$$\frac{2p}{m}=\frac{-y_1}{-1}=\frac{2px_1}{k}$$

이 성립한다. 이것으로부터

$$x_1=\frac{k}{m},\ y_1=\frac{2p}{m}$$

이다. 한편 점 $\mathrm{P}_1(x_1,\ y_1)$이 포물선 위의 점이므로

$$y_1^2=4px_1$$

이 성립한다. 따라서

$$\frac{4p^2}{m^2}=4p\frac{k}{m}$$

을 얻고, 이로부터

$$k=\frac{p}{m}$$

이다. 따라서 구하는 접선의 방정식은

$$y = mx + \frac{p}{m}$$

이다. 이 방정식은 포물선 $y^2 = 4px$의 기울기가 m인 접선의 방정식이다.

예제 5.1.4 포물선 $y^2 = 4px$에서 서로 수직인 접선의 교점의 자취는 준선임을 보여라.

풀이 포물선 $y^2 = 4px$의 기울기가 m인 접선의 방정식은 $y = mx + \frac{p}{m}$이다. 이 직선에 수직인 접선의 방정식은 $y = -\frac{x}{m} - pm$이다. 두 방정식에서 m을 소거하면

$$x + p = 0$$

인 준선의 방정식을 얻는다. ■

예제 5.1.5 포물선 $y^2 = 4px$ 위의 한 점 P_1에서 접선 및 법선이 x축과 만나는 점을 각각 T, N이라 하면, 초점 F에 대하여 $TF = FN = FP_1$임을 보여라.

풀이 포물선 $y^2 = 4px$ 위의 점 $P_1(x_1, y_1)$에서 접선의 방정식은

$$y_1 y = 2p(x + x_1) \qquad \cdots\cdots (*)$$

이고 법선의 방정식은

$$2p(y - y_1) + y_1(x - x_1) = 0 \qquad \cdots\cdots (**)$$

이다. 식 (*)에서 $y = 0$이면 $x = -x_1(= OT)$이고, 식 (**)에서 $y = 0$이면 $x = 2p + x_1(= ON)$이고 $OF = p$이다. 따라서

$$TF = TO + OF = -(-x_1) + p = p + x_1$$

이고

$$FN = ON - OF = (2p + x_1) - p = p + x_1$$

이다. 결국 $TF = FN$이다.

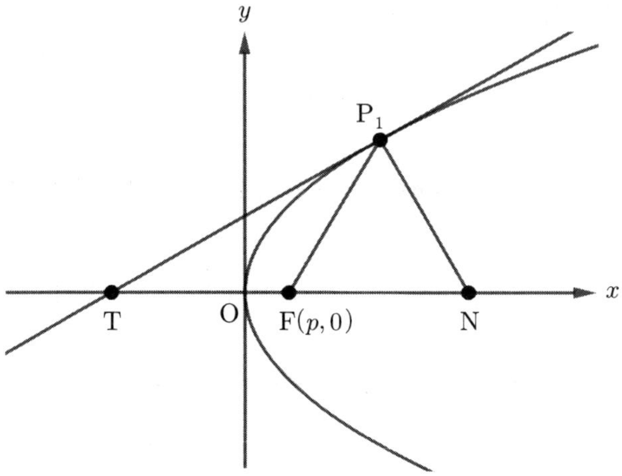

그림 5.2

따라서 초점 F는 직각삼각형 P_1TN의 빗변의 중점이다. 그러므로

$$TF = FN = FP_1$$

이다. ■

다음은 이차곡선의 초점반사원리에 대하여 알아보자.

예제 5.1.6 타원 위의 한 점 P_1에서 법선 P_1N은 점 P_1을 두 초점에 잇는 직선이 이루는 각을 이등분함을 보여라.

풀이 타원 $\frac{x^2}{a^2}+\frac{y^2}{b^2}=1$ 위의 한 점 $P_1(x_1, y_1)$에서 접선의 방정식은

$$\frac{x_1x}{a^2}+\frac{y_1y}{b^2}=1$$

이므로 점 P_1에서 법선 P_1N의 방정식은

$$y-y_1=\frac{a^2y_1}{b^2x_1}(x-x_1)$$

이다.

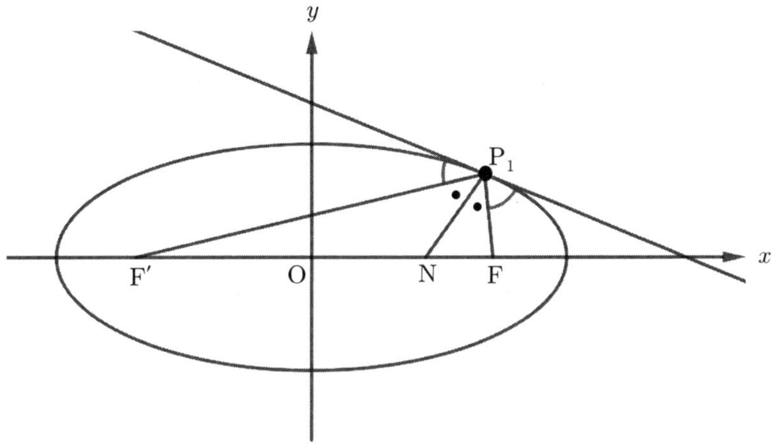

그림 5.3

이것으로부터 법선이 x축과 만나는 점 N의 x 좌표는

$$x_1 - \frac{b^2 x_1}{a^2} = \frac{a^2 - b^2}{a^2} x_1 = x_1 e^2$$

이다. 따라서

$$\mathrm{F'N} = \mathrm{F'O} + \mathrm{ON} = ae + x_1 e^2 = e(a + ex_1) = e\mathrm{F'P_1}$$
$$\mathrm{NF} = \mathrm{OF} - \mathrm{ON} = ae - x_1 e^2 = e(a - ex_1) = e\mathrm{FP_1}$$

이다. 그러므로

$$\mathrm{F'N} : \mathrm{NF} = \mathrm{F'P_1} : \mathrm{FP_1}$$

이다. 따라서 법선 $\mathrm{P_1N}$은 $\angle \mathrm{F'P_1F}$을 이등분한다. ■

쌍곡선도 마찬가지이다.

[참고] 예제 5.1.6에서 선분 $\mathrm{FP_1}$과 접선이 이루는 각과 선분 $\mathrm{F'P_1}$과 접선이 이루는 각은 같다. 이를 타원의 **초점반사원리**라 한다. 즉 타원의 한 초점에서 나가는 불빛은 타원의 벽에 반사되어 또 다른 초점을 지남을 알 수 있다. 이를 활용한 것으로 타원 당구대를 들 수 있다.

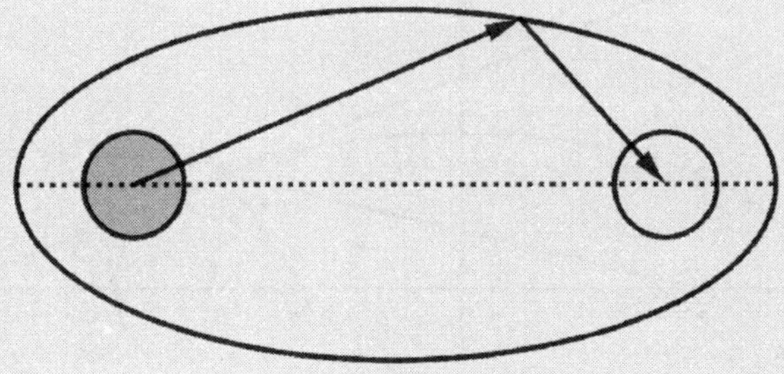

그림 5.4

예제 5.1.7 포물선 $y^2 = 4px$ 위의 한 점 P_1을 지나는 x축과 나란한 직선과 점 P_1을 초점에 잇는 직선과는 점 P_1에 있어서 접선과 같은 각을 이룸을 보여라.

풀이 포물선 $y^2 = 4px$ 위의 한 점 $P_1(x_1, y_1)$에서 접선의 방정식은

$$y_1 y = 2p(x + x_1)$$

이므로 접선과 x축과 만나는 점을 T라 하면 T의 좌표는 $(-x_1, 0)$이다.

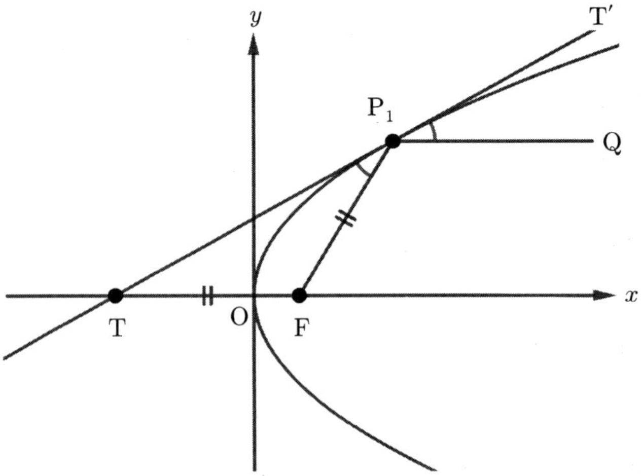

그림 5.5

따라서

$$|\mathrm{TF}| = |\mathrm{TO}| + |\mathrm{OF}| = x_1 + p$$

이다. 한편 점 $\mathrm{P}_1(x_1, y_1)$에서 준선 $l: x = -p$까지의 거리는 $|\mathrm{P}_1 l| = x_1 + p$이고 포물선의 정의에 의해 $|\mathrm{P}_1 l| = |\mathrm{FP}_1|$이다. 결국

$$|\mathrm{TF}| = |\mathrm{FP}_1|$$

이고, 삼각형 TFP_1은 이등변삼각형이다. 그러므로 그림 5.5에서

$$\angle \mathrm{TP}_1\mathrm{F} = \angle \mathrm{P}_1\mathrm{TF} = \angle \mathrm{T}'\mathrm{P}_1\mathrm{Q}$$

이다. ■

[참고] 예제 5.1.7은 포물선의 축에 평행하게 들어오는 불빛(선분 QP_1)은 포물선의 벽에 반사되어 초점으로 모이고(선분 $\mathrm{P}_1\mathrm{F}$), 역으로 초점에서 나간 불빛은 포물선의 벽에 반사되어 축과 평행하게 나간다. 이를 **포물선의 초점반사원리**라 한다(그림 5.6). 이 원리를 이용한 것으로 안테나와 자동차의 전조등이 있다.

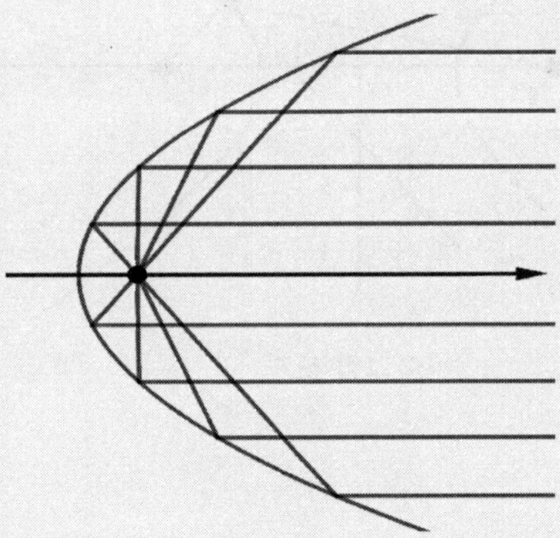

그림 5.6

예제 5.1.8 쌍곡선의 두 초점 F', F에 대하여 쌍곡선 위의 점 P_1에서 접선은 $\angle \mathrm{FP}_1\mathrm{F}'$을 이등분한다.

풀이 쌍곡선 $\frac{x^2}{a^2}-\frac{y^2}{b^2}=1$ 위의 점 $P_1(x_1, y_1)$에서 접선의 방정식은

$$\frac{x_1 x}{a^2}-\frac{y_1 y}{b^2}=1$$

이다. 이 접선과 x축과의 교점을 Q라 하면 $Q(\frac{a^2}{x_1}, 0)$이다. 한편 P_1은 쌍곡선 위의 점이므로 $\frac{x_1^2}{a^2}-\frac{y_1^2}{b^2}=1$이 성립하고, 즉

$$y_1^2=\frac{b^2}{a^2}x_1^2-b^2$$

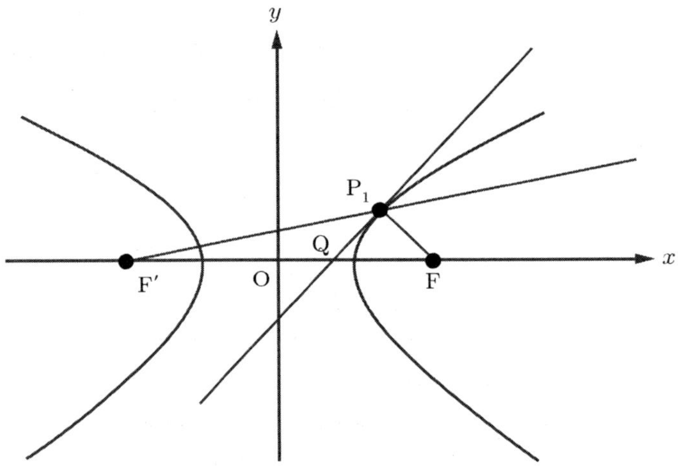

그림 5.7

이다. 이때

$$\begin{aligned}\overline{P_1F'}&=\sqrt{(x_1+c)^2+y_1^2}\\&=\sqrt{x_1^2+2cx_1+c^2+\frac{b^2}{a^2}x_1^2-b^2}\\&=\sqrt{\frac{c^2x_1^2+2a^2cx_1+a^4}{a^2}}\end{aligned}$$

$$= \frac{a^2 + cx_1}{a}$$

이다. 마찬가지로

$$\overline{P_1F} = \frac{cx_1 - a^2}{a}$$

을 얻는다. 이로부터

$$\overline{P_1F'} : \overline{P_1F} = a^2 + cx_1 : cx_1 - a^2$$

을 얻는다. 한편

$$\begin{aligned} \overline{F'Q} : \overline{FQ} &= \frac{a^2}{x_1} + c : c - \frac{a^2}{x_1} \\ &= a^2 + cx_1 : cx_1 - a^2 \end{aligned}$$

결국

$$\overline{PF'} : \overline{PF} = \overline{F'Q} : \overline{FQ}$$

이고, 따라서

$$\angle F'P_1Q = \angle FP_1Q$$

이다. ■

[참고] 한 초점 F에서 쌍곡선에 보낸 빛이 쌍곡선 위의 한 점에 도달하여 반사될 때 반사궤적은 다른 초점 F′에서 쌍곡선 위의 한 점을 이은 선분의 연장선이다. 즉 쌍곡선의 한 초점으로 들어오는 빛은 쌍곡선 거울 면에 반사하여 다른 초점으로 들어온다. 이를 **쌍곡선의 초점반사원리**라 한다.

포물선과 쌍곡선의 초점반사원리를 결합하여 천체망원경의 반사거울을 설계하기도 한다(그림 5.9). 별로부터 들어오는 평행광선들이 마지막에 가서 F′에 있는 대안렌즈에 모인다.

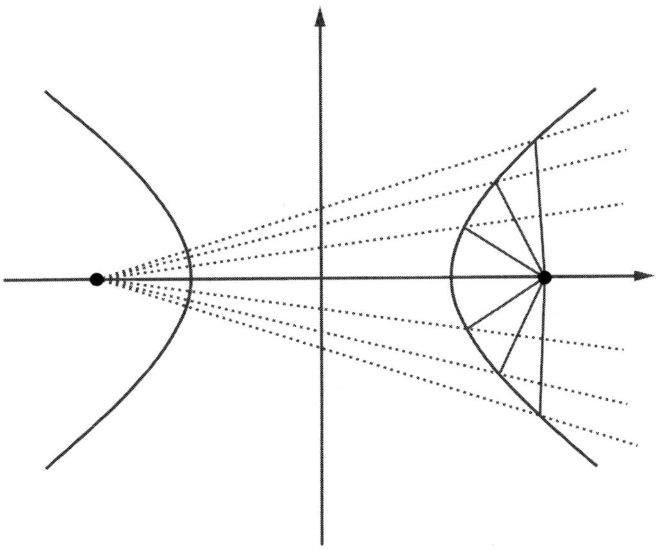

그림 5.8

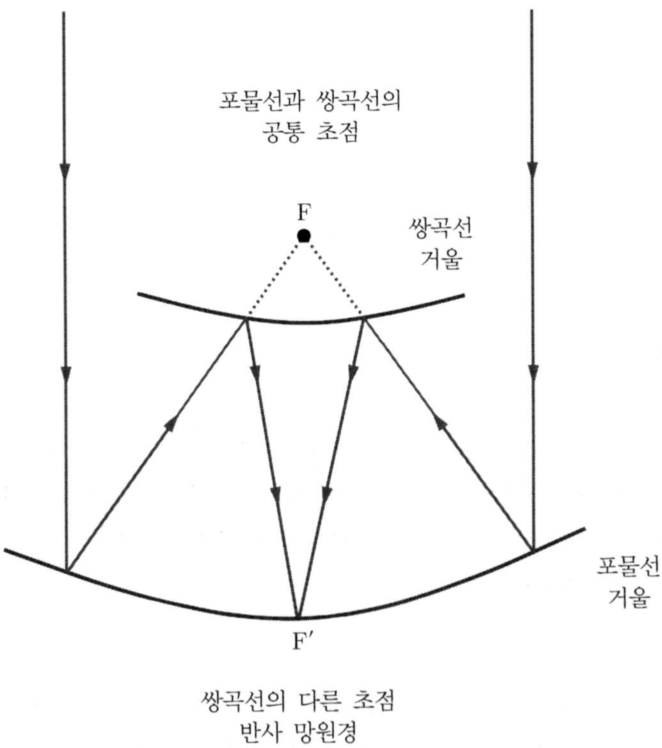

그림 5.9

5.1 연습문제

1. 다음 접선의 방정식을 구하여라.

(1) x축과 $60°$의 각을 이루는 포물선 $y^2 = 4x$의 접선

(2) 직선 $y = 2x$에 평행한 쌍곡선 $4x^2 - 9y^2 = 36$의 접선

2. 다음 접선의 방정식을 구하여라.

(1) 점 $(1, 6)$을 지나고 쌍곡선 $4x^2 - 5y^2 = 20$에 접하는 직선

(2) 점 $(-2, 3)$을 지나고 포물선 $y^2 = 8x$에 접하는 직선

3. 직선 $4x + y - 8 = 0$에 수직인 타원 $x^2 + 4y^2 = 5$의 접선의 방정식 및 그 접점의 좌표를 구하라.

4. 직선 $x\cos\theta + y\sin\theta - p = 0$이 쌍곡선 $\dfrac{x^2}{a^2} - \dfrac{y^2}{b^2} = 1$에 접할 조건을 구하여라.

5. 직선 $Ax + By + C = 0$이 타원 $\dfrac{x^2}{a^2} + \dfrac{y^2}{b^2} = 1$과 포물선 $y^2 = 4px$에 접하기 위한 조건 및 그 접점을 구하여라.

6. 포물선 $y^2 = 4px$ 위의 한 점 P에서 접선이 x축과 만나는 점을 T, 점 P에서 x축에 내린 수선의 발을 M이라 하면 꼭짓점은 선분 TM의 중점임을 보여라.

7. 포물선 $y^2 = 4px$ 위의 한 점 P에서 접선이 x축과 만나는 점을 T라 하면 초점 F에 대하여 $\mathrm{FP} = \mathrm{FT}$임을 보여라.

8. 타원 또는 쌍곡선에서 서로 직교하는 접선의 교점의 자취는 원임을 보여라.

9. 쌍곡선 위의 한 점 P에서 접선이 점근선과 만나는 두 점을 Q, R이라 하면 점 P는 선분 QR의 중점임을 보여라.

10. 포물선의 초점을 지나는 현의 양 끝점에서 접선은 서로 수직임을 보여라.

11. 포물선의 초점을 지나는 현의 양 끝점에서 접선의 교점은 준선 위에 있음을 보여라.

12. 타원 또는 쌍곡선에서 임의의 접선에 한 초점으로부터 내린 수선과 중심을 접점에 잇는 직선과의 교점의 자취를 구하여라.

5.2 이차곡선의 직경

이 절에서는 이차곡선이 한 직선과 두 점에서 만나고 두 점을 연결하는 선분을 현이라 할 때 이 현과 평행한 현들의 중점을 지나는 점들의 자취에 대하여 알아본다.

이차곡선

$$F(x,\ y)=ax^2+by^2+2hxy+2gx+2fy+c=0$$

와 점 $\mathrm{P}_1(x_1,\ y_1)$을 지나고 방향코사인이 $\lambda,\ \mu$인 직선

$$x=x_1+\lambda t,\ y=y_1+\mu t$$

와의 교점방정식은

$$(a\lambda^2+2h\lambda\mu+b\mu^2)t^2+2[(ax_1+hy_1+g)\lambda+(hx_1+by_1+f)\mu]t+F(x_1,\ y_1)=0$$

이다. t에 관한 이차방정식의 두 근으로부터 직선과 이차곡선의 두 교점 Q, R을 구할 수 있고, 점 $\mathrm{P}_1(x_1,\ y_1)$가 현 QR의 중점이 되기 위해서는 두 근의 절댓값은 같고, 부호가 반대이어야만 한다. 그러므로

$$(ax_1+hy_1+g)\lambda+(hx_1+by_1+f)\mu=0$$

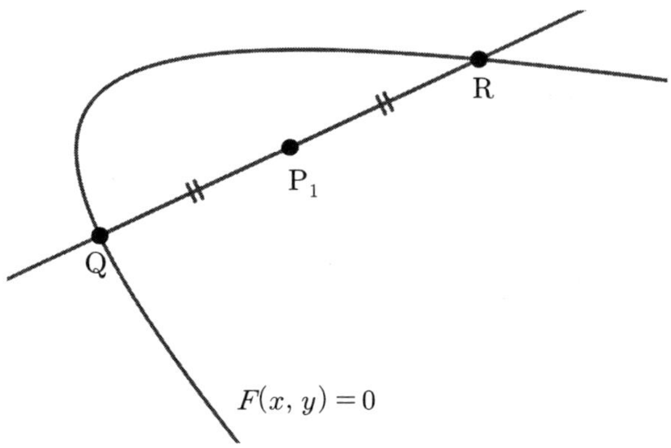

그림 5.10

이 성립한다. 따라서 방향코사인 λ, μ가 일정한 평행현의 중점의 자취의 방정식은

$$(ax+hy+g)\lambda+(hx+by+f)\mu=0$$

이다. 이 방정식은 x, y에 관한 일차방정식으로 직선이다. 이 직선을 이차곡선의 **직경**이라 한다. 이때 평행한 현들을 **종선**, 직경과 이차곡선의 교점을 **직경의 끝**이라 한다.

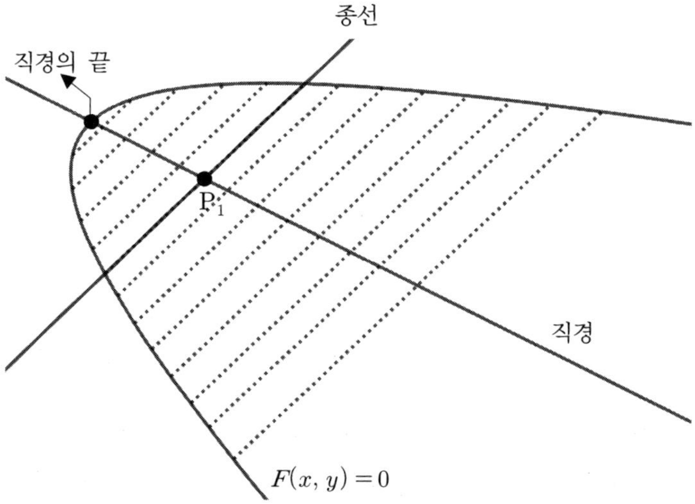

그림 5.11

[참고] 직경의 정의로부터 중심을 갖는 이차곡선의 직경은 중심을 지난다.

평행현의 방향계수를 m이라 하면 직경의 방정식은 다음과 같다.

$$(ax+hy+g)+(hx+by+f)m=0$$

(1) 타원 $\dfrac{x^2}{a^2}+\dfrac{y^2}{b^2}=1$에 기울기가 m인 종선에 대한 직경의 방정식은

$$y=-\frac{b^2}{a^2m}x$$

이다. 이 직경을 평행현으로 하는 직경의 방정식은 m 대신에 $-\dfrac{b^2}{a^2m}$을 대입하면

$$y = mx$$

을 얻는다. 이 직선의 방향은 원래 종선의 방향과 같다. 이러한 두 직경을 서로 **공액직경**이라 하면 두 직경 사이의 기울기의 곱은 $-\dfrac{b^2}{a^2}$이다.

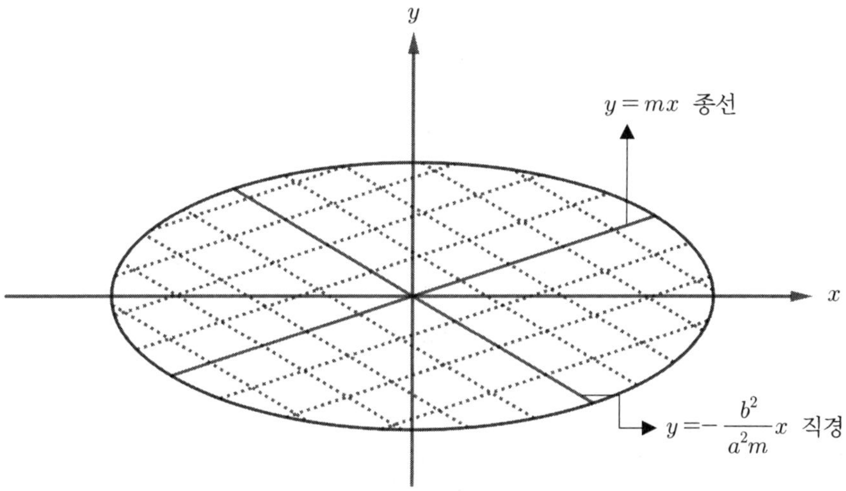

그림 5.12

예제 5.2.1 타원 $\dfrac{x^2}{9} + \dfrac{y^2}{4} = 1$에서 종선의 방향계수가 $\dfrac{1}{3}$인 직경의 방정식을 구하여라.

풀이 직경의 방정식 $y = -\dfrac{b^2}{a^2 m}x$과 $m = \dfrac{1}{3}$로부터 직경의 방정식은 $y = -\dfrac{4}{3}x$이다. ■

직경과 공액직경의 방정식으로부터 타원과의 교점을 구하여 보자. 타원 위의 한 점 $\mathrm{P}_1(x_1, y_1)$을 지나는 직경의 방정식은

$$y = \frac{y_1}{x_1}x$$

이고, 공액직경의 방정식은

$$y = -\frac{b^2 x_1}{a^2 y_1}x$$

이다. 이로부터 공액직경과 타원과의 교점은

$$Q_1\left(-\frac{a}{b}y_1,\ \frac{b}{a}x_1\right),\ Q_1{}'\left(\frac{a}{b}y_1,\ -\frac{b}{a}x_1\right)$$

이다. 이때 원점에서 직경의 한 끝점인 P_1을 잇는 선분 OP_1을 **반경**, 원점에서 공액직경의 한 끝점인 Q_1을 잇는 선분 OQ_1을 **공액반경**이라 한다.

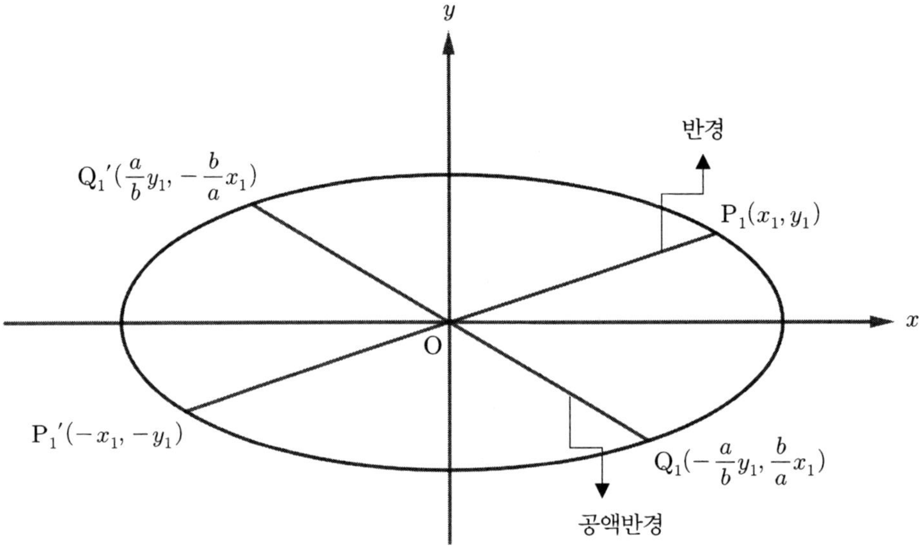

그림 5.13

예제 5.2.2 타원에서 반경과 공액반경의 길이의 제곱의 합은 일정함을 보여라.

풀이 타원 $\frac{x^2}{a^2}+\frac{y^2}{b^2}=1$ 위의 한 점 $P_1(x_1,\ y_1)$을 직경의 끝점이라 하면 공액직경의 끝점은 $Q_1(-\frac{a}{b}y_1,\ \frac{b}{a}x_1)$이다. 따라서 반경과 공액반경의 길이의 제곱은

$$|OP_1|^2 = x_1^2 + y_1^2,\ |OQ_1|^2 = \frac{a^2}{b^2}y_1^2 + \frac{b^2}{a^2}x_1^2$$

이므로

$$|OP_1|^2 + |OQ_1|^2 = (a^2+b^2)(\frac{x_1^2}{a^2}+\frac{y_1^2}{b^2}) = a^2+b^2(\text{일정})$$

이다. ■

예제 5.2.3 타원의 한 직경의 끝에서의 접선은 공액직경과 평행함을 보여라.

풀이 타원 $\frac{x^2}{a^2}+\frac{y^2}{b^2}=1$ 위의 한 점 $P_1(x_1, y_1)$을 직경의 한 끝점이라 하고 이 점에서 접선의 방정식은

$$l: \frac{x_1x}{a^2}+\frac{y_1y}{b^2}=1 \text{ 또는 } l: y=-\frac{b^2}{a^2}\frac{x_1}{y_1}x+\frac{b^2}{y_1}$$

이다. 한편 공액직경의 양 끝점

$$Q_1\left(-\frac{a}{b}y_1, \frac{b}{a}x_1\right), \quad Q_1'\left(\frac{a}{b}y_1, -\frac{b}{a}x_1\right)$$

을 지나는 직선의 방정식은 원점 O와 점 Q_1을 지나는 직선이므로

$$l': y=-\frac{b^2}{a^2}\frac{x_1}{y_1}x$$

이다. 결국 직선 l과 l'의 기울기는 같다. 따라서 두 직선은 평행하다. ■

예제 5.2.4 타원의 반경과 공액반경의 한 끝 점을 잇는 선분의 중점의 자취의 방정식을 구하여라.

풀이 타원 $\frac{x^2}{a^2}+\frac{y^2}{b^2}=1$ 위의 한 점 $P_1(a\cos\theta, b\sin\theta)$을 반경의 한 끝점이라 하면 공액반경의 한 끝점은 $Q_1(-a\sin\theta, b\cos\theta)$이다. 이때 선분 P_1Q_1의 중점 M의 좌표는

$$x=\frac{a(\cos\theta-\sin\theta)}{2}, \ y=\frac{b(\sin\theta+\cos\theta)}{2}$$

이다. 따라서 중점 M의 자취의 방정식은

$$\frac{x^2}{a^2}+\frac{y^2}{b^2}=\frac{1}{2}$$

인 타원이다. ■

(2) 쌍곡선 $\frac{x^2}{a^2}-\frac{y^2}{b^2}=1$에 기울기가 m인 종선에 대한 직경의 방정식은

$$y=\frac{b^2}{a^2m}x$$

이다. 이 직경을 평행현으로 하는 직경의 방정식은 m 대신에 $\frac{b^2}{a^2m}$을 대입하면

$$y=mx$$

을 얻는다. 이 직선의 방향은 원래 종선의 방향과 같다. 이러한 두 직경을 서로 **공액직경**이라 하면 두 직경 사이의 기울기의 곱은 $\frac{b^2}{a^2}$이다.

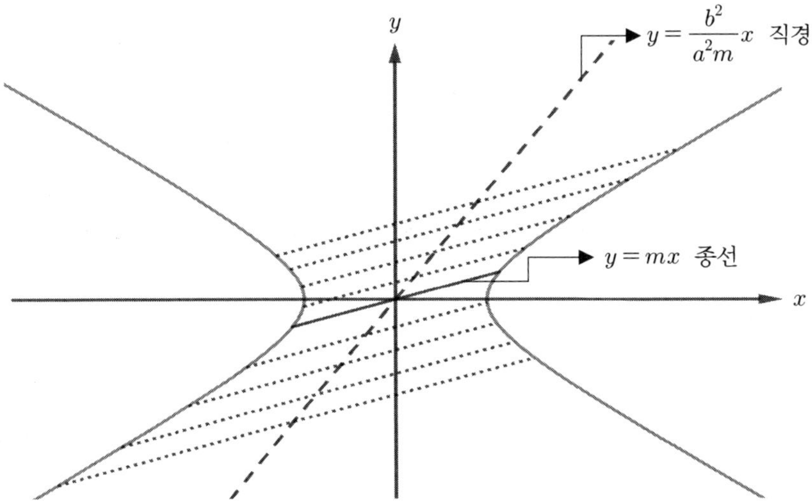

그림 5.14

예제 5.2.5 쌍곡선 $\frac{x^2}{9}-\frac{y^2}{4}=1$에서 종선의 방향계수가 $\frac{1}{3}$인 직경의 방정식을 구하여라.

풀이 직경의 방정식 $y=\frac{b^2}{a^2m}x$과 $m=\frac{1}{3}$로부터 직경의 방정식은 $y=\frac{4}{3}x$이다. ■

직경과 공액직경의 방정식으로부터 쌍곡선과의 교점을 구하여 보자. 쌍곡선 $\frac{x^2}{a^2}-\frac{y^2}{b^2}=1$ 위의 한 점 $P_1(x_1, y_1)$을 지나는 직경의 방정식은

$$y=\frac{y_1}{x_1}x$$

이고, 공액직경의 방정식은

$$y=\frac{b^2x_1}{a^2y_1}x$$

이다. 이 직선은 주어진 쌍곡선과 만나지 않고(그림 5.15 참조) 공액쌍곡선과 만나므로 공액쌍곡선

$$\frac{x^2}{a^2}-\frac{y^2}{b^2}=-1$$

와의 교점을 구하면

$$Q_1\left(\frac{a}{b}y_1,\ \frac{b}{a}x_1\right),\quad Q_1{}'\left(-\frac{a}{b}y_1,\ -\frac{b}{a}x_1\right)$$

이다. 이때 원점에서 직경의 한 끝점인 P_1을 잇는 선분 OP_1을 반경, 원점에서 공액직경

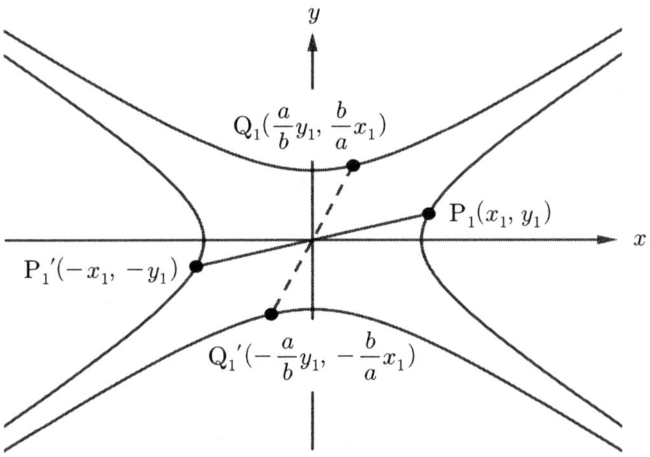

그림 5.15

의 한 끝점인 Q_1을 잇는 선분 OQ_1을 **공액반경**이라 한다.

예제 5.2.6 쌍곡선에서 반경과 공액반경의 길이의 제곱의 차는 일정함을 보여라.

풀이 쌍곡선 $\frac{x^2}{a^2}-\frac{y^2}{b^2}=1$ 위의 한 점 $P_1(x_1, y_1)$을 직경의 끝점이라 하면 공액직경의 끝점은 $Q_1(\frac{a}{b}y_1, \frac{b}{a}x_1)$이다. 따라서 반경과 공액반경의 길이의 제곱은

$$|OP_1|^2=x_1^2+y_1^2,\ |OQ_1|^2=\frac{a^2}{b^2}y_1^2+\frac{b^2}{a^2}x_1^2$$

이므로

$$|OP_1|^2-|OQ_1|^2=(a^2-b^2)(\frac{x_1^2}{a^2}-\frac{y_1^2}{b^2})=a^2-b^2(\text{일정})$$

이다. ■

예제 5.2.7 쌍곡선의 한 직경의 끝에서의 접선은 공액직경과 평행함을 보여라.

풀이 쌍곡선 $\frac{x^2}{a^2}-\frac{y^2}{b^2}=1$ 위의 한 점 $P_1(x_1, y_1)$을 직경의 한 끝점이라 하고, 이 점에서 접선의 방정식은

$$l: \frac{x_1x}{a^2}-\frac{y_1y}{b^2}=1 \quad \text{또는} \quad l: y=\frac{b^2}{a^2}\frac{x_1}{y_1}x-\frac{b^2}{y_1}$$

이다. 한편 공액직경의 양 끝점

$$Q_1\left(\frac{a}{b}y_1, \frac{b}{a}x_1\right), Q_1'\left(-\frac{a}{b}y_1, -\frac{b}{a}x_1\right)$$

을 지나는 직선의 방정식은

$$l': y=\frac{b^2}{a^2}\frac{x_1}{y_1}x$$

이다. 결국 직선 l과 l'의 기울기는 같다. 따라서 두 직선은 평행하다. ■

예제 5.2.8 쌍곡선의 반경과 공액반경의 한 끝점을 잇는 선분의 중점의 자취의 방정식을 구하여라.

풀이 쌍곡선 $\frac{x^2}{a^2}-\frac{y^2}{b^2}=1$ 위의 한 점 $P_1(a\sec\theta, b\tan\theta)$을 반경의 한 끝점이라 하면 공액반경의 한 끝점은 $Q_1(a\tan\theta, b\sec\theta)$이다. 이때 선분 P_1Q_1의 중점 M의 좌표는

$$x=\frac{a(\sec\theta+\tan\theta)}{2},\ y=\frac{b(\tan\theta+\sec\theta)}{2}$$

이다. 따라서 중점 M의 자취의 방정식은

$$\frac{x^2}{a^2}-\frac{y^2}{b^2}=\frac{1}{4}$$

인 쌍곡선이다. ■

(3) 포물선 $y^2=4px$의 종선의 기울기가 m인 직경의 방정식은

$$y=\frac{2p}{m}$$

이다. 따라서 포물선의 평행현의 중점의 자취는 포물선의 축에 평행한 직선이다. 한편 포물선 $y^2=4px$의 직경의 끝은 $(\frac{p}{m^2}, \frac{2p}{m})$이다.

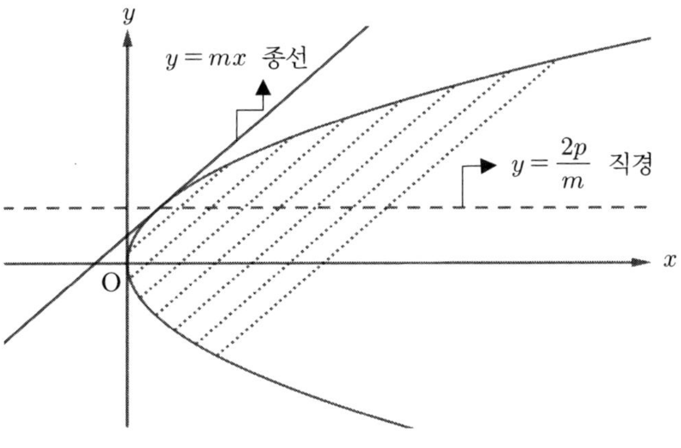

그림 5.16

예제 5.2.9 포물선 $y^2 = 4px$의 직경의 끝에서 접선은 그 종선에 평행함을 보여라.

풀이 직경의 끝 $(\frac{p}{m^2}, \frac{2p}{m})$에서 포물선의 접선의 방정식은

$$y = mx + \frac{p}{m}$$

이다. 따라서 접선의 방향계수는 m이므로 접선은 종선과 평행하다. ■

5.2 연습문제

1. 다음 곡선에서 종선의 기울기가 $\frac{2}{3}$인 직경의 방정식을 구하여라.

(1) $x^2+3y^2=9$　　(2) $3x^2+5y^2=15$

(3) $3x^2-6y^2=18$　　(4) $y^2-16x=0$

2. 타원의 장축의 한 끝점 P에서 접선이 두 공액직경과 만나는 점을 각각 Q, R이라 할 때 PQ · PR은 일정함을 보여라.

3. 타원 $\frac{x^2}{a^2}+\frac{y^2}{b^2}=1$의 공액직경의 양 끝점에서의 접선으로 둘러싸인 평행사변형의 넓이를 구하여라.

4. 쌍곡선 $\frac{x^2}{a^2}-\frac{y^2}{b^2}=1$의 공액직경 양 끝점에서 접선은 평행사변형을 이루고, 그 꼭짓점은 점근선 위에 있음을 보여라.

5. 포물선 위의 두 점 P, Q에 대하여 선분 PQ의 중점을 지나는 직경과 초점 F에서 선분 PQ의 수선과의 교점의 자취를 구하여라.

6. 포물선 $y^2=4px$ 위의 세 점 $A(x_1, y_1)$, $B(x_2, y_2)$, $C(x_3, y_3)$으로 만든 삼각형의 넓이는 $S=\frac{1}{8}\left|\frac{1}{p}(y_1-y_2)(y_2-y_3)(y_3-y_1)\right|$임을 보여라.

5.3 이차곡선의 극선

이차곡선

$$F(x,\ y) = ax^2 + by^2 + 2hxy + 2gx + 2fy + c = 0$$

와 점 $P_1(x_1,\ y_1)$을 지나고 방향코사인이 $\lambda,\ \mu$인 직선

$$l : x = x_1 + \lambda t,\ y = y_1 + \mu t$$

와의 교점방정식은

$$(a\lambda^2 + 2h\lambda\mu + b\mu^2)t^2 + 2[(ax_1 + hy_1 + g)\lambda + (hx_1 + by_1 + f)\mu]t + F(x_1,\ y_1) = 0 \quad \cdots\cdots \ (*)$$

이다. t에 관한 이차방정식의 두 근 $t_1,\ t_2$에 대하여 두 교점 Q, R의 좌표는

$$\mathrm{Q}(x_1 + \lambda t_1,\ y_1 + \mu t_1),\ \mathrm{R}(x_1 + \lambda t_2,\ y_1 + \mu t_2)$$

이다. 이제 직선 l 위에 놓여 있는 점 $\mathrm{P}(x,\ y)$에 대하여 네 점 $\mathrm{P_1}$, P, Q, R이 조화점열이 되도록 하는 점 P의 자취의 방정식을 구하여 보자. 즉

$$\frac{2}{\overline{\mathrm{P_1P}}} = \frac{1}{\overline{\mathrm{P_1Q}}} + \frac{1}{\overline{\mathrm{P_1R}}}$$

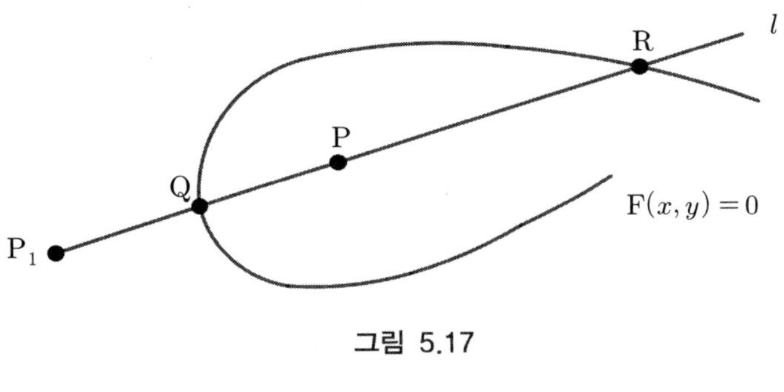

그림 5.17

을 만족하는 점 P의 자취의 방정식을 구한다. 한편 유향선분의 거리

$$P_1P=t,\ P_1Q=t_1,\ P_1R=t_2$$

과 방정식 (*)의 근과 계수 사이의 관계로부터

$$\begin{aligned}\frac{2}{t}&=\frac{1}{t_1}+\frac{1}{t_2}=\frac{t_1+t_2}{t_1t_2}\\&=-\frac{2[\lambda(ax_1+hy_1+g)+\mu(hx_1+by_1+f)]}{F(x_1,\ y_1)}\end{aligned}$$

이다. 따라서

$$[\lambda(ax_1+hy_1+g)+\mu(hx_1+by_1+f)]t+F(x_1,\ y_1)=0$$

을 얻고,

$$\lambda t=x-x_1,\ \mu t=y-y_1$$

을 위 식에 대입하여 정리하면

$$ax_1x+by_1y+h(x_1y+xy_1)+g(x+x_1)+f(y+y_1)+c=0$$

이다. 이것은 $x,\ y$에 관한 일차방정식으로서 직선이고, 네 점 P_1, P, Q, R이 조화점열이 되도록 하는 점 P의 자취의 방정식이다. 이 직선을 점 $P_1(x_1,\ y_1)$에 관한 이차곡선 $F(x,\ y)=0$의 **극선**이라 하고 점 P_1을 극선의 **극**이라 한다.

[참고]

(1) 만일 점 P_1에 관한 극선이 이차곡선 $F(x,\ y)=0$의 접선이면 점 P, Q, R은 모두 접선의 접점이므로 접선이 2개 존재하는 경우 극선은 두 접점을 연결하는 직선이다(그림 5.18).

(2) 만일 점 P_1이 이차곡선 $F(x,\ y)=0$ 위의 점이면 극선의 방정식은 점 P_1에서 이차곡선의 접선이다.

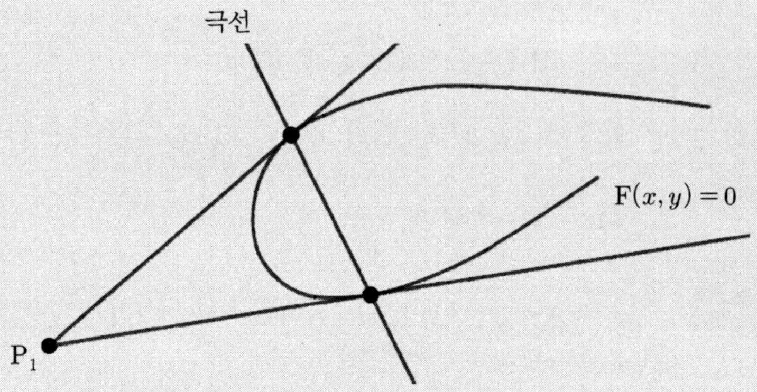

그림 5.18

예제 5.3.1 이차곡선 $F(x, y) = 0$에 관하여 점 $P_1(x_1, y_1)$의 극선을 l이라 하고, 직선 l 위에 점 $P_2(x_2, y_2)$에 관한 극선을 l'이라 하면 점 P_1은 극선 l' 위에 있음을 보여라.

풀이 이차곡선 $F(x, y) = 0$에 관하여 점 $P_1(x_1, y_1)$의 극선의 방정식은

$$l : ax_1x + by_1y + h(x_1y + xy_1) + g(x + x_1) + f(y + y_1) + c = 0$$

이다. 점 $P_2(x_2, y_2)$가 극선 l 위에 있으므로

$$ax_1x_2 + by_1y_2 + h(x_1y_2 + x_2y_1) + g(x_2 + x_1) + f(y_2 + y_1) + c = 0 \quad \cdots\cdots \text{(**)}$$

이 성립한다. 한편 점 $P_2(x_2, y_2)$에 관한 극선의 방정식은

$$l' : ax_2x + by_2y + h(x_2y + xy_2) + g(x + x_2) + f(y + y_2) + c = 0$$

이므로, 방정식 (**)은 점 $P_1(x_1, y_1)$이 극선 l' 위에 있음을 보여준다. ■

[참고] 이런 이유로 두 직선 l, l'을 이차곡선 $F(x, y) = 0$의 서로 **공액**이라 한다.

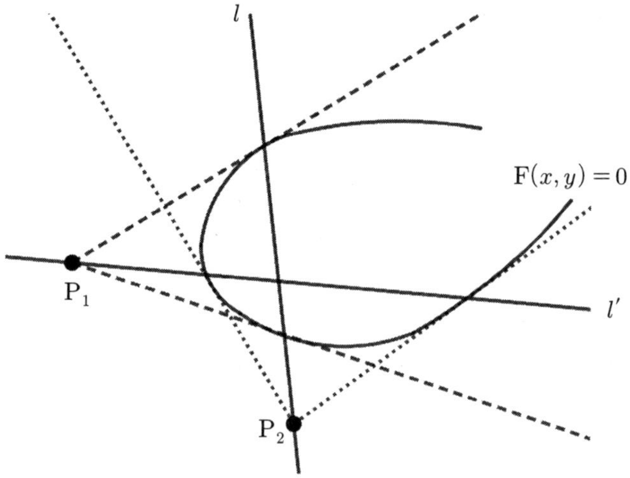

그림 5.19

(1) 타원 $\dfrac{x^2}{a^2}+\dfrac{y^2}{b^2}=1$에 관한 점 $P_1(x_1,\ y_1)$의 극선의 방정식은

$$\frac{x_1x}{a^2}+\frac{y_1y}{b^2}=1$$

이다.

예제 5.3.2 타원 $x^2+4y^2=4$에 대하여

(1) 점 $(1,\ 4)$에서 극선 l을 구하여라.

(2) 점 $(-12,\ 1)$에서 극선 l'을 구하여라.

풀이 (1) 점 $(4,\ 2)$에서 극선의 방정식은

$$l : x+16y=4$$

이다.

(2) 점 $(-12,\ 1)$에서 극선의 방정식은

$$l' : 12x-4y=-4$$

이다.

이때 두 직선 l, l'은 서로 공액임을 알 수 있다. ■

예제 5.3.3 타원 $x^2+2y^2=4$에 대하여 직선 $x+y-4=0$가 극선일 때 극을 구하여라.

풀이 점 $P_1(x_1, y_1)$가 주어진 원의 극이라 하면 극선은

$$\frac{x_1x}{4}+\frac{y_1y}{2}=1$$

이다. 그러므로 주어진 극선과 비교하면 $x_1=1$, $y_1=\frac{1}{2}$이므로 극은 $(1, \frac{1}{2})$이다.

■

예제 5.3.4 점 P와 타원 $\frac{x^2}{a^2}+\frac{y^2}{b^2}=1$의 중심 O를 연결하는 직선이 주어진 타원과의 교점을 M이라 하고, 점 P의 극선과의 교점을 Q라 하면 $\mathrm{OP}\cdot\mathrm{OQ}=\mathrm{OM}^2$이 성립함을 보여라.

풀이 점 P의 좌표를 (x_1, y_1)이라 하면 점 P에 관한 극선의 방정식은

$$l:\frac{x_1x}{a^2}+\frac{y_1y}{b^2}=1$$

이다. 이때 $\mathrm{OP}=r_1$, $\mathrm{OM}=r_2$, $\mathrm{OQ}=r_3$라 두고 선분 OP가 x축과 이루는 각을 θ라 하면 점 P, M, Q의 좌표는 각각

$$\mathrm{P}(r_1\cos\theta, r_1\sin\theta),\ \mathrm{M}(r_2\cos\theta, r_2\sin\theta),\ \mathrm{Q}(r_3\cos\theta, r_3\sin\theta)$$

이다. 한편 점 M은 타원 위의 점이므로

$$r_2^2\left(\frac{\cos^2\theta}{a^2}+\frac{\sin^2\theta}{b^2}\right)=1$$

이 성립하고, 점 Q는 극선 l 위의 점이므로

$$r_1r_3\left(\frac{\cos^2\theta}{a^2}+\frac{\sin^2\theta}{b^2}\right)=1$$

이 성립한다. 따라서

$$r_1 r_3 = r_2^2 \text{ 즉 } \mathrm{OP} \cdot \mathrm{OQ} = \mathrm{OM}^2$$

이다.

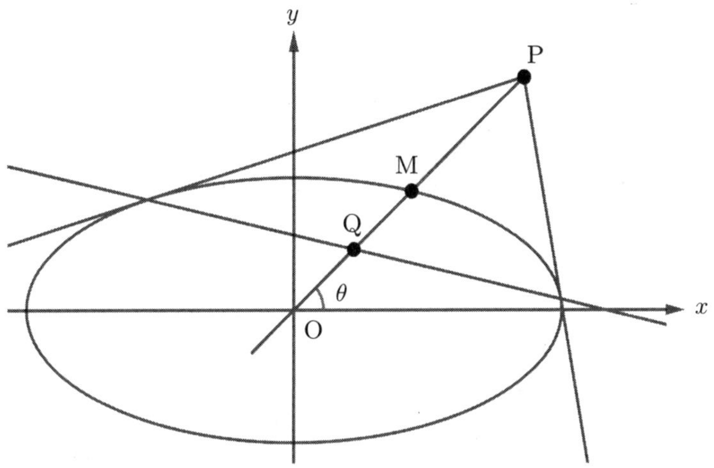

그림 5.20

■

예제 5.3.5 예제 5.3.4에서 점 M에서 타원의 접선은 점 P의 극선과 평행함을 보여라.

풀이 점 $\mathrm{M}(r_2\cos\theta,\ r_2\sin\theta)$에서 타원의 접선의 방정식은

$$l_1 : \frac{r_2\cos\theta}{a^2}x + \frac{r_2\sin\theta}{b^2}y = 1$$

이고, 점 $\mathrm{P}(r_1\cos\theta,\ r_1\sin\theta)$에서 타원의 극선의 방정식은

$$l_2 : \frac{r_1\cos\theta}{a^2}x + \frac{r_1\sin\theta}{b^2}y = 1$$

이다. 두 직선 l_1, l_2의 방향비가

$$\frac{\left(\dfrac{r_2\cos\theta}{a^2}\right)}{\left(\dfrac{r_1\cos\theta}{a^2}\right)} = \frac{\left(\dfrac{r_2\sin\theta}{a^2}\right)}{\left(\dfrac{r_1\sin\theta}{a^2}\right)} = \frac{r_2}{r_1}$$

이므로 두 직선은 평행하다. ■

예제 5.3.6 타원의 준선 위의 임의의 한 점에 관한 극선은 초점을 지남을 보여라.

풀이 타원 $\frac{x^2}{a^2}+\frac{y^2}{b^2}=1$에 대하여 한 초점 $\mathrm{F}(c, 0)$와 준선 $l: x=\frac{a^2}{c}$ 위의 한 점을 $\mathrm{P}(\frac{a^2}{c}, y_1)$라 할 때 점 P에 관한 극선의 방정식은

$$g: \frac{x}{c}+\frac{y_1 y}{b^2}=1$$

이다. 따라서 초점 F는 극선 g 위에 있음을 알 수 있다.

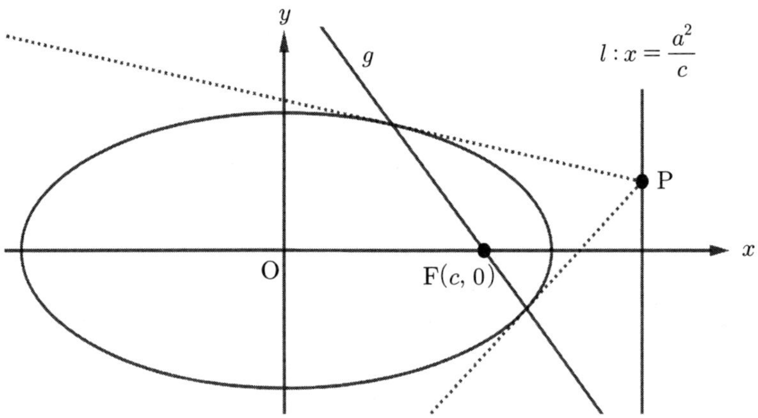

그림 5.21

(2) 쌍곡선 $\frac{x^2}{a^2}-\frac{y^2}{b^2}=1$에 관한 점 $\mathrm{P}_1(x_1, y_1)$의 극선의 방정식은

$$\frac{x_1 x}{a^2}-\frac{y_1 y}{b^2}=1$$

이다. ■

예제 5.3.7 점 (2, 4)에서 쌍곡선 $\frac{x^2}{9}-\frac{y^2}{4}=1$에 관한 극선의 방정식을 구하여라.

풀이 극선의 방정식은 $\frac{2x}{9}-y=1$, 즉 $2x-9y=9$이다. ■

예제 5.3.8 쌍곡선 $\dfrac{x^2}{a^2}-\dfrac{y^2}{b^2}=1$의 준선 위의 임의의 한 점 P의 극선은 점 P를 그 준선에 대응하는 초점과 연결하는 직선과 수직임을 보여라.

풀이 준선 $l: x=\dfrac{a}{e}$ 위의 한 점 P의 좌표를 $(\dfrac{a}{e},\ y_1)$이라 하면 점 P에 관한 극선은

$$g: \frac{x}{ea}-\frac{y_1 y}{b^2}=1, \text{ 즉 } y=\frac{b^2}{eay_1}x-\frac{b^2}{y_1}$$

이다. 또한 $\mathrm{P}(\dfrac{a}{e},\ y_1)$와 초점 $\mathrm{F}(c,\ 0)$을 지나는 직선의 방정식은

$$g': y=\frac{ey_1}{a-ec}x-\frac{ecy_1}{a-ec}$$

이다.

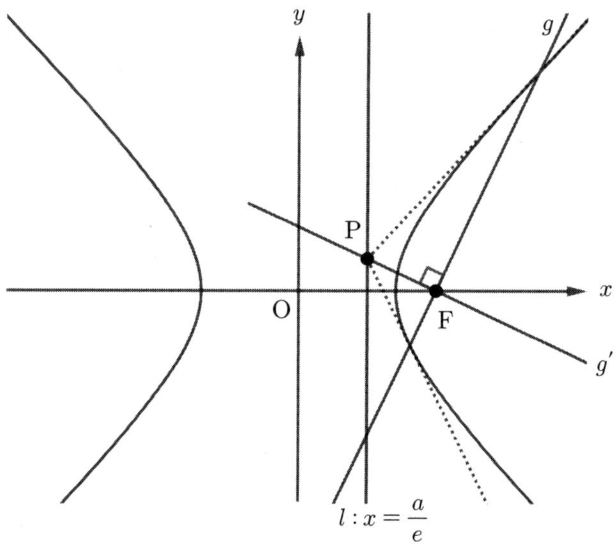

그림 5.22

두 직선의 기울기의 곱은

$$\left(\frac{b^2}{eay_1}\right)\cdot\left(\frac{ey_1}{a-ec}\right)=-1$$

이다. 따라서 두 직선 $g,\ g'$은 수직이다. ■

(3) 포물선 $y^2 = 4px$에 관한 점 $P_1(x_1, y_1)$의 극선의 방정식은

$$y_1 y = 2p(x + x_1)$$

이다.

예제 5.3.9 점 $(-2, 3)$에서 포물선 $y^2 = 4x$의 극선을 구하여라.

풀이 $y_1 y = 2p(x + x_1)$으로부터 $3y = 2(x-2)$, 즉 $2x - 3y = 4$이다. ■

예제 5.3.10 임의의 한 점 P를 지나고 포물선 $y^2 = 4px$의 축과 평행한 직선이 포물선과 만나는 점을 M이라 하고, 점 P의 극선과 만나는 점을 Q라 하면 점 M은 선분 PQ의 중점임을 보여라.

풀이 점 P의 좌표를 (x_1, y_1)라 하면 점 M의 좌표는 $M(\frac{y_1^2}{4p}, y_1)$이다. 한편 점 $P(x_1, y_1)$에서 포물선의 극선의 방정식은 $y_1 y = 2p(x + x_1)$이므로 점 Q의 좌표는 $Q(\frac{y_1^2}{2p} - x_1, y_1)$이다. 따라서

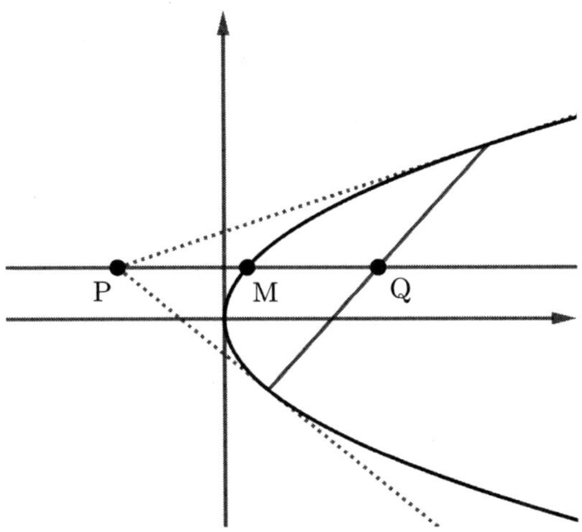

그림 5.23

$$\mathrm{PM}=\frac{y_1^2}{4p}-x_1=\frac{y_1^2-4px_1}{4p},$$

$$\mathrm{MQ}=\left(\frac{y_1^2}{2p}-x_1\right)-\frac{y_1^2}{4p}=\frac{y_1^2-4px_1}{4p}$$

이므로 점 M은 선분 PQ의 중점이다. ■

5.3 연습문제

1. 쌍곡선의 준선 위의 임의의 한 점에 관한 극선은 초점을 지남을 보여라.

2. 포물선의 준선 위의 임의의 한 점에 관한 극선은 초점을 지남을 보여라.

3. 타원 $\frac{x^2}{a^2}+\frac{y^2}{b^2}=1$의 준선 위의 임의의 한 점 P의 극선은 점 P를 그 준선에 대응하는 초점과 연결하는 직선과 수직임을 보여라.

4. 점 P와 쌍곡선 $\frac{x^2}{a^2}-\frac{y^2}{b^2}=1$의 중심 O를 연결하는 직선이 주어진 쌍곡선과의 교점을 M이라 하고 점 P의 극선과의 교점을 Q라 하면 $\mathrm{OP}\cdot\mathrm{OQ}=\mathrm{OM}^2$이 성립함을 보여라.

5. 포물선에 관한 초점의 극선은 준선임을 보여라.

6. 타원에 관한 초점의 극선은 준선임을 보여라.

7. 쌍곡선에 관한 초점의 극선은 준선임을 보여라.

5.4 이차곡선의 분류

지금까지 우리는 원뿔곡선인 원, 타원, 쌍곡선, 포물선에 대한 여러 가지 성질에 대하여 알아보았다. 이런 원뿔곡선은 특별한 이차방정식의 해로서 주어진다. 이 절에서는 일반적인 이차방정식의 계수에 따라 이차곡선을 분류한다.

점 $P_0(x_0, y_0)$이 이차곡선

$$F(x, y) = ax^2 + by^2 + 2hxy + 2gx + 2fy + c = 0$$

의 방향코사인이 λ, μ인 평행현의 중점이 될 조건은

$$(ax_0 + hy_0 + g)\lambda + (hx_0 + by_0 + f)\mu = 0$$

이다. 이때 점 P_0가 P_0를 지나는 모든 현의 중점이 될 조건은 λ, μ에 관계없이

$$ax_0 + hy_0 + g = 0,$$
$$hx_0 + by_0 + f = 0$$

이 성립해야 한다. 이런 점이 존재한다면 이 점을 이차곡선의 **중심**이라 한다. 중심이 단 하나인 이차곡선을 **유심 이차곡선**이라 하고, 그 이외의 이차곡선을 **무심 이차곡선**이라 한다. 이차곡선의 중심의 좌표는 연립방정식

$$\begin{cases} ax + hy + g = 0 \\ hx + by + f = 0 \end{cases} \qquad \cdots\cdots (*)$$

의 해이다.

5.4.1 유심 이차곡선

유심 이차곡선은 연립방정식 (*)이 단 하나의 해를 가져야 하므로 그 조건은

$$ab - h^2 \neq 0$$

이고, 이때 이차곡선의 중심의 좌표는

$$x_0 = \frac{hf - bg}{ab - h^2}, \quad y_0 = \frac{hg - af}{ab - h^2}$$

이다. 이제 원점이 중심 (x_0, y_0)에 오도록 좌표축의 평행이동

$$x = X + x_0, \; y = Y + y_0$$

을 하면 이차곡선의 방정식은

$$\begin{aligned} F(X,\ Y) = aX^2 + 2hXY + bY^2 + 2(ax_0 + hy_0 + g)X + 2(hx_0 + by_0 + f)Y \\ + ax_0^2 + 2hx_0y_0 + by_0^2 + 2gx_0 + 2fy_0 + c = 0 \end{aligned}$$

이다. 한편

$$ax_0 + hy_0 + g = 0, \; hx_0 + by_0 + f = 0$$

이 성립하므로 위의 이차곡선은

$$F(X,\ Y) = aX^2 + 2hXY + bY^2 + F(x_0, y_0) = 0$$

으로 표현되고, 상수항 $F(x_0, y_0)$을 다시 계산하면

$$\begin{aligned} F(x_0, y_0) &= ax_0^2 + 2hx_0y_0 + by_0^2 + 2gx_0 + 2fy_0 + c \\ &= (ax_0 + hy_0 + g)x_0 + (hx_0 + by_0 + f)y_0 + gx_0 + fy_0 + c \\ &= gx_0 + fy_0 + c \end{aligned}$$

이다. 이것에 중심의 좌표인 x_0, y_0를 대입하면

$$\begin{aligned} F(x_0, y_0) &= \frac{1}{ab - h^2}(abc + 2hfg - af^2 - bg^2 - ch^2) \\ &= \frac{D}{ab - h^2} \end{aligned}$$

여기서

$$D := abc + 2hfg - af^2 - bg^2 - ch^2$$

이다. 따라서 이차곡선 $F(x, y)=0$은 원점을 중심 $\mathrm{P}_0(x_0, y_0)$으로 좌표축을 평행이동한 후 새 좌표계 P_0XY에서는

$$F(X,\ Y)=aX^2+2hXY+bY^2+\frac{D}{ab-h^2}=0$$

으로 표현된다.

> **[참고]** 유심 이차곡선 $F(x, y)=0$을 중심으로 좌표축을 평행이동하면
> (1) 이차항의 계수 a, h, b는 불변이다.
> (2) 일차항의 계수는 없어진다.

유심 이차곡선 $F(x, y)=0$은 중심으로 좌표축을 평행이동하여도 여전히 혼합항 XY의 계수 h는 남아 있다.

이제 혼합항의 계수를 없앨 수 있는 방법인 회전이동에 대하여 알아보자.

P_0XY 좌표계에서 좌표축을 점 P_0를 중심으로 시계 반대 방향으로 θ만큼 회전한 $P_0\overline{X}\,\overline{Y}$ 좌표계에서 좌표들 사이의 관계식

$$X=\overline{X}\cos\theta-\overline{Y}\sin\theta,$$
$$Y=\overline{X}\sin\theta+\overline{Y}\cos\theta$$

을 $F(X, Y)=0$에 대입하여 정리하면

$$F(\overline{X},\ \overline{Y})=A\overline{X}^2+2H\overline{X}\,\overline{Y}+B\overline{Y}^2+\frac{D}{ab-h^2}=0 \qquad \cdots\cdots (**)$$

이다. 여기서

$$\begin{cases} A=a\cos^2\theta+h\sin2\theta+b\sin^2\theta \\ 2H=2h\cos2\theta-(a-b)\sin2\theta \\ B=a\sin^2\theta-h\sin2\theta+b\cos^2\theta \end{cases}$$

이고, 계수들 사이의 관계식은

$$\begin{cases} A+B=a+b \\ 4H^2+(A-B)^2=4h^2+(a-b)^2 \\ AB-H^2=ab-h^2 \end{cases}$$

이다. 좌표축을 회전이동하여도 여전히 혼합항의 계수 H은 남아 있다. 만일 방정식 (**)에서 $H=0$일 조건은

$$\tan 2\theta = \frac{2h}{a-b}\left(0<\theta<\frac{\pi}{2}\right)$$

이다. 결국 $H=0$가 되도록 θ을 택한 후 회전이동하면 이차곡선은

$$F(\overline{X},\ \overline{Y}) = A\overline{X}^2 + B\overline{Y}^2 + \frac{D}{ab-h^2} = 0 \qquad \cdots\cdots \ (***)$$

으로 변형된다. 한편 $H=0$로부터 계수들 사이의 관계는

$$A+B=a+b,\ AB=ab-h^2$$

이므로, A, B는 이차방정식

$$t^2-(a+b)t+ab-h^2=0$$

의 두 근이다. 이 이차방정식의 판별식은

$$(a+b)^2-4(ab-h^2)=(a-b)^2+4h^2 \geq 0$$

을 만족하므로 반드시 실근을 갖는다. 두 근 중 하나는 A이고 다른 것은 B이다. 그 두 근 중 어느 것이 A이고 B인가를 판별하여 보자. 계수 A, B로부터

$$A-B=2h\sin 2\theta+(a-b)\cos 2\theta$$

이고, θ는 $0<\theta<\frac{\pi}{2}$인 범위에서

$$\tan 2\theta = \frac{2h}{a-b},\ 즉\ \cos 2\theta = \frac{a-b}{2h}\sin 2\theta$$

이 성립하도록 택하였으므로

$$2h(A-B)=[4h^2+(a-b)^2]\sin 2\theta > 0$$

이다. 따라서 이차방정식

$$t^2-(a+b)t+ab-h^2=0$$

의 근 중에

$$\cdot\ h>0 \Rightarrow A>B$$
$$\cdot\ h<0 \Rightarrow A<B$$

이므로 두 근 중 어느 것이 A이고 어느 것이 B인지 판별할 수 있다. 따라서 A, B가 정해진

$$A\overline{X}^2+B\overline{Y}^2+\frac{D}{ab-h^2}=0$$

을 **유심 이차곡선의 표준형**이라 한다.

이제 A, B의 부호를 결정하여 유심 이차곡선을 분류하여 보자. 위에서 언급한 바와 같이

$$AB=ab-h^2$$

이므로 A, B의 부호는 $ab-h^2$의 부호에 의해 결정된다.

(1) $ab-h^2>0$인 경우

이 경우는 $AB>0$이므로 A, B는 같은 부호를 갖는다. 또한 $ab>h^2>0$이므로 a, b도 같은 부호를 갖는다. 더욱이 $A+B=a+b$이므로 A, B, a, b는 모두 같은 부호를 갖는다. 따라서

① $D\neq 0$이고 A(또는 B)와 D가 다른 부호인 경우 유심 이차곡선의 표준형은 적당한 상수 m, n에 대하여

$$\frac{\overline{X}^2}{m^2}+\frac{\overline{Y}^2}{n^2}=1$$

인 꼴이며, 이것은 타원을 나타낸다.

② $D\neq 0$이고 A(또는 B)와 D가 같은 부호인 경우 유심 이차곡선의 표준형은 적당한 상수 m, n에 대하여

$$\frac{X^2}{m^2}+\frac{Y^2}{n^2}=-1$$

인 꼴이며, 이 방정식을 만족하는 실수 X, Y는 존재하지 않는다. 이것을 허타원이라 부른다.

③ $D=0$이면 유심 이차곡선의 표준형은 적당한 상수 m, n에 대하여

$$\frac{X^2}{m^2}+\frac{Y^2}{n^2}=0$$

인 꼴이며, 이 방정식을 만족하는 해는 $(0, 0)$뿐이므로 이것을 점타원이라 부른다.

(2) $ab-h^2<0$인 경우

이 경우는 $AB<0$이므로 A, B는 다른 부호를 갖는다. 따라서

① $D\neq 0$이면 유심 이차곡선의 표준형은 적당한 상수 m, n에 대하여

$$\frac{X^2}{m^2}-\frac{Y^2}{n^2}=1 \text{ 또는 } \frac{X^2}{m^2}-\frac{Y^2}{n^2}=-1$$

인 꼴이며, 이것은 쌍곡선을 나타낸다.

② $D=0$이면 유심 이차곡선의 표준형은 적당한 상수 m, n에 대하여

$$\frac{X^2}{m^2}-\frac{Y^2}{n^2}=0$$

인 꼴이며, 이것은

$$\frac{X}{m}+\frac{Y}{n}=0,\ \frac{X}{m}-\frac{Y}{n}=0$$

와 같은 서로 수직인 두 직선을 나타내고 있다.

따라서 다음과 같이 유심 이차곡선을 분류할 수 있다.

• $ab-h^2>0$	(1) $D\neq 0$, $aD>0$이면 허타원 (2) $D\neq 0$, $aD<0$이면 타원 (3) $D=0$이면 점타원

- $ab-h^2<0$

  (4) $D\neq 0$이면 쌍곡선

  (5) $D=0$이면 만나는 두 직선

예제 5.4.1 $5x^2-6xy+5y^2-4x-4y-4=0$을 표준형으로 바꾸어라.

풀이 (1) $ab-h^2=16>0$이므로 주어진 이차곡선은 유심 이차곡선이다. 한편 중심은 연립 방정식

$$5x-3y-2=0,\ -3x+5y-2=0$$

의 해로서 $(1,\ 1)$이다. 그러므로 원점을 중심으로 좌표축 평행이동

$$x=X+1,\ y=Y+1$$

을 하면 새로운 좌표계에서

$$5X^2-6XY+5Y^2=8$$

이다. 이제 혼합항을 제거하기 위해

$$\tan 2\theta=\frac{2h}{a-b}=\infty$$

이므로

$$\theta=\frac{\pi}{4}$$

이다. 이때 좌표축 회전이동

$$X=\frac{1}{\sqrt{2}}(\overline{X}-\overline{Y}),\ Y=\frac{1}{\sqrt{2}}(\overline{X}+\overline{Y})$$

을 위 식에 대입하면 표준형은

$$2\overline{X}^2+8\overline{Y}^2=8,\ 즉\ \frac{\overline{X}^2}{4}+\frac{\overline{Y}^2}{1}=1$$

이며, 타원이다.

(2) $ab-h^2=16>0$, $D=-128<0$, $aD=-640<0$이므로 유심 이차곡선으로서 타원이다. 한편 중심은 연립방정식

$$5x-3y-2=0,\ -3x+5y-2=0$$

의 해로서 $(1, 1)$이다. 또한

$$\tan 2\theta = \frac{2h}{a-b} = \infty$$

이므로

$$\theta = \frac{\pi}{4}$$

이다. 따라서 좌표축을 $\dfrac{\pi}{4}$만큼 회전하였을 때 방정식을 구하기 위하여 이차방정식

$$t^2-(a+b)t+(ab-h^2)=0$$
$$t^2-10t+16=0$$

을 풀면 두 근은 $t=2, 8$이고, $h<0$이므로

$$A=2,\ B=8$$

이다. 따라서 구하는 표준형은

$$A\overline{X}^2+B\overline{Y}^2=-\frac{D}{ab-h^2}$$

으로부터

$$2\overline{X}^2+8\overline{Y}^2=8,\quad \text{즉}\quad \frac{\overline{X}^2}{4}+\frac{\overline{Y}^2}{1}=1$$

이다.

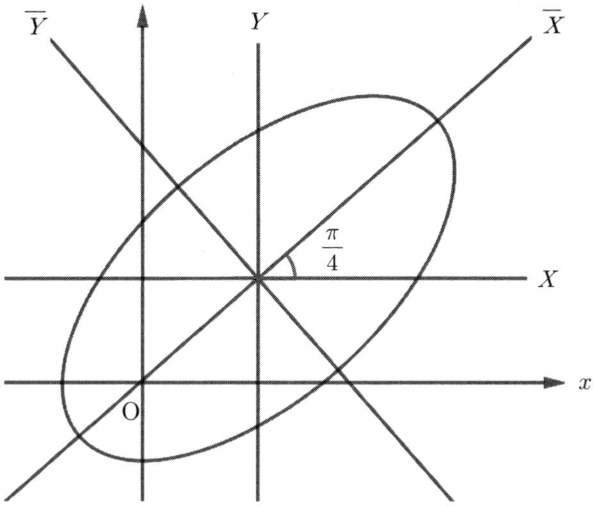

그림 5.24

예제 5.4.2 $2x^2+4xy-y^2-20x-8y+32=0$의 표준형을 구하여라.

풀이 $ab-h^2=-6<0,\ D=36<0,\ aD=72>0$이므로 유심 이차곡선으로서 쌍곡선이다. 한편 중심은 연립방정식

$$2x+2y-10=0,\ 2x-y-4=0$$

의 해로서 $(3,\ 2)$이다. 그러므로 원점을 중심으로 좌표축 평행이동

$$x=X+3,\ y=Y+2$$

을 하면 새로운 좌표계에서

$$2X^2+4XY-Y^2=6$$

이다. 이제 혼합항을 제거하기 위해

$$\tan 2\theta=\frac{2h}{a-b}=\frac{4}{3}$$

을 만족하는 θ을 결정하고, θ만큼 회전한 후 방정식을 구하기 위하여 이차방정식

$$t^2-(a+b)t+(ab-h^2)=0$$
$$t^2-t-6=0$$

을 풀면 $t=3,\ t=-2$이고, $h>0$이므로

$$A=3,\ B=-2$$

이다. 따라서 구하는 표준형은

$$A\overline{X}^2+B\overline{Y}^2=-\frac{D}{ab-h^2}$$

으로부터

$$3\overline{X}^2-2\overline{Y}^2=6, \quad \text{즉} \quad \frac{\overline{X}^2}{2}-\frac{\overline{Y}^2}{3}=1$$

이다.

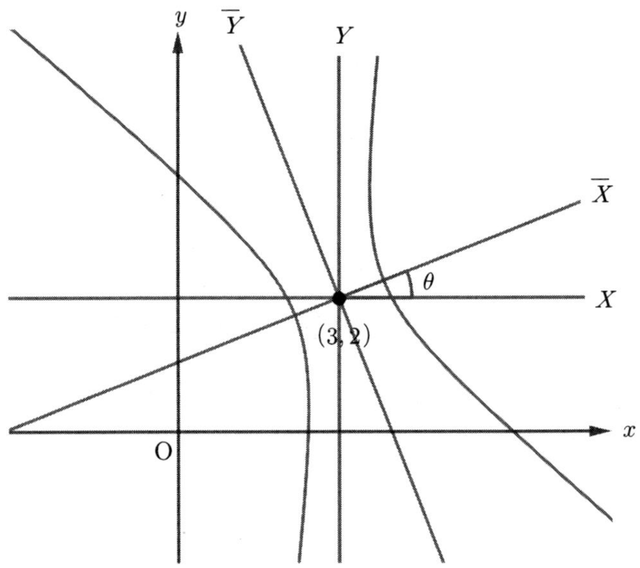

그림 5.25

■

5.4.2 무심 이차곡선

이차곡선

$$F(x,\ y)=ax^2+by^2+2hxy+2gx+2fy+c=0$$

에서 만일 $ab-h^2=0$이면 중심이 존재하지 않거나 무수히 많이 존재한다. 이런 이차곡선은 무심 이차곡선이다. 이제 무심 이차곡선을 분류하는 방법에 대하여 알아본다.

먼저

$$\tan 2\theta = \frac{2h}{a-b}$$

을 만족하는 θ로부터 좌표축 회전이동 변환식

$$x = X\cos\theta - Y\sin\theta,\ y = X\sin\theta + Y\cos\theta$$

을 이차곡선 $F(x, y)=0$에 대입하여 정리하면 혼합항 XY가 없는

$$a'X^2 + b'Y^2 + 2g'X + 2f'Y + c = 0$$

인 꼴로 표현된다. 그런데 $h'=0$이므로

$$a'b' = ab - h^2 = 0$$

이고, 이로부터

$$a' = 0 \text{ 또는 } b' = 0$$

이다. 만일 $a'=b'=0$이면 이차방정식이 아니므로 a'과 b'은 동시에 0은 아니다. 그러므로 일반성을 잃지 않고 $a'=0$이고 $b' \neq 0$라 하자. 이 경우 이차곡선은

$$b'Y^2 + 2g'X + 2f'Y + c = 0$$

이고, 이를 **무심 이차곡선의 표준형**이라 한다.

먼저 상수 D의 값을 알아보면 $a'=0,\ h'=0$으로부터

$$\begin{aligned} D &= a'b'c + 2h'f'g' - a'f'^2 - bg'^2 - ch'^2 \\ &= -b'g'^2 (b' \neq 0) \end{aligned}$$

이다. 따라서 다음이 성립한다.

- $g' \neq 0$ 이면 $D \neq 0$
- $g' = 0$ 이면 $D = 0$

이제 이를 바탕으로 무심 이차곡선을 분류하여 보자.

(1) $g' \neq 0$인 경우

이 경우 위의 방정식은

$$b'\left(Y+\frac{f'}{b'}\right)^2=-2g'\left(X-\frac{f'^2-b'c}{2b'g'}\right)$$

로 변형되고, 다시 좌표축 평행이동

$$X=\overline{X}+\frac{f'^2-b'c}{2b'g'},\ Y=\overline{Y}-\frac{f'}{b'}$$

을 하면 적당한 상수 p에 대하여

$$b'\overline{Y}^2=-2g'\overline{X},\ 즉\ \overline{Y}^2=4p\overline{X}$$

이다. 이것은 포물선을 나타낸다.

(2) $g'=0$인 경우

이 경우 무심 이차곡선의 표준형은

$$b'Y^2+2f'Y+c=0$$

이고, 이것은 적당한 실수 m, n에 대하여

$$b'(Y-m)(Y-n)=0$$

으로 인수분해 가능하다. 따라서

$$Y=m,\ Y=n$$

인 평행한(또는 일치한) 두 직선을 나타낸다.

따라서 다음과 같이 무심 이차곡선을 분류할 수 있다.

• $ab-h^2=0$이고
  (1) $D\neq 0$이면 포물선
  (2) $D=0$이면 평행한 두 직선

예제 5.4.3 $x^2 - 2xy + y^2 - \sqrt{2}\,x - \frac{7}{8} = 0$의 표준형을 구하여라.

풀이 $ab - h^2 = 1 - 1 = 0$이므로 무심 이차곡선이다. 이제 혼합항 xy를 제거하기 위해

$$\tan 2\theta = \frac{2h}{a-b} = \infty, \text{ 즉 } \quad \theta = \frac{\pi}{4}$$

을 결정하고, 좌표축의 회전이동

$$x = \frac{1}{\sqrt{2}}(X - Y),\ y = \frac{1}{\sqrt{2}}(X + Y)$$

을 적용하면 주어진 이차곡선의 방정식은

$$Y^2 - \frac{1}{2}X + \frac{1}{2}Y - \frac{7}{16} = 0$$

$$\left(Y + \frac{1}{4}\right)^2 = \frac{1}{2}(X + 1)$$

이다. 여기서 좌표축 평행이동

$$X + 1 = \overline{X},\ Y + \frac{1}{4} = \overline{Y}, \quad \text{즉} \quad X = \overline{X} - 1,\ Y = \overline{Y} - \frac{1}{4}$$

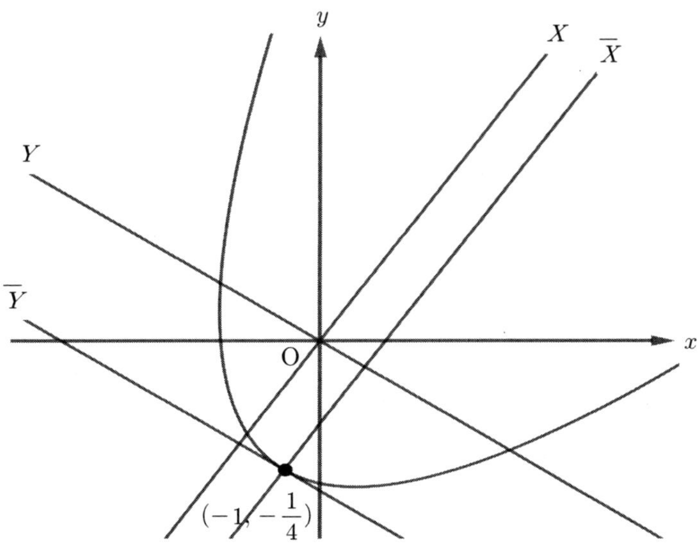

그림 5.26

으로부터 표준형은

$$\overline{Y}^2 = \frac{1}{2}\overline{X}$$

인 포물선이다. ■

예제 5.4.4 $4x^2-4xy+y^2-10x-20y=0$의 표준형을 구하여라.

풀이 $ab-h^2=4-4=0$이므로 무심 이차곡선이다. 이제 혼합항 xy을 제거하기 위해

$$\tan 2\theta = \frac{2h}{a-b} = -\frac{4}{3}$$

이다. 한편

$$\tan 2\theta = \frac{2\tan\theta}{1-\tan^2\theta}$$

이므로 $0<\theta<\frac{\pi}{2}$인 범위 내에서

$$\tan\theta = 2$$

이다. 이것으로부터

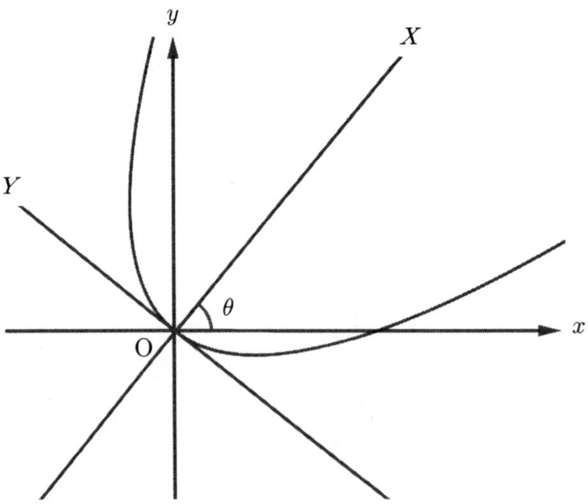

그림 5.27

$$\cos\theta = \frac{1}{\sqrt{5}},\ \sin\theta = \frac{2}{\sqrt{5}}$$

을 얻는다. 따라서 좌표축 회전이동

$$x = \frac{1}{\sqrt{5}}(X - 2Y),\ y = \frac{1}{\sqrt{5}}(2X + Y)$$

을 이차곡선에 대입하여 정리하면

$$Y^2 = \frac{10}{\sqrt{5}}X$$

이다. 이것은 포물선이다. ■

5.4 연습문제

1. 다음 이차곡선의 표준형을 구하여라.

(1) $8x^2 + 4xy + 5y^2 + 8x - 16y - 16 = 0$

(2) $x^2 - 4xy - 2y^2 + 10x + 4y = 0$

(3) $5x^2 - 4xy + y^2 - 4x + 2y + 2 = 0$

2. 다음 이차곡선의 표준형을 구하여라.

(1) $4x^2 + 4xy + y^2 - 5x - 2y - 10 = 0$

(2) $x^2 - 2xy + y^2 - 8x + 16 = 0$

(3) $x^2 - 2xy + y^2 - 6x - 2y + 5 = 0$

제 2 부

공간기하

제 6 장

공간좌표계

이 장에서는 평면좌표계를 확장하는 개념으로 공간에서 좌표계를 어떻게 도입하는지에 대하여 알아본다. 특히 직교좌표계, 원주좌표계, 구면좌표를 도입하고 이들 사이의 관계에 대하여 알아본다.

6.1 좌표계

6.1.1 직교좌표계

공간상의 한 점 P의 위치를 정하기 위하여 먼저 원점이라고 하는 점 O를 잡고, 이 원점을 통과하는 서로 수직인 3개의 수직선을 긋는다. 이 세 직선을 각각 x, y, z축이라 하고, 이들을 **좌표축**이라 한다. 또한 이 좌표축으로 만들어진 평면을 각각 xy 평면, yz 평면, zx 평면이라 하고, 이를 **좌표평면**이라 한다. 만일 점 P가 그림 6.1과 같이 주어져 있을 때 점 P에서 xy 평면으로 수선을 내리고 그 수선의 발을 점 Q라 하자. 점 Q는 xy 평면 위의 점이므로 점 Q에서 x, y축으로 수선을 내리고 그 수선의 발을 각각 Q_1, Q_2라 하자. 이때 점 Q_1, Q_2의 좌표를 a, b라 하자. 다시 점 P에서 yz 평면으로 수선을 내리고 그 수선의 발을 점 R라 하자. 점 R는 yz 평면 위의 점이므로 점 R에서 y, z축으로 수선을 내리고 그 수선의 발을 각각 R_1, R_2라 하자. 이때 R_1의 좌표는 b이고, 점 R_2의 좌표를 c라 하자. 마지막으로 점 P를 zx평면으로 수선을 내리고 그 수선의 발 S의 z축 위의 좌표는 c이고, x축 위의 좌표는 a이다. 이때 점 P의 위치를 (a, b, c)라 하고, 이를 점 P의 **직교좌표** 또는 **좌표**라 한다. 이와 같은 삼중 순서쌍을 가지고 있는 집합을 삼차원 공간이라 하고 R^3로 나타낸다.

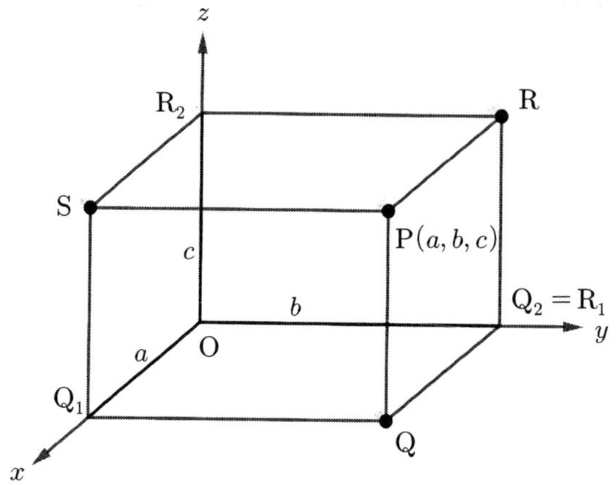

그림 6.1

이제 공간 R^3에 서로 다른 두 점 사이의 거리를 구하여 보자. 두 점 $P(x_1, y_1, z_1)$, $Q(x_2, y_1, z_1)$을 연결하는 선분은 x축과 평행하므로 두 점 사이의 거리는 $|PQ| = |x_2 - x_1|$이다. 이와 같은 것을 y축, z축에 평행한 선분에 적용할 수 있고, 이를 이용하여 공간에 서로 다른 두 점 사이의 거리를 다음과 같이 유도한다.

$P_1(x_1, y_1, z_1)$와 $P_2(x_2, y_2, z_2)$을 R^3에 서로 다른 두 점이라 하자. 이때 점 Q, R의 좌표는 $Q(x_2, y_1, z_1)$, $R(x_2, y_2, z_1)$이므로

$$|P_1Q| = |x_2 - x_1|, \quad |QR| = |y_2 - y_1|, \quad |RP_2| = |z_2 - z_1|$$

이다. 한편 직각삼각형 P_1RP_2에 대한 피타고라스정리로부터

$$\begin{aligned}|P_1P_2|^2 &= |P_1R|^2 + |RP_2|^2 \\ &= |P_1Q|^2 + |QR|^2 + |RP_2|^2\end{aligned}$$

이다. 결국 두 점 P_1, P_2 사이의 거리는

$$|P_1P_2| = \sqrt{(x_2 - x_1)^2 + (y_2 - y_1)^2 + (z_2 - z_1)^2}$$

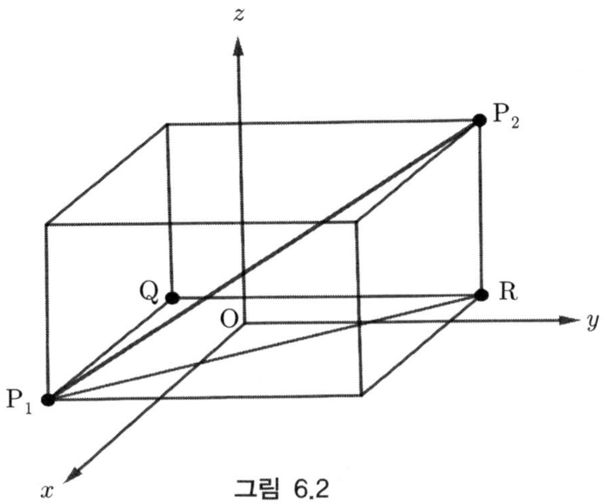

그림 6.2

이다.

이제 서로 다른 두 점을 잇는 선분을 나누는 방법에 대하여 알아보자. 서로 다른 두 점 $P_1(x_1, y_1, z_1)$과 $P_2(x_2, y_2, z_2)$을 잇는 선분을 $m:n$으로 나눈 점을 $P(x, y, z)$라 하자. 그림 6.3에서와 같이 xy 평면 위의 점들의 좌표는

$$Q_1(x_1, y_1, 0),\ Q(x, y, 0),\ Q_2(x_2, y_2, 0)$$

이고, 이때 점 Q는 점 Q_1과 Q_2를 잇는 선분을 $m:n$으로 나눈 점으로 그 좌표는

$$x = \frac{mx_2 + nx_1}{m+n},\ y = \frac{my_2 + ny_1}{m+n}$$

이다. 이와 같은 방법을 yz 평면에서 계산하면

$$y = \frac{my_2 + ny_1}{m+n},\ z = \frac{mz_2 + nz_1}{m+n}$$

이므로 결국 두 점 $P_1(x_1, y_1, z_1)$과 $P_2(x_2, y_2, z_2)$을 잇는 선분을 $m:n$으로 나눈 점 P의 좌표는 다음과 같다.

$$x = \frac{mx_2 + nx_1}{m+n},\ y = \frac{my_2 + ny_1}{m+n},\ z = \frac{mz_2 + nz_1}{m+n}$$

만일 $m = n$이면 두 점 $P_1(x_1, y_1, z_1)$과 $P_2(x_2, y_2, z_2)$을 잇는 선분의 중점 P의 좌표는

$$x=\frac{x_1+x_2}{2},\ y=\frac{y_1+y_2}{2},\ z=\frac{z_1+z_2}{2}$$

이다.

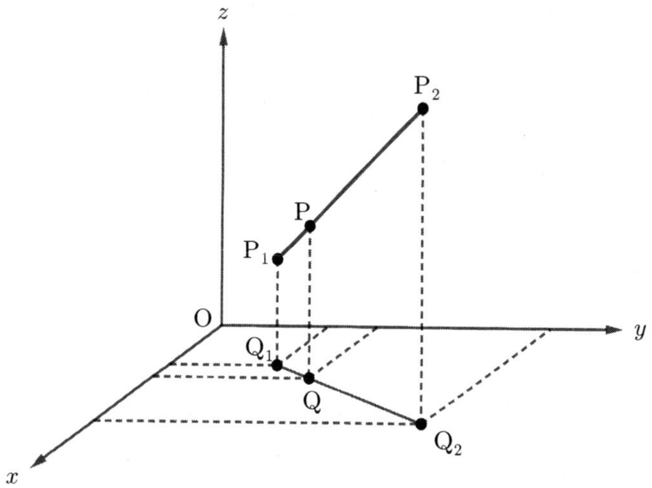

그림 6.3

예제 6.1.1 다음 두 점 $P_1(1,\ 2,\ -3)$과 $P_2(-2,\ 1,\ 4)$에 대하여 다음에 답하여라.

(1) 두 점 사이의 거리 $|P_1P_2|$를 구하여라.

(2) 선분 P_1P_2를 $2:3$으로 내분하는 점 Q와 외분하는 점 R을 구하여라.

풀이 (1) $|P_1P_2|=\sqrt{(-2-1)^2+(1-2)^2+(4-(-3))^2}=\sqrt{59}$

(2) $Q=(\frac{-4+3}{2+3},\ \frac{2+6}{2+3},\ \frac{8-9}{2+3})=(-\frac{1}{5},\ \frac{8}{5},\ -\frac{1}{5})$이고

$R=(\frac{-4-3}{2-3},\ \frac{2-6}{2-3},\ \frac{8+9}{2-3})=(7,\ 4,\ -17)$ ■

6.1.2 원주좌표와 구면좌표

공간 R^3에서 사용되는 직교좌표 이외에 원주좌표와 구면좌표의 도입에 대하여 알아본다. 세 좌표는 상호관련성이 있으며, 공간에서 주어진 문제를 해결하는 과정에서 세 좌표 중 하나를 적절히 사용할 수 있다.

먼저 원주좌표에 대하여 알아보자. 공간 R^3에 직교좌표로 점 $P(x, y, z)$가 주어져 있다고 하자. 그림 6.4와 같이 점 P로부터 xy 평면에 내린 수선의 발을 Q라 하면 점 Q의 좌표는 (x, y)이다. xy 평면에서 점 Q의 극좌표를 (r, θ)라 할 때 (r, θ, z)을 점 P의 **원주좌표**라 한다.

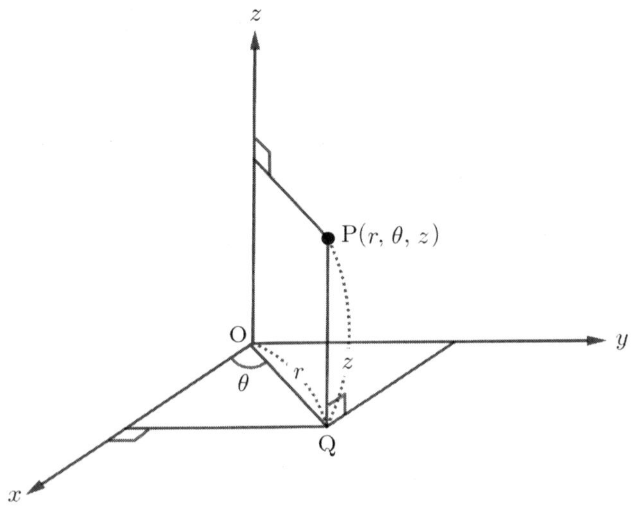

그림 6.4

이제 원주좌표와 직교좌표 사이의 관계에 대하여 알아보자. xy 평면 위에서 점 Q의 직교좌표 (x, y)와 극좌표 (r, θ) 사이의 관계식으로부터

$$x = r\cos\theta,\ y = r\sin\theta,\ z = z$$

$$r = \sqrt{x^2 + y^2},\ \tan\theta = \frac{y}{x},\ z = z$$

가 성립한다.

다음은 구면좌표에 대하여 알아보자. 공간에서 점 P의 좌표를 (x, y, z)라 하자. 점 P로부터 xy 평면에 내린 수선의 발 Q는 OP와 z축으로 이루어진 평면이 xy 평면과 만나는 직선 위에 있다. 이때

$$|\mathrm{OP}| = \rho,\ \angle \mathrm{AOQ} = \theta,\ \angle \mathrm{BOP} = \phi,$$
$$(\rho \ge 0,\ -\pi \le \theta \le \pi,\ 0 \le \phi \le \pi)$$

라 두면 (ρ, θ, ϕ)를 점 P의 **구면좌표**라 한다.

이제 구면좌표와 직교좌표 사이의 관계에 대하여 알아보자. 그림 6.5에서 살펴보면

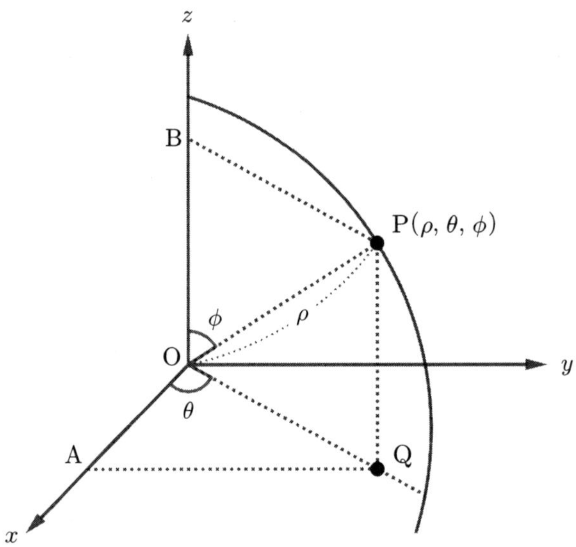

그림 6.5

$$x = |\mathrm{OA}| = |\mathrm{OQ}|\cos\theta = |\mathrm{BP}|\cos\theta = \rho\sin\phi\cos\theta$$
$$y = |\mathrm{AQ}| = |\mathrm{OQ}|\sin\theta = |\mathrm{BP}|\sin\theta = \rho\sin\phi\sin\theta$$
$$z = |\mathrm{QP}| = |\mathrm{OB}| = \rho\cos\phi$$

이 성립하고, 이로부터 다음이 성립한다.

$$\rho = \sqrt{x^2+y^2+z^2},\ \tan\theta = \frac{y}{x},\ \tan\phi = \frac{\sqrt{x^2+y^2}}{z}$$

예제 6.1.2 다음의 직교좌표를 원주좌표로 변환하라.

(1) A(1, 1, 1)　　　　(2) B(1, $\sqrt{3}$, 3)

풀이 (1) $r = \sqrt{1^2+1^2} = \sqrt{2}$, $\tan\theta = \frac{1}{1} = 1$이므로 $\theta = \frac{\pi}{4}$이다. 그러므로 점 A의 원주좌표는 A$\left(\sqrt{2}, \frac{\pi}{4}, 1\right)$이다.

(2) $r = \sqrt{1^2+(\sqrt{3})^2} = 2$, $\tan\theta = \frac{1}{\sqrt{3}}$이므로 $\theta = \frac{\pi}{6}$이다. 그러므로 점 B의 원주좌표는 B$\left(2, \frac{\pi}{6}, 3\right)$이다. ■

예제 6.1.3 다음의 직교좌표를 구면좌표로 변환하라.

(1) $A(1,\ \sqrt{3},\ 2)$ (2) $B(\sqrt{3},\ 1,\ 2\sqrt{3})$

풀이 (1) $\rho = \sqrt{1+3+4} = 2\sqrt{2}$, $\tan\theta = \sqrt{3}$이므로 $\theta = \frac{\pi}{3}$이고 $\tan\phi = 1$이므로 $\phi = \frac{\pi}{4}$이다. 그러므로 점 A의 구면좌표는 $A(2\sqrt{2},\ \frac{\pi}{3},\ \frac{\pi}{4})$이다.

(2) $\rho = \sqrt{3+1+12} = 4$, $\tan\theta = \frac{1}{\sqrt{3}}$이므로 $\theta = \frac{\pi}{6}$이고 $\tan\phi = \frac{1}{\sqrt{3}}$이므로 $\phi = \frac{\pi}{6}$이다. 그러므로 점 B의 구면좌표는 $B(4,\ \frac{\pi}{6},\ \frac{\pi}{6})$이다. ■

예제 6.1.4 원주좌표 $A(2,\ \frac{\pi}{6},\ 1)$을 직교좌표로 변환하라.

풀이 $x = r\cos\theta = 2\cos\frac{\pi}{6} = 2\frac{\sqrt{3}}{2} = \sqrt{3}$, $y = r\sin\theta = 2\sin\frac{\pi}{6} = 2\frac{1}{2} = 1$, $z = 1$이다. 그러므로 점 A의 직교좌표는 $A(\sqrt{3},\ 1,\ 1)$이다. ■

예제 6.1.5 구면좌표 $B(2,\ \frac{\pi}{4},\ \frac{\pi}{3})$를 직교좌표로 변환하라.

풀이
$$x = \rho\sin\phi\cos\theta = 2\sin\frac{\pi}{3}\cos\frac{\pi}{4} = 2\frac{\sqrt{3}}{2}\frac{\sqrt{2}}{2} = \frac{\sqrt{6}}{2},$$

$$y = \rho\sin\phi\sin\theta = 2\sin\frac{\pi}{3}\sin\frac{\pi}{4} = 2\frac{\sqrt{3}}{2}\frac{\sqrt{2}}{2} = \frac{\sqrt{6}}{2},$$

$$z = \rho\cos\phi = 2\cos\frac{\pi}{3} = 2\frac{1}{2} = 1$$

이다. 그러므로 점 A의 직교좌표는 $A(\frac{\sqrt{6}}{2},\ \frac{\sqrt{6}}{2},\ 1)$이다. ■

예제 6.1.6 공간에서 $x^2+y^2=1$을 만족하는 그래프는 무엇인가?

풀이 z축을 따라서 반경이 1인 실린더이다. ■

➤ **[주의]** 평면에서 $x^2+y^2=1$을 만족하는 그래프는 반경이 1인 원이다.

• 6.1 연습문제

1. 다음 두 점 사이의 거리를 구하여라.

(1) $P_1(2,\ -3,\ 5)$, $P_2(3,\ -1,\ 4)$ (2) $P_1(4,\ 4,\ 2)$, $P_2(1,\ 4,\ -5)$

(3) $Q_1(5,\ 3,\ -2)$, $Q_2(3,\ -4,\ 2)$ (4) $Q_1(6,\ -3,\ 1)$, $Q_2(-2,\ 1,\ 5)$

2. 다음 두 점을 $m:n$으로 나눈 점을 구하여라.

(1) $P_1(3,\ 2,\ 4)$, $P_2(2,\ 1,\ 5)$ $m:n=2:3$

(2) $P_1(4,\ 3,\ 1)$, $P_2(1,\ -3,\ 4)$ $m:n=-2:4$

(3) $Q_1(4,\ -2,\ 4)$, $Q_2(5,\ 7,\ 2)$ $m:n=4:2$

(4) $Q_1(1,\ 3,\ -2)$, $Q_2(6,\ 2,\ -2)$ $m:n=-2:3$

3. 다음의 직교좌표를 원주좌표로 변환하라.

(1) $A(0,\ 1,\ 0)$ (2) $B(2,\ 2,\ -4)$

(3) $C(-2,\ 2,\ 4)$ (4) $D(1,\ 2,\ 3)$

4. 다음의 직교좌표를 구면좌표로 변환하라.

(1) $A(0,\ 1,\ 0)$ (2) $B(2,\ 2,\ -4)$

(3) $C(-2,\ 2,\ 4)$ (4) $D(0,\ 0,\ 1)$

5. 원주좌표 $(4,\ \frac{\pi}{6},\ 3)$을 직교좌표로 변환하라.

6. 구면좌표 $(4,\ \frac{\pi}{3},\ \frac{\pi}{6})$를 직교좌표로 변환하라.

7. 세 점 $A(a,\ b,\ c)$, $B(b,\ c,\ a)$, $C(c,\ a,\ b)$로 만들어진 삼각형은 정삼각형임을 보여라.

6.2 행렬과 벡터

이 절에서는 공간에서 직선과 평면에 대한 성질을 연구하기 위한 수단으로 사용되고 있는 행렬과 벡터에 대해 간단히 소개하고, 자세한 내용은 선형대수학에서 다루기로 한다.

6.2.1 행렬

실수를 직사각형으로 다음과 같이 배열한 것을 **행렬**(matrix)라 하고, 각각의 수를 행렬의 **성분**(entry)이라 한다.

$$A = \begin{pmatrix} a_{11} & a_{12} & \cdots & a_{1n} \\ a_{21} & a_{22} & \cdots & a_{2n} \\ \vdots & \vdots & \vdots & \vdots \\ a_{m1} & a_{m2} & \cdots & a_{mn} \end{pmatrix}$$

이때 행렬 A에서

$$\begin{bmatrix} a_{i1} & a_{i2} & \cdots & a_{in} \end{bmatrix} \quad (i \le i \le m)$$

을 행렬 A의 i행(ith row)이라 하고,

$$\begin{bmatrix} a_{1j} \\ a_{2j} \\ \vdots \\ a_{mj} \end{bmatrix} \quad (1 \le j \le n)$$

을 행렬 A의 j열(jth column)이라 한다. 행렬의 행의 개수 m와 열의 개수 n을 행렬의 **크기**(size)라 하고, 이때 주어진 행렬의 크기를 $m \times n$라 한다. 행렬 i행과 j열의 성분 a_{ij}를 행렬 A의 $(i,\ j)$ 성분이라 하며, $(i,\ j)$ 성분을 써서 행렬 A를

$$A = (a_{ij})_{m \times n} \quad \text{또는} \quad A = (a_{ij})$$

와 같이 나타내기도 한다.

[참고] $[A]_{ij} = a_{ij}$로 표기한다.

만일 $m=n$이면 행렬 A를 **정방행렬**(square matrix)이라 한다. 정방행렬에서 성분 a_{11}, a_{22}, $\cdots$, a_{nn}을 **주대각선 성분**(main diagonal entry)이라 부른다. 행렬의 모든 성분이 0인 행렬을 **영행렬**(zero matrix)이라 하고 O으로 나타낸다. 정방행렬 중 주대각선 성분이 1이고 나머지 성분이 모두 0인 행렬을 **단위행렬**(identity matrix)이라 하고, I로 나타낸다. 예를 들면 다음과 같다.

$$O = \begin{bmatrix} 0 & 0 \\ 0 & 0 \end{bmatrix},\ I = \begin{bmatrix} 1 & 0 & 0 \\ 0 & 1 & 0 \\ 0 & 0 & 1 \end{bmatrix}$$

만일 두 행렬 $A=(a_{ij})_{m \times n}$, $B=(b_{ij})_{m \times n}$에 대해 서로 대응하는 두 성분이 같으면 두 행렬은 **같다**고 하고, $A=B$라 한다.

이제 행렬의 연산에 대하여 알아보자.

(1) **행렬의 덧셈과 스칼라배**

두 행렬 $A=(a_{ij})_{m \times n}$, $B=(b_{ij})_{m \times n}$, 스칼라 k에 대하여 A와 B의 합 $A+B$와 A의 스칼라배 kA는 각각 다음과 같이 정의한다.

$$A+B=(a_{ij}+b_{ij})_{m \times n},\quad kA=(ka_{ij})_{m \times n}$$

예제 6.2.1 $A=\begin{bmatrix} 1 & 2 \\ 3 & 4 \end{bmatrix}$, $B=\begin{bmatrix} -1 & 3 \\ 2 & 4 \end{bmatrix}$일 때 다음을 구하여라.

(1) $A+B$ (2) $2A$ (3) $A+(-1B)$

풀이 (1) $A+B=\begin{bmatrix} 1+(-1) & 2+3 \\ 3+2 & 4+4 \end{bmatrix} = \begin{bmatrix} 0 & 5 \\ 5 & 8 \end{bmatrix}$

(2) $2A=\begin{bmatrix} 2 & 4 \\ 6 & 8 \end{bmatrix}$

(3) $A+(-1B)=\begin{bmatrix} 2 & -1 \\ 1 & 0 \end{bmatrix}$ ■

[참고] 행렬의 뺄셈은 $A-B=A+(-B)$로 정의한다.

이제 행렬의 연산에 대한 대수적 성질에 대하여 알아보자. 대부분 실수의 연산의 대수적 성질과 유사하나 그렇지 않은 경우도 있다.

정리 6.1 A, B, C를 $m \times n$인 행렬이라 하고, k, l이 스칼라일 때 다음이 성립한다.

(1) $A+B=B+A$

(2) $(A+B)+C=A+(B+C)$

(3) $A+O=O+A=A$

(4) $A+(-A)=O$

(5) $k(A+B)=kA+kB$

(6) $(k+l)A=kA+lA$

(7) $(kl)A=k(lA)=l(kA)$

(8) $1 \cdot A=A$

증명 (2) 임의의 i, j에 대하여 $(1 \le i \le m,\ 1 \le j \le n)$

$$\begin{aligned}[(A+B)+C]_{ij} &= (a_{ij}+b_{ij})+c_{ij} \\ &= a_{ij}+(b_{ij}+c_{ij}) \\ &= [A+(B+C)]_{ij}\end{aligned}$$

그러므로 $(A+B)+C=A+(B+C)$이 성립한다. 나머지도 동일하게 증명할 수 있다. ■

(2) 행렬의 곱셈

두 행렬 $A=(a_{ij})_{m \times l}$, $B=(b_{ij})_{l \times n}$에 대하여 A와 B의 곱 AB을 다음과 같이 정의한다.

$$AB=(c_{ij})_{m \times n}$$

단 $c_{ij}=a_{i1}b_{1j}+a_{i2}b_{2j}+\cdots+a_{il}b_{lj} \quad (1 \le i \le m,\ 1 \le j \le n)$

예제 6.2.2 $A=\begin{bmatrix} 1 & 0 & 2 \\ 2 & 1 & -1 \\ -1 & 1 & 3 \end{bmatrix}$, $B=\begin{bmatrix} 2 & 1 & 1 \\ 0 & 1 & -1 \\ 3 & 2 & 1 \end{bmatrix}$에 대하여 AB을 구하여라.

풀이 $AB=\begin{bmatrix} 1 & 0 & 2 \\ 2 & 1 & -1 \\ -1 & 1 & 3 \end{bmatrix}\begin{bmatrix} 2 & 1 & 1 \\ 0 & 1 & -1 \\ 3 & 2 & 1 \end{bmatrix}=\begin{bmatrix} 8 & 5 & 3 \\ 1 & 1 & 0 \\ 7 & 6 & 1 \end{bmatrix}$ ■

정리 6.2 A, B, C는 각 연산이 정의될 수 있는 크기를 가지는 행렬이라 하고 k, l이 스칼라일 때 다음이 성립한다.

(1) $A(BC)=(AB)C$

(2) $A(B+C)=AB+AC$

(3) $(B+C)A=BA+CA$

(4) $k(AB)=(kA)B=A(kB)$

(5) $k(lA)=(kl)A$

증명 위 등식을 증명하려면 좌변과 우변이 같음을 증명하면 된다.

(2) $$\begin{aligned}[A(B+C)]_{ij} &= a_{i1}(b_{1j}+c_{1j})+a_{i2}(b_{2j}+c_{2j})+\cdots+a_{im}(b_{mj}+c_{mj}) \\ &= (a_{i1}b_{1j}+a_{i2}b_{2j}+\cdots+a_{im}b_{mj})+(a_{i1}c_{1j}+a_{i2}c_{2j}+\cdots+a_{im}c_{mj}) \\ &= [AB]_{ij}+[AC]_{ij}=[AB+AC]_{ij}\end{aligned}$$

결국 $A(B+C)=AB+AC$가 성립한다. 나머지는 독자에게 맡긴다. ■

➤ **[주의]** 일반적으로 행렬 연산중 곱셈에 대한 교환법칙은 성립하지 않는다.

예를 들면 $A=\begin{bmatrix} -1 & 0 \\ 2 & 3 \end{bmatrix}$, $B=\begin{bmatrix} 1 & 2 \\ 3 & 0 \end{bmatrix}$일 때

$$AB=\begin{bmatrix} -1 & -2 \\ 11 & 4 \end{bmatrix},\ BA=\begin{bmatrix} 3 & 6 \\ -3 & 0 \end{bmatrix}$$

이다. 그러므로 $AB\neq BA$이다.

예제 6.2.3 다음 연립방정식을 행렬로 표현하여라.

(1) $\begin{cases} ax+by=k_1 \\ cx+dy=k_2 \end{cases}$ (2) $\begin{cases} a_{11}x+a_{12}y+a_{13}z=b_1 \\ a_{21}x+a_{22}y+a_{23}z=b_2 \\ a_{31}x+a_{32}y+a_{33}z=b_3 \end{cases}$

풀이 (1) $\begin{bmatrix} a & b \\ c & d \end{bmatrix}\begin{bmatrix} x \\ y \end{bmatrix}=\begin{bmatrix} k_1 \\ k_2 \end{bmatrix}$

(2) $\begin{bmatrix} a_{11} & a_{12} & a_{13} \\ a_{21} & a_{22} & a_{23} \\ a_{31} & a_{32} & a_{33} \end{bmatrix}\begin{bmatrix} x \\ y \\ z \end{bmatrix}=\begin{bmatrix} b_1 \\ b_2 \\ b_3 \end{bmatrix}$ ■

만일 A가 정방행렬이고 $AB=BA=I$를 만족하는 크기가 같은 행렬 B가 존재하면 A는 **가역행렬**(invertible matrix)이라 한다. 이때 B를 A의 **역행렬**(inverse matrix)이라 하고 $B=A^{-1}$로 나타낸다.

정리 6.3 행렬 $A=\begin{bmatrix} a & b \\ c & d \end{bmatrix}$가 가역행렬일 필요충분조건은 $ad-bc\neq 0$이다. 이때 역행렬은 다음과 같다.

$$A^{-1}=\frac{1}{ad-bc}\begin{bmatrix} d & -b \\ -c & a \end{bmatrix}$$

증명 $AX=I$로부터

$$\begin{bmatrix} a & b \\ c & d \end{bmatrix}\begin{bmatrix} x & y \\ u & v \end{bmatrix}=\begin{bmatrix} 1 & 0 \\ 0 & 1 \end{bmatrix}$$

이다. 이는 다음과 같은 연립방정식으로 표현된다.

$$\begin{cases} ax+bu=1 \\ cx+du=0 \end{cases} \quad \begin{cases} ay+bv=0 \\ cy+dv=1 \end{cases}$$

이 연립방정식의 해는

$$x=\frac{d}{ad-bc},\ y=-\frac{b}{ad-bc},\ u=-\frac{c}{ad-bc},\ v=\frac{a}{ad-bc}$$

이다. 따라서

$$X = \frac{1}{ad-bc}\begin{bmatrix} d & -b \\ -c & a \end{bmatrix}$$

이다. ■

[참고] $ad-bc$을 행렬 A의 **행렬식(determinant)**이라 하고

$$\det(A) = ad-bc \text{ 또는 } \begin{vmatrix} a & b \\ c & d \end{vmatrix} = ad-bc$$

로 나타낸다.
3×3행렬

$$A = \begin{bmatrix} a_{11} & a_{12} & a_{13} \\ a_{21} & a_{22} & a_{23} \\ a_{31} & a_{32} & a_{33} \end{bmatrix}$$

의 행렬식은 다음과 같이 정의한다.

$$\begin{aligned}\det(A) = & a_{11}a_{22}a_{33} + a_{12}a_{23}a_{31} + a_{13}a_{21}a_{32} \\ & - a_{13}a_{22}a_{31} - a_{12}a_{21}a_{33} - a_{11}a_{23}a_{32}\end{aligned}$$

[참고] 만일 3×3 행렬 A의 행렬식 $\det(A) \neq 0$이면 A는 가역행렬이다.

•예제 6.2.4 다음 행렬의 행렬식을 구하여라.

(1) $A = \begin{bmatrix} 1 & -2 \\ 3 & 2 \end{bmatrix}$ (2) $B = \begin{bmatrix} 1 & 0 & -1 \\ 1 & 1 & 2 \\ 2 & -1 & 1 \end{bmatrix}$

풀이 (1) $\det(A) = 8$
(2) $\det(B) = 6$ ■

6.2.2 벡터

우리의 일상생활에서 사용되고 있는 길이, 시간, 무게, 온도 등은 물리적인 양이며 이와 같이 그 양의 크기만 주어지는 것을 **스칼라**(scalar)라 한다. 그러나 힘, 속도 등과 같이 스칼라와 같은 크기뿐만 아니라 방향까지 가지고 있는 양이 있다. 이런 양을 **벡터**(vector)라 한다. 화살표 방향을 벡터의 방향으로, 화살표의 길이를 벡터의 크기로 나타낸다. 화살표의 시작점을 벡터의 **시점**, 그리고 끝부분을 벡터의 **종점**이라 부른다. 시점이 A이고 종점이 B인 벡터의 표기를 $\overrightarrow{AB}$로, 그 벡터의 크기를 $|AB|$로 표시한다.

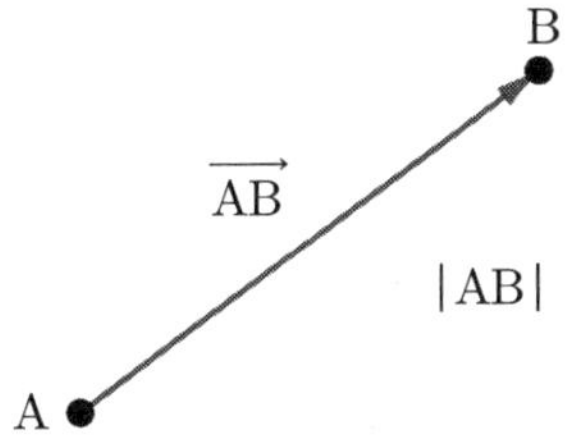

그림 6.6

특히 시점이 원점 O이고 종점이 A인 벡터 $\overrightarrow{OA}$를 **위치벡터**(position vector)라 한다. 시점과 종점이 같은 벡터를 **영벡터**(zero vector)라 하며, 영벡터의 크기는 0이며, 방향은 임의로 한다. 크기가 1인 벡터를 **단위벡터**(unit vector)라 한다. 벡터 $\overrightarrow{AB}$와 크기는 같고 방향이 반대인 벡터를 $-\overrightarrow{AB}$라 표기하고 이를 벡터 $\overrightarrow{AB}$의 **음벡터**(negative vector)라 하며, $-\overrightarrow{AB}=\overrightarrow{BA}$이 성립한다. 만일 두 벡터가 크기와 방향이 같으면 두 벡터는 **동등**(equivalent)이라고 한다.

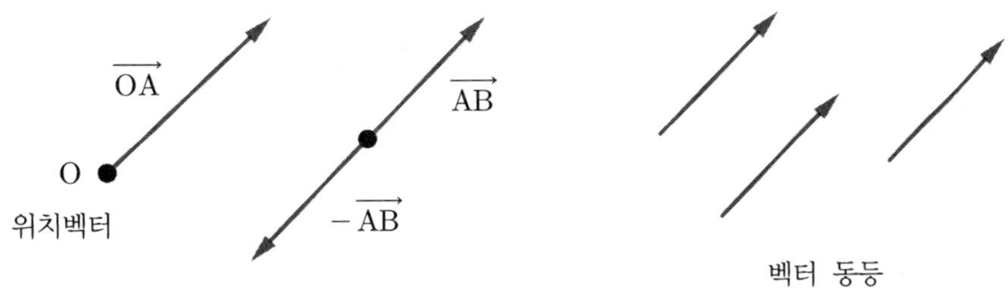

그림 6.7

[참고] 이 교재에서는 $\boldsymbol{u}, \boldsymbol{v}, \boldsymbol{w}, \cdots$와 같이 굵은 글씨로 벡터를 나타내고, $k, l, m, \cdots$와 같이 소문자 이탤릭체로 스칼라를 나타낸다. 즉 $\overrightarrow{\mathrm{AB}}=\boldsymbol{v}$와 같이 표시하기로 한다.

두 벡터 $\boldsymbol{u}, \boldsymbol{v}$와 스칼라 k에 대하여 두 벡터의 합 $\boldsymbol{u}+\boldsymbol{v}$와 k에 의한 $\boldsymbol{u}$의 스칼라배 $k\boldsymbol{u}$를 다음과 같이 정의한다.

(i) $\boldsymbol{u}+\boldsymbol{v}$는 $\boldsymbol{u}, \boldsymbol{v}$에 의해 결정되는 평행사변형의 대각선으로 표시되는 벡터이다.

(ii) $k\boldsymbol{u}$는 k가 영이 아닌 스칼라인 경우 크기가 $\boldsymbol{u}$의 $|k|$이다. k가 양수이면 $\boldsymbol{u}$와 같은 방향이고, k가 음수이면 $\boldsymbol{u}$와 반대 방향인 벡터이다. $k=0$이면 $k\boldsymbol{u}$는 영벡터 $\mathbf{0}$이다.

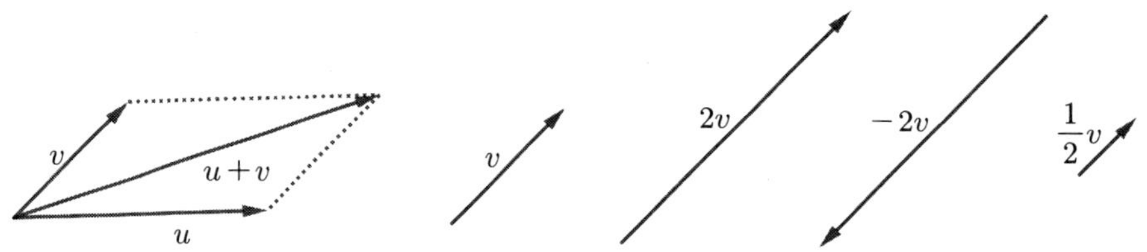

그림 6.8

[참고]

(1) $(-1)\boldsymbol{v}=-\boldsymbol{v}$

(2) $\boldsymbol{u}-\boldsymbol{v}=\boldsymbol{u}+(-\boldsymbol{v})$

지금까지는 좌표계와 무관하게 벡터를 이야기하였다. 그러나 좌표계를 사용하면 벡터의 개념과 연산을 쉽게 알 수 있다.

벡터 $\boldsymbol{u}$가 직교좌표계에서 원점을 시점으로 하는 벡터라 하면 그 벡터는 자신의 종점에 의해 결정되므로 그 벡터는 직교좌표계에서 종점에 대응한 좌표로 표현할 수 있다.

평면에 주어진 두 벡터 $\boldsymbol{u}=\overrightarrow{\mathrm{OP}}=(x_1, y_1)$, $\boldsymbol{v}=\overrightarrow{\mathrm{OQ}}=(x_2, y_2)$와 스칼라 k에 대하여

(i) $\boldsymbol{u}+\boldsymbol{v}=(x_1+x_2, y_1+y_2)$

(ii) $k\boldsymbol{u}=(kx_1, ky_1)$

으로 정의하고, 이로부터

(iii) $-\boldsymbol{u}=(-x_1, -y_1)$

(iv) $\boldsymbol{u}-\boldsymbol{v}=(x_1-x_2, y_1-y_2)$

이 성립한다.

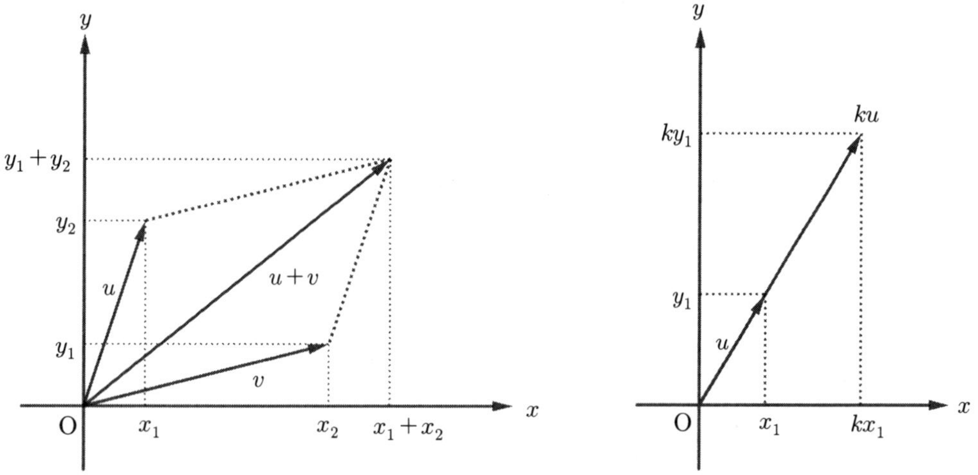

그림 6.9

평면에서와 마찬가지로 공간에 주어진 두 벡터 $\boldsymbol{u}=(x_1, y_1, z_1)$, $\boldsymbol{v}=(x_2, y_2, z_2)$와 스칼라 k에 대하여

(i) $\boldsymbol{u}+\boldsymbol{v}=(x_1+x_2, y_1+y_2, z_1+z_2)$

(ii) $k\boldsymbol{u}=(kx_1, ky_1, kz_1)$

으로 정의하고, 이로부터

(iii) $-\boldsymbol{u}=(-x_1, -y_1, -z_1)$

(iv) $\boldsymbol{u}-\boldsymbol{v}=(x_1-x_2, y_1-y_2, z_1-z_2)$

이 성립한다.

[참고] 시점이 원점이 아닌 벡터, 즉 시점을 P_1으로 하고 종점을 P_2으로 하는 벡터 $\overrightarrow{P_1P_2}$의 위치벡터의 표현법은 다음과 같다.

$$\overrightarrow{P_1P_2}=\overrightarrow{OP_2}-\overrightarrow{OP_1}$$

이제 벡터가 가지고 있는 양인 크기 또는 길이 및 벡터의 또 다른 연산 내적에 대하여 알아보자.

주어진 벡터 $\boldsymbol{u}$의 길이를 $\|\boldsymbol{u}\|$으로 나타내고 이를 $\boldsymbol{u}$의 **놈**(norm), **길이**(length) 또는 **크기**(magnitude)라 하고 다음과 같이 정의된다.

$$\text{만일 } \boldsymbol{u}=(x_1,\ y_1)\text{일 때 } \|\boldsymbol{u}\|=\sqrt{x_1^2+y_1^2},$$
$$\text{만일 } \boldsymbol{u}=(x_1,\ y_1,\ z_1)\text{ 일 때 } \|\boldsymbol{u}\|=\sqrt{x_1^2+y_1^2+z_1^2}$$

직교좌표계 R^2, R^3의 양의 좌표축상의 단위벡터를 **표준단위벡터**라 한다.
R^2의 표준단위벡터는

$$\boldsymbol{i}=(1,\ 0),\ \boldsymbol{j}=(0,\ 1),$$

R^3의 표준단위벡터는

$$\boldsymbol{i}=(1,\ 0,\ 0),\ \boldsymbol{j}=(0,\ 1,\ 0),\ \boldsymbol{k}=(0,\ 0,\ 1)$$

이다. 이로부터 R^2의 모든 벡터 $\boldsymbol{u}=(a,\ b)$은

$$\begin{aligned}\boldsymbol{u}&=(a,\ b)=(a,\ 0)+(0,\ b)=a(1,\ 0)+b(0,\ 1)\\&=a\boldsymbol{i}+b\boldsymbol{j}\end{aligned}$$

으로, R^3의 모든 벡터 $\boldsymbol{u}=(a,\ b,\ c)$은

$$\begin{aligned}\boldsymbol{u}&=(a,\ b,\ c)=(a,\ 0,\ 0)+(0,\ b,\ 0)+(0,\ 0,\ c)\\&=a(1,\ 0,\ 0)+b(0,\ 1,\ 0)+c(0,\ 0,\ 1)\\&=a\boldsymbol{i}+b\boldsymbol{j}+c\boldsymbol{k}\end{aligned}$$

으로 표현할 수 있다. 이를 표준단위벡터들의 **일차결합**(linear combination)이라 한다.

다음은 벡터의 연산 중 내적에 대하여 알아보자.

$\boldsymbol{u}$, $\boldsymbol{v}$가 R^2 또는 R^3에서 영이 아닌 벡터라 하고, 이 두 벡터가 이루는 각을 θ라 할 때 $\boldsymbol{u}$와 $\boldsymbol{v}$의 **내적**(dot product, inner product)은 $\boldsymbol{u}\cdot\boldsymbol{v}$로 나타내고

$$\boldsymbol{u}\cdot\boldsymbol{v}=\|\boldsymbol{u}\|\|\boldsymbol{v}\|\cos\theta$$

으로 정의한다. 만일 $\boldsymbol{u}=0$ 또는 $\boldsymbol{v}=0$이면 $\boldsymbol{u}\cdot\boldsymbol{v}=0$로 정의한다.

정리 6.4 두 벡터 $\boldsymbol{u}, \boldsymbol{v}$가 수직일 필요충분조건은 $\boldsymbol{u}\cdot\boldsymbol{v}=0$이다.

증명 내적의 정의로부터 알 수 있다. ■

[참고] 두 벡터 $\boldsymbol{u}, \boldsymbol{v}$가 수직이면 $\boldsymbol{u}\perp\boldsymbol{v}$로 나타낸다.

내적의 기하학적 의미에 대하여 알아보자. 그림 6.10에서와 같이 벡터 $\boldsymbol{v}=\overrightarrow{\mathrm{OP}}$을 벡터 $\boldsymbol{u}=\overrightarrow{\mathrm{OQ}}$ 위로 정사영하였을 때 수선의 발을 R이라 하자.

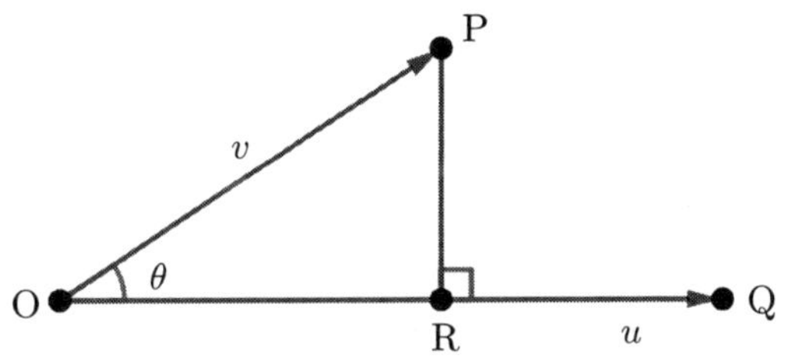

그림 6.10

그러면

$$\begin{aligned}\boldsymbol{u}\cdot\boldsymbol{v}&=\|\boldsymbol{u}\|\|\boldsymbol{v}\|\cos\theta\\&=(\boldsymbol{u}\text{의 길이})\times(\overrightarrow{\mathrm{OR}}\text{의 길이})\end{aligned}$$

이 성립한다.

예제 6.2.5 두 벡터 $\boldsymbol{u}=(3, 4, -8), \boldsymbol{v}=(4, -7, -2)$은 수직임을 보여라.

풀이 $\boldsymbol{u}\cdot\boldsymbol{v}=12+(-28)+16=0$이다. 그러므로 두 벡터는 서로 수직이다. ■

정리 6.5 벡터 u, v, w와 스칼라 m, n에 대하여 다음이 성립함을 보여라.

(1) $\mathbf{u}\cdot\mathbf{v}=\mathbf{v}\cdot\mathbf{u}$

(2) $\mathbf{u}\cdot(\mathbf{v}+\mathbf{w})=\mathbf{u}\cdot\mathbf{v}+\mathbf{u}\cdot\mathbf{w}$

(3) $(m\mathbf{u})\cdot(n\mathbf{v})=mn(\mathbf{u}\cdot\mathbf{v})$

증명 (1) 내적의 정의로부터 알 수 있다.

(2) 세 벡터 u, v, w가 그림 6.11에서와 같이 주어져 있다고 하면 다음의 대수적 연산

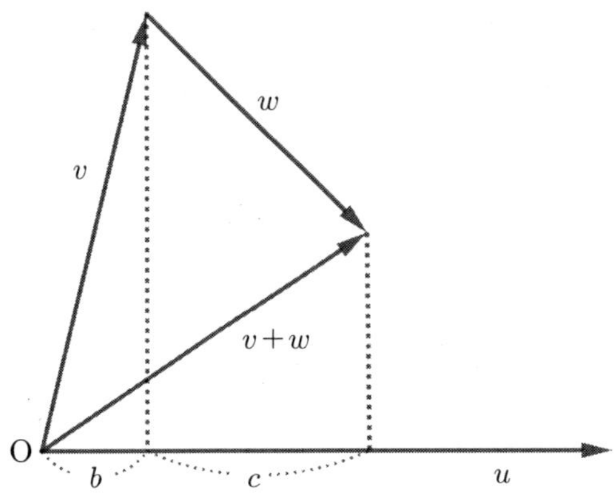

그림 6.11

$$\|\mathbf{u}\|(b+c)=\|\mathbf{u}\|b+\|\mathbf{u}\|c$$

이 성립하고, 이는 내적의 기하학적 성질에 의해

$$\mathbf{u}\cdot(\mathbf{v}+\mathbf{w})=\mathbf{u}\cdot\mathbf{v}+\mathbf{u}\cdot\mathbf{w}$$

이 성립하게 된다.

(3) m, n 둘 중 하나가 0이면 자명하게 성립한다. m, n이 모두 양수이거나 음수이면

$$(m\mathbf{u})\cdot(n\mathbf{v})=\|m\mathbf{u}\|\|n\mathbf{v}\|\cos\theta=mn(\mathbf{u}\cdot\mathbf{v})$$

이고, m, n이 부호가 다르면

$$(m\mathbf{u})\cdot(n\mathbf{v})=\|m\mathbf{u}\|\|n\mathbf{v}\|\cos(\pi-\theta)=-\|m\mathbf{u}\|\|n\mathbf{v}\|\cos\theta=mn(\mathbf{u}\cdot\mathbf{v})$$

이므로 (3)가 성립한다. ■

예제 6.2.6 다음이 성립함을 보여라.

(1) $\boldsymbol{i}\cdot\boldsymbol{i}=\boldsymbol{j}\cdot\boldsymbol{j}=\boldsymbol{k}\cdot\boldsymbol{k}=1$ (2) $\boldsymbol{i}\cdot\boldsymbol{j}=\boldsymbol{j}\cdot\boldsymbol{k}=\boldsymbol{k}\cdot\boldsymbol{i}=0$

풀이 (1) $\boldsymbol{i}$, $\boldsymbol{j}$, $\boldsymbol{k}$는 단위벡터이고, 같은 벡터가 이루는 각이 $\theta=0°$이므로 $\cos 0°=1$이다. 그러므로 내적의 정의로부터 성립한다.

(2) $\boldsymbol{i}$, $\boldsymbol{j}$, $\boldsymbol{k}$가 각각 이루는 각은 $\theta=90°$이므로 $\cos 90°=0$이다. 그러므로 내적의 정의로부터 성립한다. ■

공간 R^3에 주어진 서로 다른 두 벡터

$$\boldsymbol{u}=(x_1,\ y_1,\ z_1)=x_1\boldsymbol{i}+y_1\boldsymbol{j}+z_1\boldsymbol{k},\qquad \boldsymbol{v}=(x_2,\ y_2,\ z_2)=x_2\boldsymbol{i}+y_2\boldsymbol{j}+z_2\boldsymbol{k}$$

에 대하여 예제 6.2.6을 이용하면

$$\begin{aligned}\boldsymbol{u}\cdot\boldsymbol{v}&=(x_1\boldsymbol{i}+y_1\boldsymbol{j}+z_1\boldsymbol{k})\cdot(x_2\boldsymbol{i}+y_2\boldsymbol{j}+z_2\boldsymbol{k})\\&=x_1x_2+y_1y_2+z_1z_2\end{aligned}$$

이 성립한다. 그러므로 $\boldsymbol{u}$와 $\boldsymbol{v}$의 내적은 다음과 같이 표현할 수 있다.

$$\boldsymbol{u}\cdot\boldsymbol{v}=x_1x_2+y_1y_2+z_1z_2$$

이로부터

$$\|\boldsymbol{u}\|=\sqrt{\boldsymbol{u}\cdot\boldsymbol{u}}$$

이 성립한다.

[참고] 평면 R^2에 주어진 두 벡터

$$\boldsymbol{u}=(x_1,\ y_1)=x_1\boldsymbol{i}+y_1\boldsymbol{j},\qquad \boldsymbol{v}=(x_2,\ y_2)=x_2\boldsymbol{i}+y_2\boldsymbol{j}$$

에 대해서

$$\boldsymbol{u}\cdot\boldsymbol{v}=x_1x_2+y_1y_2$$

이다.

예제 6.2.7 벡터 $\boldsymbol{u}=(3,\ -2,\ 5)$, $\boldsymbol{v}=(1,\ 4,\ 5)$에 대하여 다음을 구하여라.

(1) $\|\boldsymbol{u}\|$ (2) $\boldsymbol{u}\cdot\boldsymbol{v}$

풀이 (1) $\|\boldsymbol{u}\|=\sqrt{3^2+(-2)^2+5^2}=\sqrt{38}$

(2) $\boldsymbol{u}\cdot\boldsymbol{v}=3\times1+(-2)\times4+5\times5=20$ ■

마지막으로 벡터의 외적 연산에 대하여 알아보자.

공간 R^3에 주어진 서로 다른 두 벡터 $\boldsymbol{u}=(x_1,\ y_1,\ z_1)$, $\boldsymbol{v}=(x_2,\ y_2,\ z_2)$에 대하여 $\boldsymbol{u}$와 $\boldsymbol{v}$의 외적(cross product) $\boldsymbol{u}\times\boldsymbol{v}$은

$$\begin{aligned}\boldsymbol{u}\times\boldsymbol{v}&=(y_1z_2-z_1y_2,\ z_1x_2-x_1z_2,\ x_1y_2-y_1x_2)\\&=\begin{vmatrix}\boldsymbol{i}&\boldsymbol{j}&\boldsymbol{k}\\x_1&y_1&z_1\\x_2&y_2&z_2\end{vmatrix}\end{aligned}$$

으로 정의한다. 표준단위벡터 $\boldsymbol{i}=(1,\ 0,\ 0)$, $\boldsymbol{j}=(0,\ 1,\ 0)$, $\boldsymbol{k}=(0,\ 0,\ 1)$에 대하여

$$\boldsymbol{i}\times\boldsymbol{j}=\begin{vmatrix}\boldsymbol{i}&\boldsymbol{j}&\boldsymbol{k}\\1&0&0\\0&1&0\end{vmatrix}=\boldsymbol{k}$$

이므로 다음의 결과를 쉽게 얻을 수 있다.

$$\boldsymbol{i}\times\boldsymbol{i}=\mathbf{0},\ \boldsymbol{j}\times\boldsymbol{j}=\mathbf{0},\ \boldsymbol{k}\times\boldsymbol{k}=\mathbf{0}$$
$$\boldsymbol{i}\times\boldsymbol{j}=\boldsymbol{k},\ \boldsymbol{j}\times\boldsymbol{k}=\boldsymbol{i},\ \boldsymbol{k}\times\boldsymbol{i}=\boldsymbol{j}$$
$$\boldsymbol{j}\times\boldsymbol{i}=-\boldsymbol{k},\ \boldsymbol{j}\times\boldsymbol{j}=-\boldsymbol{i},\ \boldsymbol{i}\times\boldsymbol{k}=-\boldsymbol{j}$$

정리 6.6 $\boldsymbol{u}, \boldsymbol{v}$을 R^3의 벡터라 할 때 다음이 성립한다.

(1) $\boldsymbol{u}\times\boldsymbol{v}=-\boldsymbol{v}\times\boldsymbol{u}$

(2) $\boldsymbol{u}\times\boldsymbol{u}=\mathbf{0}$

(3) $\boldsymbol{u}\cdot(\boldsymbol{u}\times\boldsymbol{v})=0,\ \boldsymbol{v}\cdot(\boldsymbol{u}\times\boldsymbol{v})=0$

(4) $\|\boldsymbol{u}\times\boldsymbol{v}\|^2=\|\boldsymbol{u}\|^2\|\boldsymbol{v}\|^2-(\boldsymbol{u}\cdot\boldsymbol{v})^2$

증명 $\boldsymbol{u}=(x_1, y_1, z_1)$, $\boldsymbol{v}=(x_2, y_2, z_2)$라 두자. (1)과 (2)은 외적의 정의를 사용하면 쉽게 성립함을 알 수 있다.

(3) $\boldsymbol{u}\times\boldsymbol{v}=(y_1z_2-z_1y_2, z_1x_2-x_1z_2, x_1y_2-y_1x_2)$이고 $\boldsymbol{u}=(x_1, y_1, z_1)$이므로 이 두 벡터의 내적으로부터 $\boldsymbol{u}\cdot(\boldsymbol{u}\times\boldsymbol{v})=0$임을 확인할 수 있다. 마찬가지로 $\boldsymbol{v}\cdot(\boldsymbol{u}\times\boldsymbol{v})=0$임을 알 수 있다.

(4) $\|\boldsymbol{u}\times\boldsymbol{v}\|^2=(y_1z_2-z_1y_2)^2+(z_1x_2-x_1z_2)^2+(x_1y_2-y_1x_2)^2$이고 $\|\boldsymbol{u}\|^2\|\boldsymbol{v}\|^2-(\boldsymbol{u}\cdot\boldsymbol{v})^2=(x_1^2+y_1^2+z_1^2)(x_2^2+y_2^2+z_2^2)-(x_1x_2+y_1y_2+z_1z_2)^2$이다. 위 두 식을 전개하면 서로 일치함을 알 수 있다. ■

정리 6.6 (4)는

$$\begin{aligned}\|\boldsymbol{u}\times\boldsymbol{v}\|^2&=\|\boldsymbol{u}\|^2\|\boldsymbol{v}\|^2-(\boldsymbol{u}\cdot\boldsymbol{v})^2\\&=\|\boldsymbol{u}\|^2\|\boldsymbol{v}\|^2-\|\boldsymbol{u}\|^2\|\boldsymbol{v}\|^2\cos^2\theta\\&=\|\boldsymbol{u}\|^2\|\boldsymbol{v}\|^2(1-\cos^2\theta)\\&=\|\boldsymbol{u}\|^2\|\boldsymbol{v}\|^2\sin^2\theta\end{aligned}$$

으로 다시 표현할 수 있고, $0\le\theta\le\pi$이므로

$$\|\boldsymbol{u}\times\boldsymbol{v}\|=\|\boldsymbol{u}\|\|\boldsymbol{v}\|\sin\theta$$

이 성립한다. 위 식의 기하학적 의미는 두 벡터 $\boldsymbol{u}$, $\boldsymbol{v}$가 만드는 평행사변형의 넓이이다(그림 6.12).

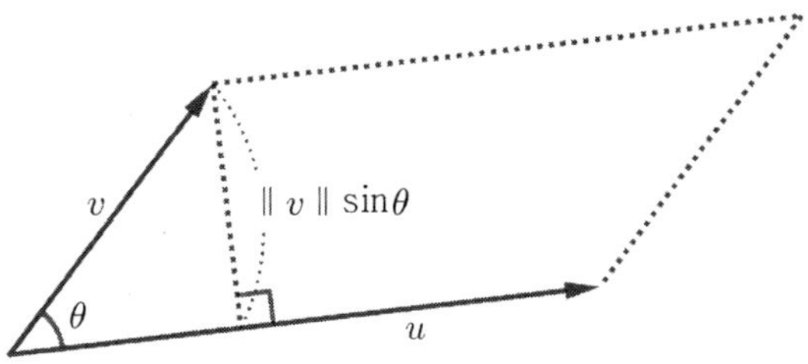

그림 6.12

그러므로 다음의 정리를 얻는다.

정리 6.7. u, v가 R^3의 벡터이면 $\|u\times v\|$은 u, v가 만드는 평행사변형의 넓이이다.

정리 6.6 (3)의 기하학적 의미를 살펴보면

$$u\perp(u\times v),\ v\perp(u\times v)$$

이기 때문에 벡터 $u\times v$은 u, v가 만드는 평행사변형(평면)에 수직인 벡터이다.

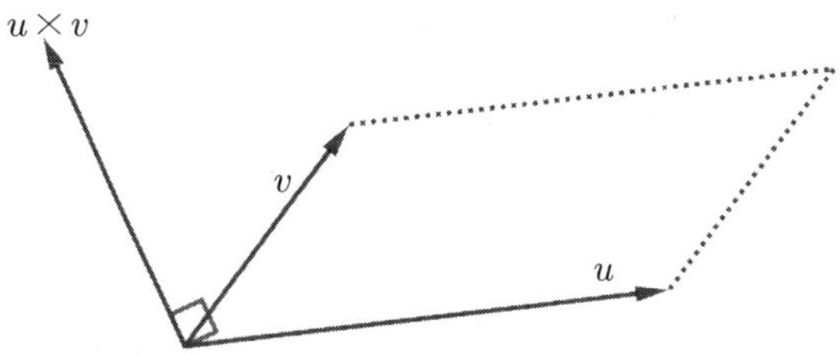

그림 6.13

예제 6.2.8 $u=(1,\ -1,\ 3),\ v=(2,\ -1,\ 1)$일 때 $u\times v$을 구하여라.

풀이 $u\times v=\begin{vmatrix} i & j & k \\ 1 & -1 & 3 \\ 2 & -1 & 1 \end{vmatrix}=(2,\ 5,\ 1)$ ■

예제 6.2.9 3점 $\mathrm{A}(1,\ -1,\ 1),\ \mathrm{B}(3,\ 3,\ 1),\ \mathrm{C}(0,\ 0,\ 6)$에 대하여 벡터 $\overrightarrow{\mathrm{AB}},\ \overrightarrow{\mathrm{AC}}$가 만드는 평행사변형의 넓이를 구하여라.

풀이 $\overrightarrow{\mathrm{AB}}=(2,\ 4,\ 0),\ \overrightarrow{\mathrm{AC}}=(-1,\ 1,\ 5)$이고 $\overrightarrow{\mathrm{AB}}\times\overrightarrow{\mathrm{AC}}=(20,\ 10,\ 6)$이다. 그러므로 평행사변형의 넓이는 $\|\ \overrightarrow{\mathrm{AB}}\times\overrightarrow{\mathrm{AC}}\ \|=\sqrt{536}=2\sqrt{134}$이다. ■

6.2 연습문제

1. 행렬 A, B가 다음과 같을 때 문제에 답하여라.

$$A=\begin{bmatrix}1 & -3\\ 4 & 2\end{bmatrix},\ B=\begin{bmatrix}4 & 5\\ -1 & 3\end{bmatrix}$$

(1) $A+B$ (2) AB

(3) $3A$ (4) $2A+3B$

2. 행렬 A, B가 다음과 같을 때 문제에 답하여라.

$$A=\begin{bmatrix}2 & 0 & 1\\ -1 & 3 & 0\\ 2 & 4 & 1\end{bmatrix},\ B=\begin{bmatrix}3 & 1 & 1\\ 2 & 1 & 0\\ -4 & 3 & 2\end{bmatrix}$$

(1) $A+B$ (2) AB

(3) $-2A$ (4) $A+2B$

3. 다음 행렬의 행렬식을 구하여라.

(1) $A=\begin{bmatrix}2 & -3\\ 1 & 4\end{bmatrix}$ (2) $B=\begin{bmatrix}4 & 1 & 1\\ 0 & 1 & -2\\ 1 & 3 & 0\end{bmatrix}$

4. 벡터 $\boldsymbol{u}, \boldsymbol{v}$가 다음과 같을 때 문제에 답하여라.

$$\boldsymbol{u}=(2,\ -3,\ 4),\ \boldsymbol{v}=(-1,\ 3,\ 2)$$

(1) $\|\boldsymbol{u}\|$ (2) $\boldsymbol{u}+3\boldsymbol{v}$

(3) $\boldsymbol{u}\cdot\boldsymbol{v}$ (4) $\boldsymbol{u}\times\boldsymbol{v}$

5. 세 점 $\mathrm{A}(2,\ -4,\ 1)$, $\mathrm{B}(1,\ 2,\ -2)$, $\mathrm{C}(2,\ 0,\ 0)$을 꼭짓점으로 하는 삼각형의 넓이를 구하여라.

6. 벡터 $\boldsymbol{u}=(5,\ -1,\ 1)$, $\boldsymbol{v}=(2,\ 3,\ -4)$가 만드는 평행사변형의 넓이를 구하여라.

제 7 장

직선과 평면

7.1 직선의 방정식

공간에 주어진 서로 다른 두 점 $P_1(x_1, y_1, z_1)$, $P_2(x_2, y_2, z_2)$를 지나는 직선을 l이라 하고, l 위의 임의의 점을 $P(x, y, z)$라 하자. 그러면 $\overrightarrow{P_1P_2}$과 $\overrightarrow{P_1P}$은 평행하므로

$$\overrightarrow{P_1P} = t\overrightarrow{P_1P_2}$$

을 만족하는 실수 t가 존재한다. 이로부터

$$(x-x_1,\ y-y_1,\ z-z_1) = t(x_2-x_1,\ y_2-y_1,\ z_2-z_1)$$

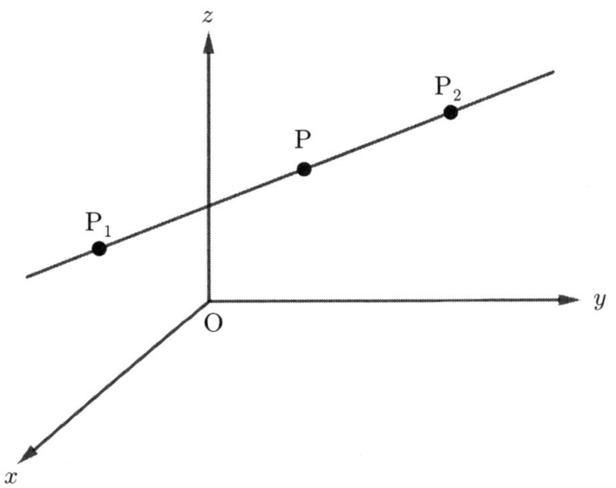

그림 7.1

이고,

$$l : \frac{x - x_1}{x_2 - x_1} = \frac{y - y_1}{y_2 - y_1} = \frac{z - z_1}{z_2 - z_1}$$

이 성립한다. 이를 두 점 P_1, P_2를 지나는 **직선의 방정식**이라 한다. 이때

$$x_2 - x_1 : y_2 - y_1 : z_2 - z_1$$

을 직선 l의 **방향비**라 하고, 이 비는 직선 위의 어떤 두 점을 잡아도 일정하며, 직선 방향의 벡터의 성분비와 일치한다.

만일 직선 l의 방향벡터를 (u, v, w)라 하면 l의 방향비는 $u : v : w$이고, 한 점 $\mathrm{P}_1(x_1, y_1, z_1)$을 지나는 직선의 방정식은

$$l : \frac{x - x_1}{u} = \frac{y - y_1}{v} = \frac{z - z_1}{w}$$

이다.

공간에서 직선 l의 방향벡터

$$\boldsymbol{u} = (a, b, c) = a\boldsymbol{i} + b\boldsymbol{j} + c\boldsymbol{k}$$

에 대하여

$$\boldsymbol{u} \cdot \boldsymbol{i} = \|\boldsymbol{u}\| \, \|\boldsymbol{i}\| \cos\alpha$$
$$a = \|\boldsymbol{u}\| \cos\alpha$$

이고, 이로부터

$$\cos\alpha = \frac{a}{\|\boldsymbol{u}\|}$$

이 성립한다. 마찬가지로 다음을 얻을 수 있다.

$$\cos\beta = \frac{b}{\|\boldsymbol{u}\|}, \ \cos\gamma = \frac{c}{\|\boldsymbol{u}\|}$$

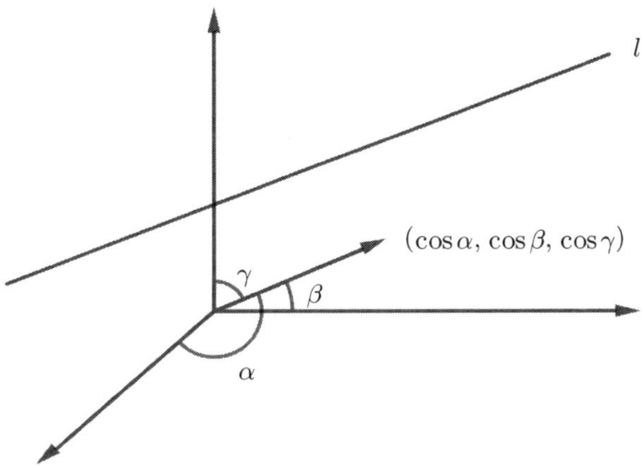

그림 7.2

이때 $(\cos\alpha, \cos\beta, \cos\gamma)$을 직선 l의 **방향코사인 벡터**라 하고

$$\cos^2\alpha + \cos^2\beta + \cos^2\gamma = 1$$

이 성립한다.

예제 7.1.1 두 점 $P_1(-4, 9, 5)$, $P_2(2, 12, 3)$을 지나는 직선의 방향코사인 벡터를 구하여라.

풀이 두 점 P_1, P_2를 지나는 벡터는 $\boldsymbol{u} = \overrightarrow{P_1P_2} = (6, 3, -2)$이므로 $\|\boldsymbol{u}\| = 7$이다. 그러므로 방향코사인 벡터는

$$\cos\alpha = \frac{6}{7},\ \cos\beta = \frac{3}{7},\ \cos\gamma = -\frac{2}{7}$$

으로부터 $\left(\frac{6}{7}, \frac{3}{7}, -\frac{2}{7}\right)$이다. ■

예제 7.1.2 두 점 $P_1(1, 2, 3)$, $P_2(4, 3, -1)$을 지나는 직선의 방정식을 구하여라.

풀이 $\dfrac{x-x_1}{x_2-x_1} = \dfrac{y-y_1}{y_2-y_1} = \dfrac{z-z_1}{z_2-z_1}$으로부터 P_1, P_2를 지나는 직선의 방정식은

$$\frac{x-1}{3}=\frac{y-2}{1}=\frac{z-3}{-4}$$

이다. 방향비를 $u:v:w$으로 하고 점 $P_1(x_1, y_1, z_1)$을 지나는 직선의 방정식

$$l: \frac{x-x_1}{u}=\frac{y-y_1}{v}=\frac{z-z_1}{w}(=t)$$

으로부터

$$x=x_1+ut,\ y=y_1+vt,\ z=z_1+wt$$

이다. 이를 직선 l의 **매개변수방정식**이라 한다. ■

예제 7.1.3 방향비가 $2:4:5$이고 점 $P_1(-2, 5, 7)$을 지나는 직선의 매개변수방정식을 구하여라.

풀이 $x=-2+2t,\ y=5+4t,\ z=7+5t$이다. ■

예제 7.1.4 다음 매개변수방정식의 직교방정식을 구하여라.

$$x=3+2t,\ y=-2+t,\ z=4-5t$$

풀이 방향비가 $(2, 1, -5)$이고 점 $(3, -2, 4)$를 지나는 직선이므로 구하는 직교방정식은

$$\frac{x-3}{2}=\frac{y+2}{1}=\frac{z-4}{-5}$$

이다. ■

정리 7.1 한 점 $P_1(x_1, y_1, z_1)$을 지나고 벡터 $\boldsymbol{u}$을 방향벡터로 하는 직선을 l이라 하자. 직선 l 위에 있지 않은 점 $Q(x_0, y_0, z_0)$에서 직선까지의 거리 d는 다음과 같다.

$$d=\frac{\|\boldsymbol{u}\times\overrightarrow{P_1Q}\|}{\|\boldsymbol{u}\|}$$

증명 그림 7.3에서와 같이

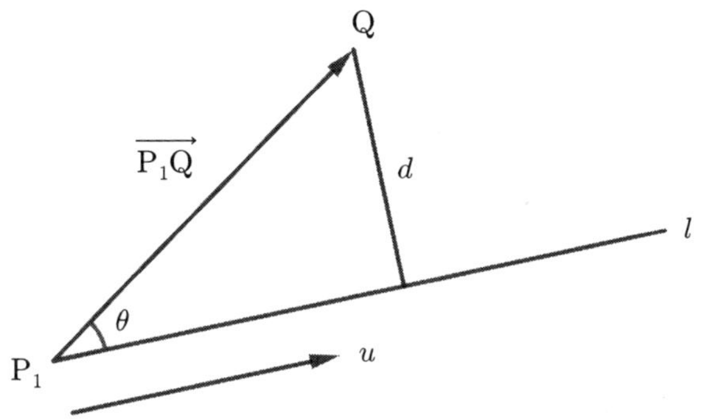

그림 7.3

$$d = \|\mathrm{P_1Q}\| \sin\theta = \frac{\|\boldsymbol{u}\|\|\mathrm{P_1Q}\|\sin\theta}{\|\boldsymbol{u}\|} = \frac{\|\boldsymbol{u}\times\overrightarrow{\mathrm{P_1Q}}\|}{\|\boldsymbol{u}\|}$$

이다. ■

예제 7.1.5 점 Q(8, 1, −3)에서 두 점 $P_1(3, 0, 6)$, $P_2(5, -2, 7)$을 지나는 직선까지의 거리 d를 구하여라.

풀이 P_1, P_2를 지나는 직선의 방향벡터 $\boldsymbol{u}=\overrightarrow{\mathrm{P_1P_2}}=(2, -2, 1)$와 $\overrightarrow{\mathrm{P_1Q}}=(5, 1, -9)$으로부터

$$\boldsymbol{u}\times\overrightarrow{\mathrm{P_1Q}}=(17, 23, 12)$$

이다. 그러므로 직선까지의 거리는

$$d=\frac{\|\boldsymbol{u}\times\overrightarrow{\mathrm{P_1Q}}\|}{\|\boldsymbol{u}\|}=\frac{\sqrt{962}}{3}$$

이다. ■

두 직선

$$l_1 : \frac{x-x_1}{u_1}=\frac{y-y_1}{v_1}=\frac{z-z_1}{w_1}, \quad l_2 : \frac{x-x_2}{u_2}=\frac{y-y_2}{v_1}=\frac{z-z_2}{w_2}$$

이 이루는 각 θ은 두 직선의 방향벡터가 이루는 각과 같다. 그러므로

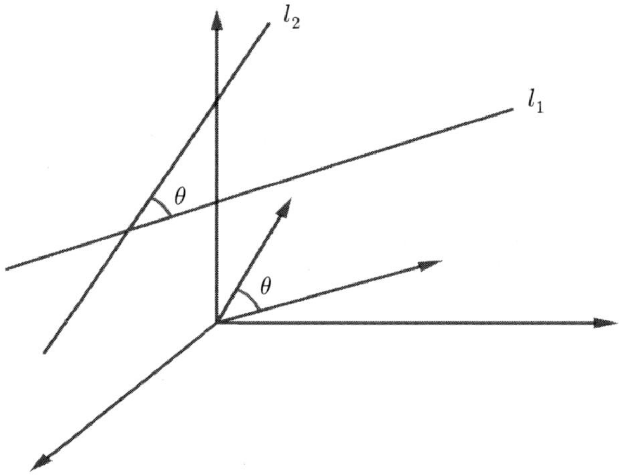

그림 7.4

$$\cos\theta = \frac{u_1u_2 + v_1v_2 + w_1w_2}{\sqrt{u_1^2 + v_1^2 + w_1^2}\sqrt{u_2^2 + v_2^2 + w_2^2}}$$

이다.

두 직선

$$l_1 : \frac{x - x_1}{u_1} = \frac{y - y_1}{v_1} = \frac{z - z_1}{w_1}, \quad l_2 : \frac{x - x_2}{u_2} = \frac{y - y_2}{v_2} = \frac{z - z_2}{w_2}$$

은 교점을 갖지 않고 또한 평행하지 않다고 하자. 두 직선 사이의 거리는 두 직선 위의 점들 사이의 최단거리를 의미한다. 즉 두 직선 l_1, l_2에 동시에 수직인 직선 l과 만나는 교점을 Q, R이라 하면 두 직선 사이의 거리 d은 $d = |\mathrm{QR}|$이다. 먼저 두 직선 l_1, l_2에 동시에 수직인 직선 l의 방향코사인 벡터를 (λ, μ, ν)라 하면

$$(\lambda, \mu, \nu) = \frac{(u_1, v_1, w_1) \times (u_2, v_2, w_2)}{\|(u_1, v_1, w_1) \times (u_2, v_2, w_2)\|}$$

이다. 또한 그림 7.5에서와 같이 l_1, l_2 위의 점을 각각 P_1, P_2라 하면

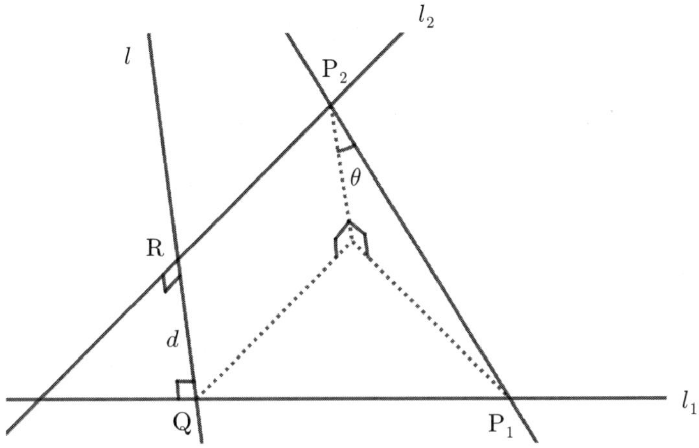

그림 7.5

$$
\begin{aligned}
d &= |\mathrm{QR}| \\
&= \|\overrightarrow{\mathrm{P}_1\mathrm{P}_2}\| \cos\theta \\
&= \|\overrightarrow{\mathrm{P}_1\mathrm{P}_2}\| \left(\frac{(\lambda, \mu, \nu) \cdot \overrightarrow{\mathrm{P}_1\mathrm{P}_2}}{\|(\lambda, \mu, \nu)\| \|\overrightarrow{\mathrm{P}_1\mathrm{P}_2}\|} \right) \\
&= (\lambda, \mu, \nu) \cdot \overrightarrow{\mathrm{P}_1\mathrm{P}_2}
\end{aligned}
$$

결국 두 직선 l_1, l_2 사이의 거리는

$$d = (\lambda, \mu, \nu) \cdot \overrightarrow{\mathrm{P}_1\mathrm{P}_2}$$

이다.

• 예제 7.1.6 두 직선

$$l_1 : \frac{x-1}{1} = \frac{y-3}{2} = \frac{z+2}{3}, \quad l_2 : \frac{x+2}{-1} = \frac{y-1}{4} = \frac{z-3}{2}$$

사이의 거리를 구하여라.

풀이 l_1의 방향벡터는 $(1, 2, 3)$이고, l_2의 방향벡터는 $(-1, 4, 2)$이므로 두 직선에 동시에 수직인 직선 l의 방향코사인 벡터는

$$(\lambda,\ \mu,\ \nu)=\frac{1}{\sqrt{125}}(-8,\ -5,\ 6)$$

이다. 한편 l_1 위의 점 $\mathrm{P}_1(1,\ 3,\ -2)$과 l_2 위의 점 $\mathrm{P}_2(-2,\ 1,\ 3)$에 대하여

$$\overrightarrow{\mathrm{P}_1\mathrm{P}_2}=(-3,\ -2,\ 5)$$

이므로 두 직선 사이의 거리 d는

$$d=|(\lambda,\ \mu,\ \nu)\cdot\overrightarrow{\mathrm{P}_1\mathrm{P}_2}|=\frac{1}{\sqrt{125}}(24+10+30)=\frac{64}{\sqrt{125}}=\frac{64}{5\sqrt{5}}$$

이다. ■

7.1 연습문제

1. 다음 직선의 방정식을 구하여라.

   (1) 점 $P(-1, 2, 3)$을 지나고 방향비가 $3:4:5$

   (2) 점 $P(-1, -1, 3)$을 지나고 방향비가 $-1:2:3$

2. 원점에서 직선 $\frac{x-1}{2}=\frac{y-8}{1}=\frac{z-8}{3}$까지 거리가 25인 직선 위의 점의 좌표를 구하여라.

3. 점 $P_o(4, 4, 4)$에서 두 점 $A(1, 3, 1)$, $B(3, 4, -1)$을 지나는 직선까지 거리를 구하여라.

4. 직선 $\frac{x+2}{4}=\frac{y-3}{5}=\frac{z-3}{-1}$의 방향코사인 벡터를 구하여라.

5. 두 직선 $\frac{x+2}{3}=\frac{y-1}{4}=\frac{z+3}{5}$, $\frac{x-3}{-2}=\frac{y+2}{6}=\frac{z-2}{2}$이 이루는 각을 θ라 할 때 $\cos\theta$를 구하여라.

6. 두 직선 $\frac{x-1}{1}=\frac{y+2}{3}=\frac{z+1}{2}$, $\frac{x-3}{2}=\frac{y-1}{4}=\frac{z+2}{1}$ 사이의 거리를 구하여라.

7.2 평면의 방정식

이 절에서는 평면의 방정식을 결정하는 방법에 대하여 알아본다. 평면을 결정하는 조건은 다음과 같다.

① 한 직선 위에 있지 않은 서로 다른 세 점
② 한 직선과 그 직선 밖의 한 점
③ 한 점에서 만나는 두 직선
④ 서로 평행한 두 직선

그러나 위의 네 조건은 서로 관련성을 가지고 있다. 예를 들어 서로 다른 세 점이 주어져 있으면, 이 중 두 점을 지나는 직선은 유일하게 존재하고 나머지 한 점은 그 직선 밖에 있게 된다.

이제 한 직선 위에 있지 않은 서로 다른 세 점 $P_1(x_1, y_1, z_1)$, $P_2(x_2, y_2, z_2)$, $P_3(x_3, y_3, z_3)$으로부터 평면 π를 결정하는 방법에 대하여 알아본다. 그림 7.6에서와 같이 세 점 P_1, P_2, P_3가 주어져 있을 때 벡터 $\overrightarrow{P_1P_2}$과 $\overrightarrow{P_1P_3}$은 평행이 아니므로 두 벡터에 동시에 수직인 벡터

$$\overrightarrow{P_1P_2} \times \overrightarrow{P_1P_3} = (a, b, c)$$

이 존재한다.

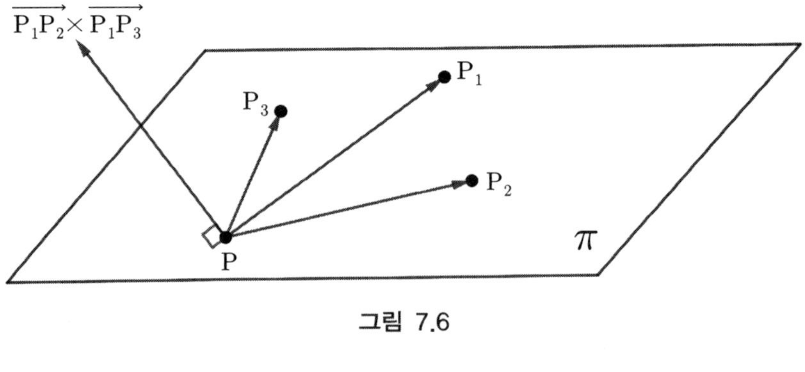

그림 7.6

이때 평면 π 위의 임의의 점 $P(x, y, z)$에 대하여

$$\overrightarrow{P_1P} = (x - x_1,\ y - y_1,\ z - z_1)$$

이고, 이 벡터는 (a, b, c)에 수직이므로 $(a, b, c) \cdot \overrightarrow{P_1P} = 0$으로부터

$$a(x - x_1) + b(y - y_1) + c(z - z_1) = 0$$

이 성립한다. 이것을 한 점 $P_1(x_1, y_1, z_1)$을 지나고 평면에 수직인 벡터 (a, b, c)로 하는 **평면의 방정식**이라 한다. 위 방정식은 적당한 상수 d에 대하여

$$ax + by + cz + d = 0$$

꼴로 표현할 수 있고, 이 방정식을 **평면의 방정식의 일반형**이라 한다.

• 예제 7.2.1 $P_1(1, 2, 3)$, $P_2(-1, 3, 2)$, $P_3(4, 2, -1)$을 지나는 평면의 방정식을 구하여라.

풀이 $\overrightarrow{P_1P_2} = (-2, 1, -1)$, $\overrightarrow{P_1P_3} = (3, 0, -4)$으로부터 평면에 수직인 벡터는

$$\overrightarrow{P_1P_2} \times \overrightarrow{P_1P_3} = (-4, -11, -3)$$

이다. 그러므로 평면의 방정식은

$$-4(x-1) - 11(y-2) - 3(z-3) = 0$$

으로부터

$$4x + 11y + 3z = 35$$

이다. ■

• 예제 7.2.2 점 $P_1(4, -3, 2)$을 지나고 벡터 $n = (2, -3, 5)$에 수직인 평면의 방정식을 구하여라.

풀이 구하는 평면의 방정식은

$$2x - 3y + 5z + d = 0$$

이고, 이는 $P_1(4,\ -3,\ 2)$을 지나므로 $d=-27$이다. 그러므로 평면의 방정식은

$$2x-3y+5z-27=0$$

이다. ■

7.2 연습문제

1. 다음 세 점을 지나는 평면의 방정식을 구하여라.

(1) $\mathrm{A}(-1, 2, 4)$, $\mathrm{B}(3, 3, 2)$, $\mathrm{C}(4, 1, 3)$

(2) $\mathrm{A}(1, 1, 0)$, $\mathrm{B}(0, 1, 2)$, $\mathrm{C}(1, 2, 3)$

(3) $\mathrm{A}(2, 1, -3)$, $\mathrm{B}(1, 0, 0)$, $\mathrm{C}(0, 1, 3)$

(4) $\mathrm{A}(3, 2, 0)$, $\mathrm{B}(1, 1, 1)$, $\mathrm{C}(1, 0, 3)$

2. 점 P를 지나고 수직인 벡터를 $\boldsymbol{n}$으로 하는 평면의 방정식을 구하여라.

(1) $\mathrm{P}(1, 2, -4)$, $\boldsymbol{n}=(1, 1, 1)$

(2) $\mathrm{P}(1, 1, 1)$, $\boldsymbol{n}=(2, -3, 4)$

(3) $\mathrm{P}(0, 2, 3)$, $\boldsymbol{n}=(2, 3, 1)$

(4) $\mathrm{P}(5, 7, -2)$, $\boldsymbol{n}=(8, 4, 1)$

7.3 점과 평면, 직선과 평면, 평면과 평면

7.3.1 점과 평면

먼저 원점에서 평면까지 거리를 구하는 방법에 대하여 생각하여 보자. 원점 O에서 평면 π에 내린 수선의 발을 H라 하고 $|\mathrm{OH}| = p$라 하자. 벡터 $\overrightarrow{\mathrm{OH}}$ 방향으로 하는 단위벡터를 (λ, μ, ν)라 하면 평면 위의 임의의 점 $\mathrm{P}(x, y, z)$에 대하여

$$(\lambda, \mu, \nu) \cdot \overrightarrow{\mathrm{OP}} = |\mathrm{OP}|\cos\theta = |\mathrm{OP}|\frac{|\mathrm{OH}|}{|\mathrm{OP}|} = |\mathrm{OH}| = p$$

이 성립하고, 이는

$$\lambda x + \mu y + \nu z = p$$

이다. 이때 x, y, z의 계수의 제곱의 합은 1이다. 즉 $\lambda^2 + \mu^2 + \nu^2 = 1$이고, 원점에서 평면까지의 거리가 p임을 알 수 있다.

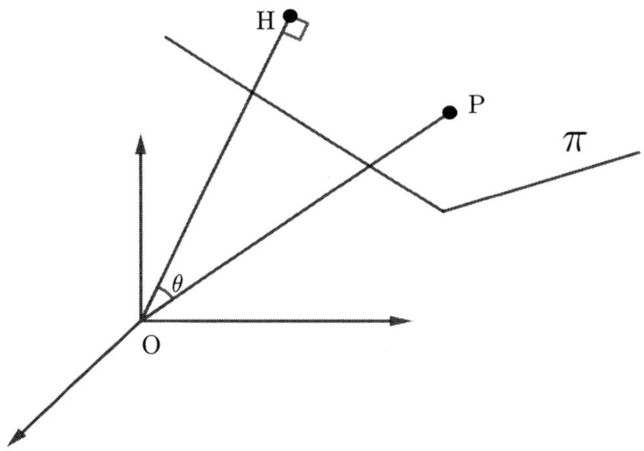

그림 7.7

이제 원점이 아닌 점 $\mathrm{P}_0(x_0, y_0, z_0)$에서 평면

$$\pi : ax + by + cz + d = 0$$

까지 거리를 구하는 방법에 대하여 알아보자.

먼저 공간의 좌표축 평행이동에 대하여 살펴보자. 공간에 주어진 임의의 점 $\mathrm{P}(x,\ y,\ z)$에 대하여 원점을 O로 하는 직교좌표계 $\mathrm{O}xyz$와 원점을 점 $\mathrm{P}_0(x_0,\ y_0,\ z_0)$로 이동하여 원점을 P_0로 하는 직교좌표계 P_0XYZ 사이의 관계는

$$\begin{cases} X = x - x_0 \\ Y = y - y_0 \\ Z = z - z_0 \end{cases},\quad \begin{cases} x = X + x_0 \\ y = Y + y_0 \\ z = Z + z_0 \end{cases}$$

이 성립하고, 이를 좌표축 **평행이동**이라 한다.

이제 점 P_0에서 평면 π까지 거리를 구하기 위하여 원점을 P_0로 이동한 좌표계 P_0XYZ에서 평면의 방정식을 구하면

$$a(X + x_0) + b(Y + y_0) + c(Z + z_0) + d = 0$$

으로부터

$$aX + bY + cZ + (ax_0 + by_0 + cz_0 + d) = 0$$

을 얻는다. 이 방정식을 Hesse의 표준형으로 변형하면

$$\pm\frac{a}{\sqrt{a^2+b^2+c^2}}X \pm \frac{b}{\sqrt{a^2+b^2+c^2}}Y \pm \frac{c}{\sqrt{a^2+b^2+c^2}}Z = -\frac{ax_0+by_0+cz_0+d}{\sqrt{a^2+b^2+c^2}}$$

이다. 그러므로 점 $\mathrm{P}_0(x_0,\ y_0,\ z_0)$에서 평면 $ax+by+cz+d=0$까지 거리 p는

$$p = \frac{|ax_0+by_0+cz_0+d|}{\sqrt{a^2+b^2+c^2}}$$

이다.

[참고] 만일 점 P_0가 원점 O이면

$$p = \frac{|d|}{\sqrt{a^2+b^2+c^2}}$$

은 원점에서 평면 $ax+by+cz+d=0$까지 거리이다.

예제 7.3.1 점 $P_0(1, -2, 3)$에서 평면 $x+3y-2z+3=0$까지 거리 p를 구하여라.

풀이 $p = \dfrac{|1-6-6+3|}{\sqrt{1^2+3^2+(-2)^2}} = \dfrac{8}{\sqrt{14}}$이다. ■

7.3.2 직선과 평면

직선과 평면 사이의 관계로 한 점에서 만나는 경우, 평행과 수직, 직선이 평면에 포함되는 경우에 대하여 알아본다.

직선

$$l : \frac{x-x_0}{u} = \frac{y-y_0}{v} = \frac{z-z_0}{w}$$

과 평면

$$\pi : ax+by+cz+d=0$$

이 한 점 P에서 만난다고 하자.

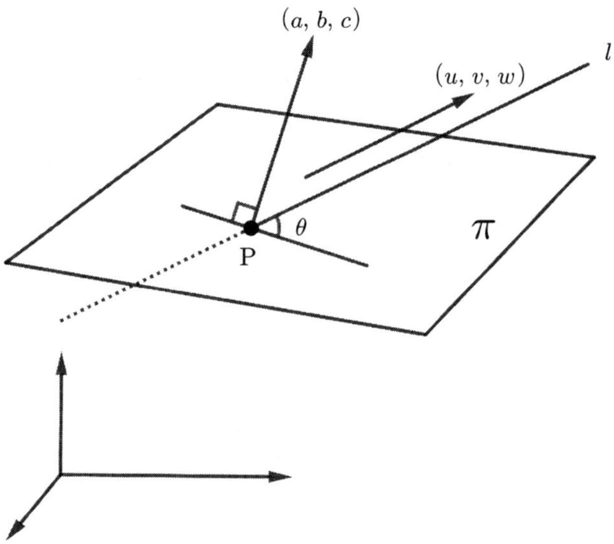

그림 7.8

이때 직선과 평면 사이 교각을 θ라 하면 그림 7.8에서와 같이

$$\sin\theta = \cos\left(\frac{\pi}{2} - \theta\right) = \frac{ua + vb + wc}{\sqrt{u^2 + v^2 + w^2}\sqrt{a^2 + b^2 + c^2}}$$

이다. 이 사실로부터 직선과 평면이 평행할 조건은

$$ua + vb + wc = 0$$

이고, 직선과 평면이 수직일 조건은

$$\frac{u}{a} = \frac{v}{b} = \frac{w}{c}$$

이다.

마지막으로 직선이 평면에 포함될 조건은 l, π가 평행이면서 직선 l 위의 점 $P_0(x_0, y_0, z_0)$가 평면 π에 포함되어야 하므로

$$ua + vb + wc = 0, \quad ax_0 + by_0 + cz_0 + d = 0$$

이다.

한 직선과 그 직선 밖의 한 점은 평면을 결정한다. 그 평면의 방정식을 유도하자. 점 $P_0(x_0, y_0, z_0)$와 이를 지나지 않은 직선

$$l : \frac{x - x_1}{u} = \frac{y - y_1}{v} = \frac{z - z_1}{w}$$

에 의해 결정된 평면을 $ax + by + cz + d = 0$라 하자. 한편 $P_0(x_0, y_0, z_0)$는 평면 위에 있으므로

$$ax_0 + by_0 + cz_0 + d = 0$$

이 성립하고, 평면의 방정식과 위의 방정식으로부터

$$a(x - x_0) + b(y - y_0) + c(z - z_0) = 0 \qquad \cdots\cdots \ (*)$$

을 얻는다. 또한 점 (x_1, y_1, z_1)은 평면 위의 점이므로

$$a(x_1-x_0)+b(y_1-y_0)+c(z_1-z_0)=0 \qquad \cdots\cdots \text{(**)}$$

이 성립하고, 직선과 평면은 평행함으로

$$ua+vb+wc=0 \qquad \cdots\cdots \text{(***)}$$

이다. 위의 세 개의 방정식 (*), (**), (***)에서 a, b, c를 소거하면

$$\begin{vmatrix} x-x_0 & y-y_0 & z-z_0 \\ x_1-x_0 & y_1-y_0 & z_1-z_0 \\ u & v & w \end{vmatrix}=0$$

이다. 이것은 점 P_0를 지나고 직선 l을 포함하는 평면의 방정식이다.

직선과 평면의 교점은 두 방정식의 연립방정식의 해로 구할 수 있다. 또한 직선의 매개방정식을 평면에 대입함으로써 그 교점을 구할 수 있다.

예제 7.3.2 직선 $\dfrac{x+1}{2}=\dfrac{y-4}{-3}=\dfrac{z-2}{5}$과 평면 $x-y+2z=29$의 교점을 구하여라.

풀이 직선 $\dfrac{x+1}{2}=\dfrac{y-4}{-3}=\dfrac{z-2}{5}$의 매개방정식

$$x=-1+2t,\ y=4-3t,\ z=2+5t$$

을 평면에 대입하면

$$-1+2t-(4-3t)+2(2+5t)=29$$

이고, 이로부터 $t=2$를 얻는다. 그러므로 직선과 평면의 교점은 $(3,\ -2,\ 12)$이다. ■

예제 7.3.3 점 $(1,\ 1,\ 4)$와 직선 $\dfrac{x+1}{3}=\dfrac{y+2}{-1}=\dfrac{z-1}{3}$을 포함하는 평면의 방정식을 구하여라.

풀이 $\begin{vmatrix} x-1 & y-1 & z-4 \\ -2 & -3 & -3 \\ 3 & -1 & 3 \end{vmatrix}=0$으로부터 평면의 방정식은 $12x+3y-11z+29=0$이다. ■

7.3.3 평면과 평면

두 평면

$$\pi_1 : a_1x + b_1y + c_1z + d_1 = 0$$
$$\pi_2 : a_2x + b_2y + c_2z + d_2 = 0$$

이 이루는 각을 θ라 하자. 이 두 평면이 이루는 각은 각 평면에 수직인 벡터

$$(a_1,\ b_1,\ c_1),\ (a_2,\ b_2,\ c_2)$$

이 이루는 각과 같으므로

$$\cos\theta = \frac{a_1a_2 + b_1b_2 + c_1c_2}{\sqrt{a_1^2 + b_1^2 + c_1^2}\sqrt{a_2^2 + b_2^2 + c_2^2}}$$

이다. 또한 두 평면이 수직일 조건은

$$a_1a_2 + b_1b_2 + c_1c_2 = 0$$

이고, 두 평면이 평행일 조건은

$$\frac{a_1}{a_2} = \frac{b_1}{b_2} = \frac{c_1}{c_2} \neq \frac{d_1}{d_2}$$

이다.

• 예제 7.3.4 두 평면이 이루는 각을 구하여라.

$$\pi_1 : 2x - y + 2z - 10 = 0,\quad \pi_2 : 4x + y + z - 7 = 0$$

풀이 두 평면의 수직인 벡터는 각각 $(2,\ -1,\ 2)$, $(4,\ 1,\ 1)$이므로

$$\cos\theta = \frac{8 - 1 + 2}{\sqrt{9}\sqrt{18}} = \frac{1}{\sqrt{2}}$$

이다. 그러므로 $\theta = \dfrac{\pi}{4}$이다. ■

평행하지 않은 두 평면은 교선을 갖는다. 이 교선을 구하는 방법을 예를 들어 알아보자.

예제 7.3.5 두 평면

$$\pi_1 : x + y - z + 2 = 0,\ \pi_2 : 2x + 3y - z + 1 = 0$$

을 교선의 방정식을 구하여라.

풀이 방법 1

두 평면에 수직인 벡터는 각각 $\boldsymbol{u} = (1,\ 1,\ -1)$, $\boldsymbol{v} = (2,\ 3,\ -1)$이므로 벡터 $\boldsymbol{u} \times \boldsymbol{v} = (2,\ -1,\ 1)$은 두 평면에 동시에 수직인 벡터로서 두 평면의 교선의 방향벡터이다. 또한 점 $(0,\ \frac{1}{2},\ \frac{5}{2})$은 교선 위의 점이므로 구하고자 하는 교선의 방정식은

$$\frac{x}{2} = \frac{y - \frac{1}{2}}{-1} = \frac{z - \frac{5}{2}}{1}$$

이다.

방법 2

두 평면의 방정식은

$$y = -x + z - 2,\ y = -\frac{2}{3}x + \frac{1}{3}z - \frac{1}{3}$$

으로 다시 표현할 수 있고, 이로부터 $x = 2z - 5$이다. 이것을 $y = -x + z - 2$에 대입하면 $z = -y + 3$이다. 이것을 $x = 2z - 5$에 대입하면 $x = -2y + 1$이다. 결국 두 평면의 교선은

$$x = -2y + 1 = 2z - 5$$

으로 다음과 같다.

$$\frac{x}{2} = \frac{y - \frac{1}{2}}{-1} = \frac{z - \frac{5}{2}}{1}$$

■

7.3 연습문제

1. 점 $H(-6, 3, 6)$에 대하여 $\overrightarrow{OH}$에 수직인 평면의 방정식을 구하여라.

2. 점 $A(-2, 1, 1)$, $B(4, 5, 3)$, $P(2, 1, 2)$에 대하여 점 A, B를 지나는 직선에 점 P를 지나는 평면의 방정식을 구하여라.

3. 주어진 점에서 평면까지의 거리를 구하여라.
   (1) $2x+2y+z=15$, $P(5, 4, 6)$
   (2) $2x-3y+6z=18$, $P(1, -1, 1)$

4. 다음 두 평면이 이루는 각을 구하여라.
   (1) $5x+3y-4z+14=0$, $x-4y-z+12=0$
   (2) $3x+4y-16=0$, $4y-2z-5=0$

5. 점 $P(-4, -2, 3)$을 지나고 평면 $3x+y-2z-5=0$에 평행한 평면의 방정식을 구하여라.

6. 두 평면 $x-6y+8z-4=0$, $4x+ky+z-7=0$이 수직일 때 k값을 구하여라.

7. 두 점 $P(-2, 3, 1)$, $Q(4, 6, 7)$을 지나는 직선과 평면 $x+4y+z-10=0$가 이루는 각을 구하여라.

8. 점 $P(10, 4, 4)$와 z축 위에 있는 점 Q를 지나는 직선이 평면 $2x+3y+4z-30=0$과 평행할 때 점 Q의 좌표를 구하여라.

9. 두 직선 $\frac{x-1}{3}=\frac{y+2}{5}=\frac{z+6}{13}$, $\frac{x-4}{9}=\frac{y-3}{5}=\frac{z-7}{4}$에 의해서 결정되는 평면의 방정식을 구하여라.

10. 점 (x_0, y_0, z_0)과 y축을 포함하는 평면의 방정식을 구하여라.

11. 점 (x_0, y_0, z_0)을 지나고 평면 $ax+by+cz+d=0$에 수직인 직선의 방정식을 구하여라.

제 8 장

이차곡면

이 장에서는 이차곡면에 대한 기하학적 성질에 대하여 알아보고, 미분기하학을 공부하는 데 있어 기초적인 지식을 제공한다.

먼저 이차곡면의 가장 단순히 예부터 알아보자. 이차곡면은 x, y, z에 대한 이차방정식의 해로 표현된 그래프를 의미한다.

8.1 이차곡면의 그래프

8.1.1 타원면(ellipsoid)

방정식

$$\frac{x^2}{a^2}+\frac{y^2}{b^2}+\frac{z^2}{c^2}=1$$

의 해집합인 그래프를 **타원면**이라 한다. 이 방정식은 x^2, y^2, z^2만을 포함하는 것으로 타원면은 xy, yz, zx 평면에 대하여 대칭이고, 원점에 대하여도 대칭인 곡면이다. 또한 xy, yz, zx 평면과의 교선은 모두 타원이다. 즉 다음과 같다.

$$\begin{cases}\dfrac{x^2}{a^2}+\dfrac{y^2}{b^2}=1\\ z=0\end{cases},\quad \begin{cases}\dfrac{x^2}{a^2}+\dfrac{z^2}{c^2}=1\\ y=0\end{cases},\quad \begin{cases}\dfrac{y^2}{b^2}+\dfrac{z^2}{c^2}=1\\ x=0\end{cases}$$

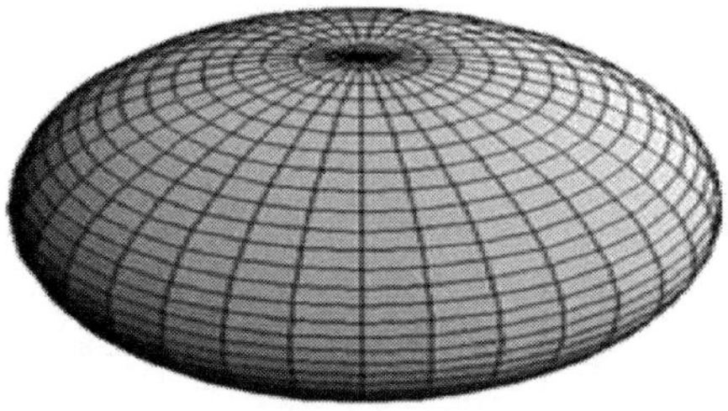

그림 8.1 타원면

만일 $y=y_0(0<y_0<b)$이면 주어진 방정식은

$$\frac{x^2}{a^2}+\frac{z^2}{c^2}=1-\frac{y_0^2}{b^2}$$

이고, 이는 zx 평면과 평행한 평면에 의해 절단된 단면으로 타원을 나타낸다. 이 타원은 zx 평면으로부터 멀어질수록 작아지고, zx 평면에서 거리가 b이면 그 방정식은

$$\frac{x^2}{a^2}+\frac{z^2}{c^2}=0$$

이다. 그러므로 이 타원면의 y축과의 교점은 $(0, b, 0)$, $(0, -b, 0)$이다. 결국 타원면과 각 축과의 교점은

$$\mathrm{A}_1(-a, 0, 0),\ \mathrm{A}_2(a, 0, 0),\ \mathrm{B}_1(0, -b, 0),\ \mathrm{B}_2(0, b, 0),$$
$$\mathrm{C}_1(0, 0, -c),\ \mathrm{C}_2(0, 0, c)$$

이다. 특히 a, b, c 중 어느 두 개, 예를 들어 $a=b$라 하면 타원면은

$$\frac{x^2+y^2}{b^2}+\frac{z^2}{c^2}=1$$

이고, yz 평면상의 타원

$$\frac{y^2}{b^2}+\frac{z^2}{c^2}=1$$

을 z축을 둘레로 회전하여 얻어진 타원면으로 **회전타원면**이라 한다.

[참고] 만일 $a=b=c$이면 타원면의 방정식은

$$x^2+y^2+z^2=a^2$$

으로 원점을 중심으로 하고 반경을 a로 하는 **구**(sphere)이다.

8.1.2 쌍곡면(hyperboloid)

(1) **일엽쌍곡면**(hyperboloid of one sheet)

방정식

$$\frac{x^2}{a^2}+\frac{y^2}{b^2}-\frac{z^2}{c^2}=1$$

의 해집합인 그래프를 **일엽쌍곡면**이라 한다. 이 곡면은 xy, yz, zx 평면에 대하여 대칭이고, 원점에 대하여 대칭인 곡면이다. 이 곡면과 xy평면 $(z=0)$과의 교선은

$$\frac{x^2}{a^2}+\frac{y^2}{b^2}=1$$

으로 타원이다. 만일 $z=z_0$인 평면과의 교선은

$$\frac{x^2}{a^2}+\frac{y^2}{b^2}=1+\frac{z_0^2}{c^2}$$

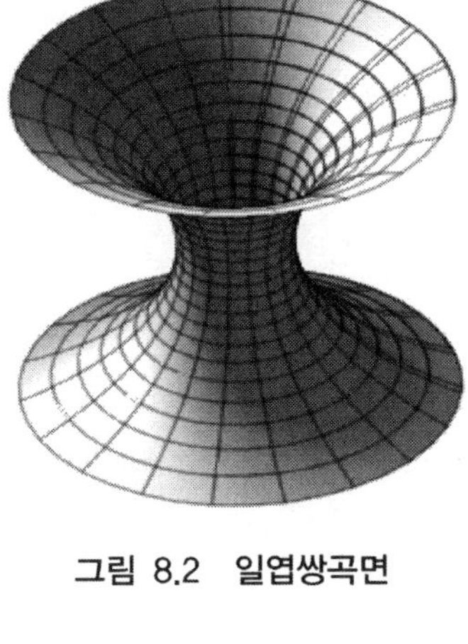

그림 8.2 일엽쌍곡면

으로 xy평면과 평행한 평면과의 단면은 타원이고 원점에서 멀어질수록 커진다. 만일 $a=b$이면 그 단면은 원이고, 일엽쌍곡면

$$\frac{x^2+y^2}{b^2}-\frac{z^2}{c^2}=1$$

을 yz 평면상의 쌍곡선

$$\frac{y^2}{b^2}-\frac{z^2}{c^2}=1$$

을 z축을 둘레로 회전하여 얻어진 **회전일엽쌍곡면**이라 한다. 또한 일엽쌍곡면과 yz, zx 평면과의 교선은

$$\begin{cases}\dfrac{x^2}{a^2}-\dfrac{z^2}{c^2}=1\\ y=0\end{cases},\quad \begin{cases}\dfrac{y^2}{b^2}-\dfrac{z^2}{c^2}=1\\ x=0\end{cases}$$

으로 쌍곡선이다.

[참고] 다음의 방정식

$$\frac{x^2}{a^2}-\frac{y^2}{b^2}+\frac{z^2}{c^2}=1,\qquad -\frac{x^2}{a^2}+\frac{y^2}{b^2}+\frac{z^2}{c^2}=1$$

은 모두 일엽쌍곡면을 의미한다.

(2) **이엽쌍곡면**(hyperboloid of two sheet)

방정식

$$\frac{x^2}{a^2}+\frac{y^2}{b^2}-\frac{z^2}{c^2}=-1$$

의 해집합인 그래프를 **이엽쌍곡면**이라 한다. 이 곡면은 xy, yz, zx 평면에 대하여 대칭이고, 원점에 대하여 대칭인 곡면이다. 이 곡면과 xy, yz, zx 평면의 교선은

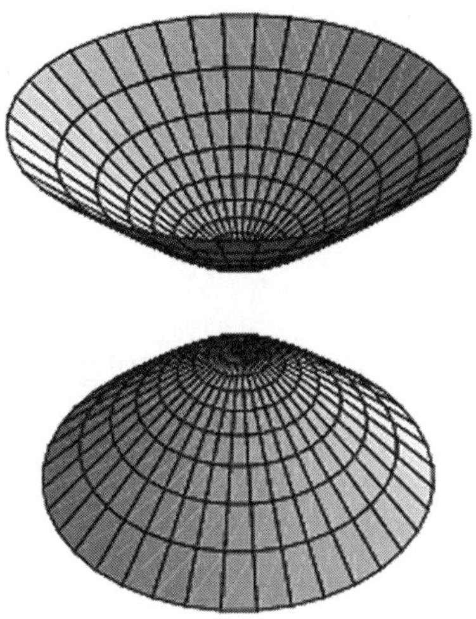

그림 8.3 이엽쌍곡면

$$\begin{cases} \dfrac{x^2}{a^2}+\dfrac{y^2}{b^2}=-1 \\ z=0 \end{cases}, \quad \begin{cases} \dfrac{x^2}{a^2}-\dfrac{z^2}{c^2}=-1 \\ y=0 \end{cases}, \quad \begin{cases} \dfrac{y^2}{b^2}-\dfrac{z^2}{c^2}=-1 \\ x=0 \end{cases}$$

이다. 이로부터 xz, yz 평면에서 교선은 쌍곡선이고, xy 평면과의 교선은 존재하지 않는다.

이제 이엽쌍곡면이 존재하는 영역과 존재하지 않은 영역을 알아보자. 평면 $z=z_0$와 이엽쌍곡면의 교선의 방정식

$$\frac{x^2}{a^2}+\frac{y^2}{b^2}=\frac{z_0^2}{c^2}-1$$

으로부터 이엽쌍곡면이 존재하는 영역은

$$z \le -c \quad \text{또는} \quad z \ge c$$

이고, 존재하지 않은 영역은

$$-c < z < c$$

이다. 만일 $a=b$이면 이엽쌍곡면

$$\frac{x^2+y^2}{b^2}-\frac{z^2}{c^2}=-1$$

은 yz 평면상의 쌍곡선

$$\frac{y^2}{b^2}-\frac{z^2}{c^2}=-1$$

을 z축을 둘레로 회전하여 얻어진 곡면이고, 이 곡면을 **회전이엽쌍곡면**이라 한다.

> **[참고]** 다음의 방정식
>
> $$-\frac{x^2}{a^2}-\frac{y^2}{b^2}+\frac{z^2}{c^2}=1$$
>
> 은 이엽쌍곡면을 의미한다.

8.1.3 포물면(paraboloid)

(1) 타원적 포물면(elliptic paraboloid)

방정식

$$\frac{x^2}{a^2}+\frac{y^2}{b^2}=cz$$

의 해집합인 그래프를 **타원적 포물면**이라 한다. 이 곡면은 zx, yz 평면에 대칭이고 원점을 포함한다. 만일 $c>0$이면 이 곡면은 $z\geq 0$인 영역에 나타난다. 우리는 $c>0$인 경우만 논하기로 한다.

$z=z_0$로서 xy 평면과 평행한 평면과 타원적 포물면의 교선은

$$\frac{x^2}{a^2}+\frac{y^2}{b^2}=cz_0$$

으로 타원이고, 원점에서 멀어질수록 타원의 크기는 커진다. 또 yz, zx 평면과의 교선은

$$y^2=b^2cz,\ x^2=a^2cz$$

으로 모두 포물선임을 알 수 있다. 만일 $a=b$이면 타원적 포물면

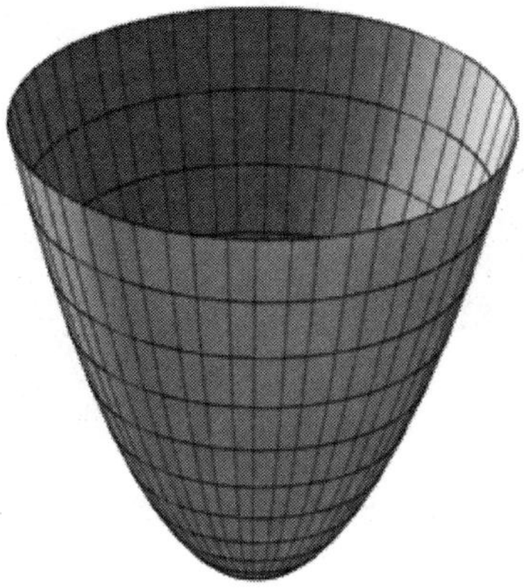

그림 8.4 타원적 포물면

$$x^2 + y^2 = a^2 cz$$

은 yz 평면상의 포물선

$$y^2 = a^2 cz$$

을 z축을 둘레로 회전하여 얻은 곡면이고, 이를 **회전타원적 포물면**이라 한다.

[참고] 방정식

$$\frac{x^2}{a^2} + \frac{z^2}{c^2} = by, \ \frac{y^2}{b^2} + \frac{z^2}{c^2} = ax$$

은 모두 타원적 포물면을 의미한다.

(2) **쌍곡적 포물면**(hyperbolic paraboloid)

방정식

$$\frac{x^2}{a^2} - \frac{y^2}{b^2} = cz$$

의 해집합인 그래프를 **쌍곡적 포물면**이라 한다. 이 곡면은 zx, yz 평면에 대칭이고 원점을 포함한다. 이 곡면과 xy 평면과의 교선은

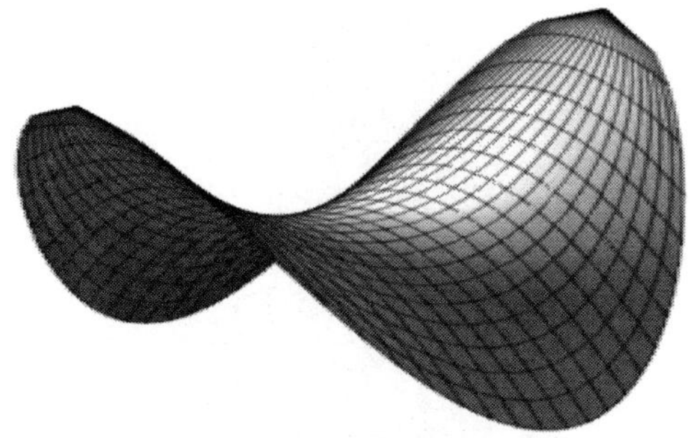

그림 8.5 쌍곡적 포물면

$$\begin{cases} \frac{x^2}{a^2} - \frac{y^2}{b^2} = 0 \\ z = 0 \end{cases} \quad \text{또는} \quad \begin{cases} (\frac{x}{a} + \frac{y}{b})(\frac{x}{a} - \frac{y}{b}) = 0 \\ z = 0 \end{cases}$$

으로 이는 원점을 지나는 수직인 두 직선이다. 또한 xy 평면과 평행한 평면 $z = z_0$와의 교선은

$$\frac{x^2}{a^2} - \frac{y^2}{b^2} = cz_0$$

으로 쌍곡선이고, zx, yz 평면과의 교선은

$$x^2 = a^2cz, \; y^2 = -b^2cz$$

으로 모두 포물선이다.

8.1.4 뿔면(cone)

방정식

$$\frac{x^2}{a^2} + \frac{y^2}{b^2} = \frac{z^2}{c^2}$$

의 해집합인 그래프를 **뿔면**이라 한다. 이 곡면은 xy, yz, zx 평면에 대하여 대칭이고, 원점에 대하여 대칭인 곡면이다. 각 xy, yz, zx 평면과 뿔면의 교선은

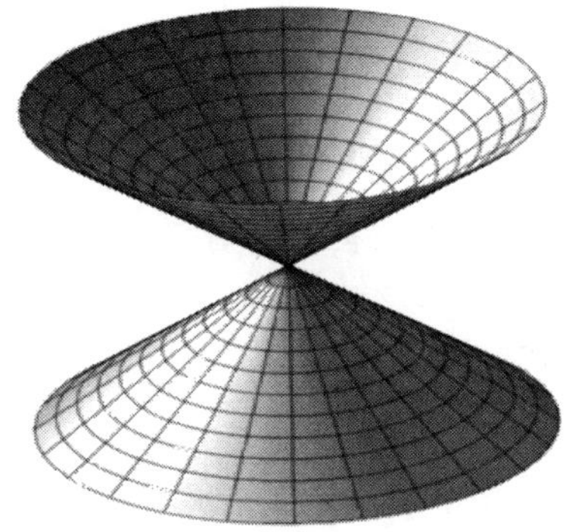

그림 8.6 뿔면

$$\begin{cases} \dfrac{x^2}{a^2}+\dfrac{y^2}{b^2}=0 \\ z=0 \end{cases}, \quad \begin{cases} \dfrac{x^2}{a^2}=\dfrac{z^2}{c^2} \\ y=0 \end{cases}, \quad \begin{cases} \dfrac{y^2}{b^2}=\dfrac{z^2}{c^2} \\ x=0 \end{cases}$$

으로 xy 평면과는 원점에서 만나고, zx 평면과 yz 평면과의 교선은 원점에서 만나는 서로 수직인 두 직선이다. 또한 xy 평면과 평행한 평면 $z=z_0$와의 교선은

$$\frac{x^2}{a^2}+\frac{y^2}{b^2}=\frac{z_0^2}{c^2}$$

으로 타원이고, 원점에서 멀어질수록 타원의 크기는 커진다. 만일 $a=b$이면 그 단면은 원이므로, 이 경우의 뿔면을 특히 **원뿔면**(circular cone)이라 한다. 만일 (x, y, z)가 뿔면 위의 점이면 임의의 k에 대하여 (kx, ky, kz)도 뿔면의 방정식을 만족한다. 이는 원점과 뿔면상의 임의의 점을 잇는 직선은 뿔면 위에 있음을 뜻한다. 결국 뿔면은 원점과 타원 위의 점을 잇는 곡면임을 알 수 있다.

[참고] 방정식

$$\frac{x^2}{a^2}+\frac{z^2}{c^2}=\frac{y^2}{b^2}, \qquad \frac{y^2}{b^2}+\frac{z^2}{c^2}=\frac{x^2}{a^2}$$

은 모두 뿔면을 의미한다.

8.1.5 기둥면(cylinder)

공간에서 방정식

$$f(x, y) = 0$$

의 해집합인 그래프를 **기둥면**이라 한다. 이것은 xy 평면에 놓인 곡선이 z축을 따라 쌓인 곡면이다. 예를 들면

(1) $f(x, y) = x^2 + y^2 - 1 = 0$이면 xy 평면 위에 반지름이 1인 원에 의해서 만들어진 **원기둥면**이다(그림 8.7).

(2) $f(x, y) = \dfrac{x^2}{9} + \dfrac{y^2}{4} - 1 = 0$이면 xy 평면 위에 놓인 타원에 의해 만들어진 **타원기둥면**이다.

(3) $f(x, y) = \dfrac{x^2}{9} - \dfrac{y^2}{4} - 1 = 0$이면 xy 평면 위에 놓인 쌍곡선에 의해 만들어진 **쌍곡기둥면**이다.

(4) $f(x, y) = y^2 - 4x = 0$이면 xy 평면 위에 놓인 포물선에 의해 만들어진 **포물기둥면**이다(그림 8.8).

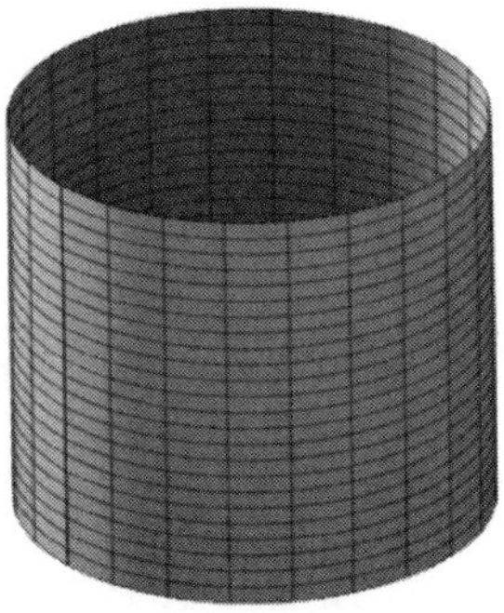

그림 8.7 원기둥면

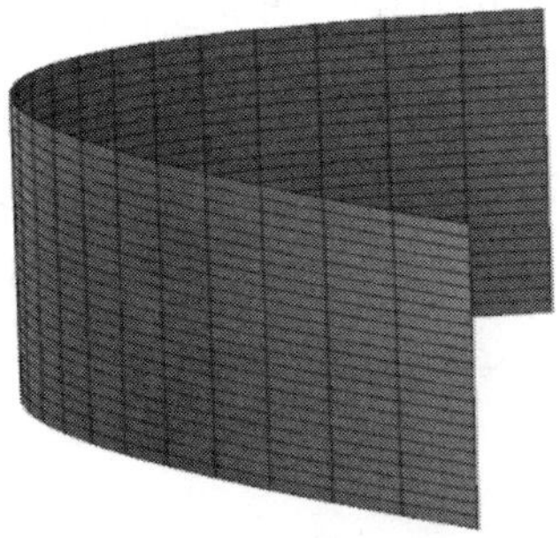

그림 8.8 포물기둥면

8.1 연습문제

1. 다음 방정식이 나타내는 곡면의 이름을 말하라.

(1) $\dfrac{x^2}{4}+\dfrac{y^2}{7}+\dfrac{z^2}{9}=1$

(2) $\dfrac{x^2}{4}+\dfrac{y^2}{7}-\dfrac{z^2}{9}=1$

(3) $-\dfrac{x^2}{2}+\dfrac{y^2}{4}+\dfrac{z^2}{9}=-1$

(4) $x^2+\dfrac{y^2}{8}-\dfrac{z^2}{9}=0$

(5) $x^2+\dfrac{y^2}{4}=1$

(6) $x^2+y^2=3z$

(7) $\dfrac{x^2}{4}-y^2=4z$

(8) $x^2=4y$

8.2 이차곡면의 접평면과 법선

8.2.1 접평면

이차곡면

$$\{(x,\ y,\ z)\,|\,F(x,\ y,\ z)=ax^2+by^2+cz^2+2fyz+2gzx+2hxy+2lx \\ +2my+2nz+d=0\}\ \text{단, } (a,\ b,\ c)\neq(0,\ 0,\ 0)$$

위의 한 점 $P_1(x_1,\ y_1,\ z_1)$에 대한 접평면을 정의하고, 그 방정식을 유도하여 보자. 이 장에서 이차곡면을 $F(x,\ y,\ z)=0$로 나타내기로 한다. 점 P_1을 지나고 방향코사인이 $\lambda,\ \mu,\ \nu$인 직선의 매개방정식은

$$l: x=x_1+\lambda t,\ y=y_1+\mu t,\ z=z_1+\nu t$$

이고, 이 직선과 이차곡면 $F(x,\ y,\ z)=0$의 교선방정식

$$F(x_1+\lambda t,\ y_1+\mu t,\ z_1+\nu t)=0$$

으로부터

$$(a\lambda^2+b\mu^2+c\nu^2+2f\mu\nu+2g\lambda\nu+2h\lambda\mu)t^2 \\ +2\{(ax_1+hy_1+gz_1+l)\lambda+(hx_1+by_1+fz_1+m)\mu+(gx_1+fy_1+cz_1+n)\nu\}t=0 \quad \cdots\cdots (*)$$

을 얻는다. 직선과 이차곡면이 한 점에서 만날 조건은 t에 관한 이차방정식 (*)의 두 근이 중근 $t=0$을 가져야 하고, 이때 이 직선은 이차곡면에 접하게 된다. 그러기 위해서는

$$(ax_1+hy_1+gz_1+l)\lambda+(hx_1+by_1+fz_1+m)\mu+(gx_1+fy_1+cz_1+n)\nu=0$$

즉

$$(\lambda,\ \mu,\ \nu)\cdot(ax_1+hy_1+gz_1+l,\ hx_1+by_1+fz_1+m,\ gx_1+fy_1+cz_1+n)=0$$

이다. 한편 직선 l의 방향코사인 $\lambda,\ \mu,\ \nu$의 비와 $x-x_1,\ y-y_1,\ z-z_1$의 비는 같으므로 위의 방정식은

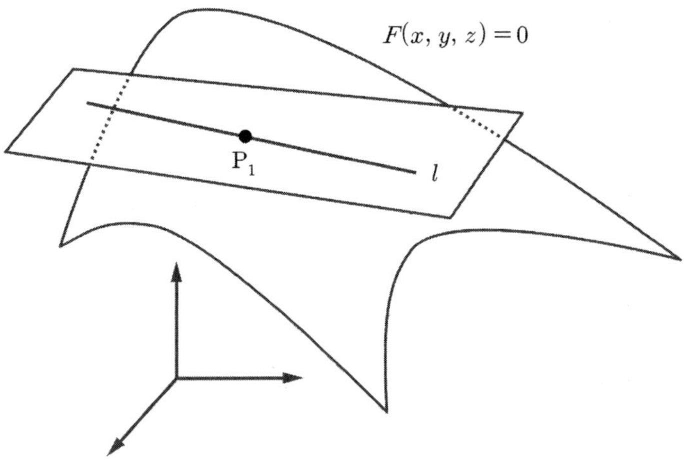

그림 8.9

$$(ax_1+hy_1+gz_1+l)(x-x_1)+(hx_1+by_1+fz_1+m)(y-y_1)$$
$$+(gx_1+fy_1+cz_1+n)(z-z_1)=0$$

이고 $F(x_1,\ y_1,\ z_1)=0$을 이용하여 정리하면

$$ax_1x+by_1y+cz_1z+f(y_1z+z_1y)+g(z_1x+x_1z)+h(x_1y+y_1x)$$
$$+l(x+x_1)+m(y+y_1)+n(z+z_1)+d=0$$

이다. 이를 점 $P_1(x_1,\ y_1,\ z_1)$에서 이차곡면 $F(x,\ y,\ z)=0$의 **접평면**이라 한다. 한편 점 P_1에서 곡면의 접평면에 수직인 직선을 곡면의 **법선**이라 한다. 이때 이차곡면의 법선의 방향은

$$(ax_1+hy_1+gz_1+l,\ hx_1+by_1+fz_1+m,\ gx_1+fy_1+cz_1+n)$$

이므로 점 P_1에서 이차곡면의 법선의 방정식은

$$\frac{x-x_1}{ax_1+hy_1+gz_1+l}=\frac{y-y_1}{hx_1+by_1+fz_1+m}=\frac{z-z_1}{gx_1+fy_1+cz_1+n}$$

이다.

[참고] 2변수함수

$$F(x,\ y,\ z) = ax^2 + by^2 + cz^2 + 2fyz + 2gzx + 2hxy + 2lx + 2my + 2nz + d$$

에 대한 F의 기울기 벡터(gradient) ∇F는

$$\begin{aligned}\nabla F &= (\frac{\partial F}{\partial x},\ \frac{\partial F}{\partial y},\ \frac{\partial F}{\partial z}) \\ &= 2(ax + gz + hy + l,\ by + fz + hx + m,\ cz + fy + gx + n)\end{aligned}$$

이므로 이차곡면 $F(x,\ y,\ z) = 0$의 법선방향은 ∇F와 일치한다.

예제 8.2.1 구 $x^2 + y^2 + z^2 = r^2$ 위의 점 $\mathrm{P}_1(x_1,\ y_1,\ z_1)$에서 접평면의 방정식과 법선의 방정식을 구하여라.

풀이 접평면의 방정식은 $x_1x + y_1y + z_1z = r^2$이다. 법선의 방정식은 $\dfrac{x - x_1}{x_1} = \dfrac{y - y_1}{y_1} = \dfrac{z - z_1}{z_1}$이다.

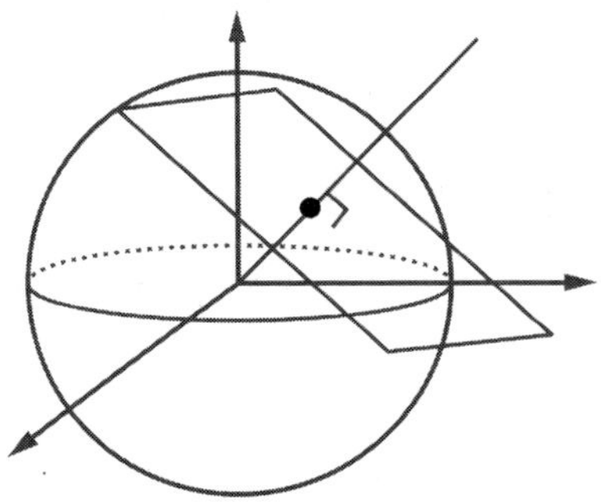

그림 8.10

■

예제 8.2.2 타원면 $\dfrac{x^2}{a^2} + \dfrac{y^2}{b^2} + \dfrac{z^2}{c^2} = 1$ 위의 점 $\mathrm{P}_1(x_1,\ y_1,\ z_1)$에서 접평면의 방정식과 법선의 방정식을 구하여라.

풀이 접평면의 방정식 $\dfrac{1}{a^2}x_1x + \dfrac{1}{b^2}y_1y + \dfrac{1}{c^2}z_1z = 1$이다. 법선의 방정식은 $\dfrac{a^2(x - x_1)}{x_1} =$

$$\frac{b^2(y-y_1)}{y_1}=\frac{c^2(z-z_1)}{z_1}$$ 이다. ■

예제 8.2.3 일엽쌍곡면 $\frac{x^2}{a^2}+\frac{y^2}{b^2}-\frac{z^2}{c^2}=1$ 위의 점 $P_1(x_1, y_1, z_1)$에서 접평면의 방정식과 법선의 방정식을 구하여라.

풀이 접평면의 방정식 $\frac{1}{a^2}x_1x+\frac{1}{b^2}y_1y-\frac{1}{c^2}z_1z=1$이다. 법선의 방정식은

$$\frac{a^2(x-x_1)}{x_1}=\frac{b^2(y-y_1)}{y_1}=-\frac{c^2(z-z_1)}{z_1}$$ 이다. ■

예제 8.2.4 타원적 포물면 $\frac{x^2}{a^2}+\frac{y^2}{b^2}=cz$ 위의 점 $P_1(x_1, y_1, z_1)$에서 접평면의 방정식과 법선의 방정식을 구하여라.

풀이 접평면의 방정식 $ax_1x+by_1y+\frac{c}{2}(z+z_1)=0$이다. 법선의 방정식은

$$\frac{a^2(x-x_1)}{x_1}=\frac{b^2(y-y_1)}{y_1}=\frac{2(z-z_1)}{c}$$ 이다. ■

예제 8.2.5 뿔면 $\frac{x^2}{a^2}+\frac{y^2}{b^2}=\frac{z^2}{c^2}$ 위의 점 $P_1(x_1, y_1, z_1)$에서 접평면의 방정식과 법선의 방정식을 구하여라.

풀이 접평면의 방정식 $\frac{1}{a^2}x_1x+\frac{1}{b^2}y_1y-\frac{1}{c^2}z_1z=0$이다. 법선의 방정식은

$$\frac{a^2(x-x_1)}{x_1}=\frac{b^2(y-y_1)}{y_1}=\frac{c^2(z-z_1)}{z_1}$$ 이다. ■

예제 8.2.6 타원기둥면 $\frac{x^2}{a^2}+\frac{y^2}{b^2}=1$ 위의 점 $P_1(x_1, y_1, z_1)$에서 접평면의 방정식과 법선의 방정식을 구하여라.

풀이 접평면의 방정식 $\frac{1}{a^2}x_1x+\frac{1}{b^2}y_1y=1$이다. 법선의 방정식은

$$\frac{a^2(x-x_1)}{x_1}=\frac{b^2(y-y_1)}{y_1},\ z=0\text{이다.}$$ ■

8.2.2 이차곡면의 교선

두 이차곡면

$$F(x,\ y,\ z)=0,\ G(x,\ y,\ z)=0$$

의 교선 위의 한 점 $P_0(x_0,\ y_0,\ z_0)$에서 접선의 방정식을 구하여 보자. 두 곡면 $F(x,\ y,\ z)=0,\ G(x,\ y,\ z)=0$의 점 P_0에서의 법선벡터는 각각

$$\nabla F(x_0,\ y_0,\ z_0),\ \nabla G(x_0,\ y_0,\ z_0)$$

이고, 이 벡터들은 점 P_0에서 교선의 접선벡터에 수직이다. 그러므로 점 P_0에서 교선의 접선벡터는

$$\nabla F(x_0,\ y_0,\ z_0)\times\nabla G(x_0,\ y_0,\ z_0):=k(a,\ b,\ c)$$

이므로 $P_0(x_0,\ y_0,\ z_0)$에서 교선의 접선의 방정식은

$$\frac{x-x_0}{a}=\frac{y-y_0}{b}=\frac{z-z_0}{c}$$

이다.

예제 8.2.7 타원면 $3x^2+2y^2+z^2=49$와 일엽쌍곡면 $x^2+y^2-2z^2=10$의 교선 위의 점 $P_0(3,\ -3,\ 2)$에서 교선의 접선의 방정식을 구하여라.

풀이 $F(x,\ y,\ z)=3x^2+2y^2+z^2-19,\ G(x,\ y,\ z)=x^2+y^2-2z^2-10$이라 두면

$$\nabla F(x,\ y,\ z)=(6x,\ 4y,\ 2z),\ \nabla G(x,\ y,\ z)=(2x,\ 2y,\ -4z)$$

이므로 $P_0(3,\ -3,\ 2)$에서 두 곡면의 법선벡터는 각각

$$\nabla F(3,\ -3,\ 2)=(18,\ -12,\ 4),\ \nabla G(3,\ -3,\ 2)=(6,\ -6,\ -8)$$

이다. 따라서 접선의 방향벡터는

$$\nabla F(3,\ -3,\ 2) \times \nabla G(3,\ -3,\ 2) = 12(10,\ 14,\ -3)$$

이다. 결국 P_0에서 교선의 접선의 방정식은

$$\frac{x-3}{10} = \frac{y+3}{14} = \frac{z-2}{-3}$$

이다.

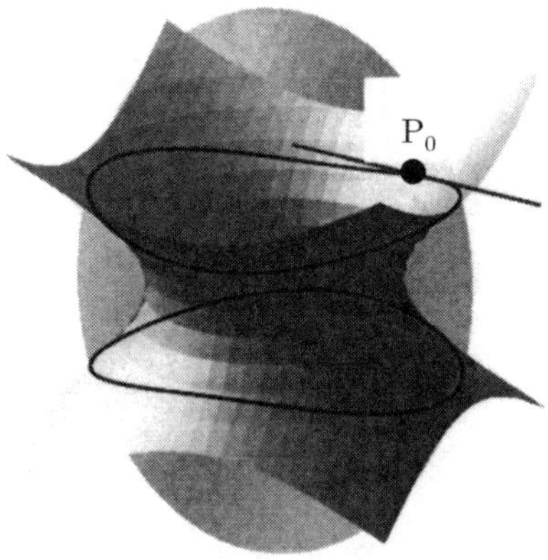

그림 8.11

■

8.2 연습문제

1. 다음 곡면위의 점 P_1에서 접평면과 법선의 방정식을 구하여라.

(1) $x^2+y^2+z^2=1$, $P_1(0, \frac{1}{\sqrt{2}}, \frac{1}{\sqrt{2}})$

(2) $x^2+\frac{y^2}{4}+\frac{z^2}{9}=1$, $P_1(-\frac{\sqrt{3}}{2}, 1, 0)$

(3) $\frac{x^2}{4}+\frac{y^2}{16}=1$, $P_1(2, 0, 2)$

2. 이엽쌍곡면 $\frac{x^2}{a^2}+\frac{y^2}{b^2}-\frac{z^2}{c^2}=-1$ 위의 점 $P_1(x_1, y_1, z_1)$에서 접평면의 방정식과 법선의 방정식을 구하여라.

3. 쌍곡적 포물면 $\frac{x^2}{a^2}-\frac{y^2}{b^2}=cz$ 위의 점 $P_1(x_1, y_1, z_1)$에서 접평면의 방정식과 법선의 방정식을 구하여라.

4. 포물기둥면 $y^2=4px$ 위의 점 $P_1(x_1, y_1, z_1)$에서 접평면의 방정식과 법선의 방정식을 구하여라.

5. 다음 점 P_0에서 두 곡면의 교선의 접선의 방정식을 구하여라.

(1) $x^2+y^2+z^2=4, x^2-y^2+z^2=2$; $P_0(\sqrt{2}, 1, -1)$

(2) $x^2+4y^2+z^2=4, z=x^2+y^2$; $P_0(-1, \frac{\sqrt{10}}{5}, \frac{7}{5})$

(3) $x^2+y^2-z^2=1, x^2-3y^2-2z=0$; $P_0(\sqrt{2}, 0, 1)$

(4) $x^2+y^2-z^2=0, x^2-3y^2+z^2=1$; $P_0(\frac{\sqrt{6}}{2}, -1, \frac{\sqrt{10}}{2})$

연습문제 풀이

제1장 풀이

1.2 연습문제

1. (1) $C(\frac{22}{5}), D(-10)$ (2) $C(\frac{16}{5}), D(0)$ (3) $C(\frac{38}{7}), D(26)$ (4) $C(\frac{13}{2}), D(11)$

2. (1) $D(\frac{38}{5})$ (2) $D(-16)$ (3) $D(13)$ (4) $D(-41)$

3. (1) $C(-3+2\sqrt{5})$ (2) $C(2\sqrt{5})$ (3) $C(-5+3\sqrt{5})$ (4) $C(3\sqrt{5})$

4. A, B, C, D가 조화점열이므로 $\frac{AC}{CB}=-\frac{AD}{DB}$ 으로부터 $AC:CB=AD:BD$이다.

각 점의 좌표를 x_1, x_2, x_3, x_4라고 하면,

$(x_3-x_1):(x_2-x_3)=(x_4-x_1):(x_4-x_2)$

$\Leftrightarrow (x_3-x_1)(x_4-x_2)=(x_2-x_3)(x_4-x_1)$

$\Leftrightarrow (x_1-x_3)(x_2-x_4)=(x_4-x_1)(x_2-x_3)$

$\Leftrightarrow (x_1-x_3):(x_4-x_1)=(x_2-x_3):(x_2-x_4) \Leftrightarrow \frac{CA}{AD}=-\frac{CB}{BD}$

따라서 C, D, A, B도 역시 조화점열이다.

5. $A(x_1), B(x_2), C(x_3), D(x_4)$라 하면 X좌표는 $x=\frac{x_1+x_2}{2}$이다. A, B, C, D가 조화점열이므로 $\frac{x_3-x_1}{x_2-x_3}=-\frac{x_4-x_1}{x_2-x_4}$이다. 한편 $4(XA)^2=(x_1-x_2)^2$이고 $4XC\cdot XD=4(x_3-\frac{x_1+x_2}{2})(x_4-\frac{x_1+x_2}{2})=(x_1+x_2)^2-2(x_1+x_2)(x_3+x_4)+4x_3x_4$이므로 $4XC\cdot XD-4(XA)^2=0$이다. 따라서 $(XA)^2=XA\cdot XD$이다.

6. 그림에서와 같이 정사각형을 잘라내고 남은 사각형의 비를 구해보면

$$2:-1+\sqrt{5}=1:\frac{-1+\sqrt{5}}{2}=1+\sqrt{5}:(\frac{-1+\sqrt{5}}{2})(1+\sqrt{5})=1+\sqrt{5}:2$$

이므로 남은 사각형도 황금사각형이다.

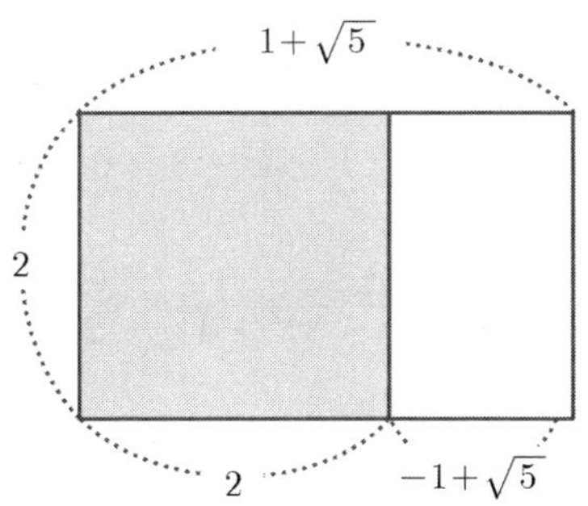

1.3 연습문제

1. (1) $\sqrt{3}$ (2) $\sqrt{26}$ (3) $\sqrt{\dfrac{1297}{9}}$ (4) 6

2. (1) $\left(\dfrac{7}{2}, \dfrac{9}{2}\right)$ (2) $(14, 15)$ (3) $(-2, -1)$ (4) $\left(\dfrac{28}{5}, \dfrac{33}{5}\right)$

3. $\mathrm{M}(7, 3)=\left(\dfrac{x_1+9}{2}, \dfrac{6+y_2}{2}\right)$이므로 $x_1=5$, $y_2=0$

4. (1) $\mathrm{C}\left(\dfrac{x_2+kx_1}{1+k}, \dfrac{y_2+ky_1}{1+k}\right)$

(2) k가 증가할수록 점 C는 점 A와 가까워지고 작아질수록 점 C는 점 B와 가까워진다.

5.

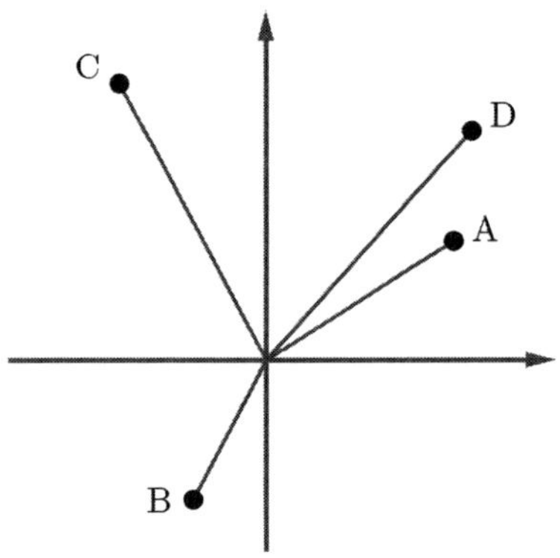

6. (1) $\mathrm{A}(1, \sqrt{3})$ (2) $\mathrm{B}(-\sqrt{3}, -1)$ (3) $\mathrm{C}(-2\sqrt{3}, -2)$ (4) $\mathrm{D}(\dfrac{3\sqrt{2}}{2}, \dfrac{3\sqrt{2}}{2})$

7. (1) $|\mathrm{AB}|=\sqrt{4+4\sqrt{3}}$ (2) $|\mathrm{CD}|=\sqrt{25+6(\sqrt{6}+\sqrt{2})}$

(3) $|\mathrm{AC}|=\sqrt{20+8\sqrt{3}}$ (4) $|\mathrm{BC}|=2$

1.4 연습문제

1. $x=X+3$, $y=Y-4$

(1) $x^2-6x-y+5=0 \rightarrow (X+3)^2-6(X+3)-(Y-4)+5=0 \rightarrow X^2-Y=0$

(2) $x+2y-8=0 \rightarrow (X+3)+2(Y-4)-8=0 \rightarrow X+2Y-13=0$

(3) $x=-3 \rightarrow X+3=-3 \rightarrow X=-6$

(4) $x^2+4y^2-16x+16y+76=(x-8)^2+4(y-2)^2-4=0$

$\rightarrow (X-5)^2+4(Y-2)^2-4=0$

2. (1) $x = X+2$, $y = Y+3$이므로 $2(Y+3) = (X+2)+4$이다. 즉 $2Y = X$이다.

(2) $x = X+1$, $y = Y-2$이므로 $(X+1)-(Y-2) = 5$이다. 즉 $X-Y = 2$이다.

(3) $x = X-1$, $y = Y+1$이므로 $\frac{X-1}{2}+\frac{Y+1}{3} = 1$이다. 즉 $\frac{X}{2}+\frac{Y}{3} = \frac{7}{6}$이다.

($x = X-4$, $y = Y+24$)이므로 $(Y+2) = 2(X-4)+4$이다. 즉 $Y = 2X-6$이다.

3. (1) $x = X\cos\theta - Y\sin\theta = X\cos 30° - Y\sin 30° = \frac{\sqrt{3}}{2}X - \frac{1}{2}Y$이고

$y = X\sin\theta + Y\cos\theta = X\sin 30° + Y\cos 30° = \frac{1}{2}X + \frac{\sqrt{3}}{2}Y$이므로

$\mathrm{A}(4\sqrt{3}+3,\ 4-3\sqrt{3})$, $\mathrm{B}(\frac{\sqrt{3}+3}{2},\ \frac{1-3\sqrt{3}}{2})$, $\mathrm{C}(\frac{3\sqrt{3}-1}{2},\ \frac{3+\sqrt{3}}{2})$이다.

(2) $x = \frac{\sqrt{2}}{2}(X+Y)$, $y = \frac{\sqrt{2}}{2}(-X+Y)$이므로 $\mathrm{A}(\sqrt{2},\ -7\sqrt{2})$, $B(-\sqrt{2},\ \sqrt{2})$, $C(2\sqrt{2},\ -\sqrt{2})$이다.

(3) $x = -Y$, $y = X$이므로 $\mathrm{A}(6,\ 8)$, $\mathrm{B}(3,\ 1)$, $\mathrm{C}(-1,\ 3)$이다.

(4) $x = -\frac{\sqrt{2}}{2}(X+Y)$, $y = \frac{\sqrt{2}}{2}(X-Y)$이므로 $\mathrm{A}(-\sqrt{2},\ 7\sqrt{2})$, $\mathrm{B}(\sqrt{2},\ 2\sqrt{2})$, $C(-2\sqrt{2},\ \sqrt{2})$이다.

4. $\tan\theta = 2 \Leftrightarrow 2\cos\theta = \sin\theta$이고

$5x^2+4xy+8y^2-9 = 0 \Leftrightarrow (x^2+4xy+4y^2)+4(x^2+y^2)-9 = (x+2y)^2+4(x^2+y^2) = 0$이다. 이때 $(x+2y)^2 = (X\cos\theta - Y\sin\theta + 2X\sin\theta + 2Y\cos\theta)^2 = (X\cos\theta + 2X\sin\theta)^2 = 5X^2$이고 $4(x^2+y^2) = 4(X\cos\theta - Y\sin\theta)^2 + 4(X\sin\theta + Y\cos\theta)^2 = 4(X^2+Y^2)$이다.

$\therefore$ (준식) $= 5X^2+4X^2+4Y^2-9 = 9X^2+4Y^2-9$

5. $\tan\theta = \frac{5}{12} \Leftrightarrow 12\sin\theta = 5\cos\theta$이므로

$5x-12y = 52 \Rightarrow 5(X\cos\theta - Y\sin\theta) - 12(X\sin\theta + Y\cos\theta) = 52$

$\Leftrightarrow (12X\sin\theta - 5Y\sin\theta) - (5X\cos\theta + 12Y\cos\theta) = 52$

$\Leftrightarrow 12(X\sin\theta - Y\cos\theta) - 5(X\cos\theta + Y\sin\theta) = 12(X\sin\theta + Y\cos\theta) + 5(X\cos\theta - Y\sin\theta) = 52$

$\Leftrightarrow 12y+5x = 52$

6. $F(-x-4,\ -y+10) = (-x-4)+(-x-4)(-y+10)+2(-y+10)-1$

$= -11x+xy+2y-25 = 0$

7. $F(x+3,\ y-1)=(x+3)^2-(y-1)^2+(x+3)(y-1)+2$

$$=x^2-y^2+5x+5y+xy+7=0$$

8. $F(x\cos 60°+y\sin 60°,\ -x\sin 60°+y\cos 60°)=F(\frac{x+\sqrt{3}y}{2},\ \frac{-\sqrt{3}+y}{2})$

$$=\frac{(x+\sqrt{3}y)(-\sqrt{3}x+y)}{4}+\frac{x+\sqrt{3}y}{2}+\frac{\sqrt{3}x-y}{2}+10$$

$$=\frac{3+\sqrt{3}}{4}x+\frac{3\sqrt{3}-1}{4}y+10=0$$

제2장 풀이

2.1 연습문제

1. $\tan(120°)=-\sqrt{3}$이므로 $m=\tan(120°)=-\sqrt{3}$이다.

2. $m=-1=\tan\theta$일 때, $\theta=135°$이다.

3. (1) $y=-\frac{5}{4}x+\frac{11}{2}$ (2) $y=-\frac{5}{3}x-\frac{1}{3}$ (3) $y=-\frac{1}{5}x+3$ (4) $y=\frac{3}{4}x-1$

4. (1) $y=\frac{2}{3}x+\frac{19}{3}$ (2) $y=-2x+13$ (3) $y=3x+5$ (4) $y=\frac{1}{2}x+\frac{5}{2}$

5. (1) $y=\frac{2}{3}x-4$ (2) $y=-\frac{1}{2}x+5$ (3) $y=-\frac{3}{2}x+5$ (4) $y=\frac{3}{5}x+\frac{9}{5}$

6. 원점과 P(6, −2)를 지나는 직선의 기울기는 $-\frac{1}{3}$이다. 이 직선에 수직인 직선의 기울기는 3이고 A(−4, 5)를 지나는 직선의 방정식은 $y=3x=17$이다.

7. 두 점 A(−2, 6), B(1, 1)를 지나는 직선의 방정식은 $y=-\frac{5}{3}x+\frac{8}{3}$이다. 이때 C(7, −9)는 이 직선상에 있다. 따라서 세 점 A, B, C는 동일 직선상에 있다.

8. (1) 두 점 A, B를 지나는 직선의 기울기는 $-\frac{2}{3}$이고, 선분 AB의 중점은 (1, 2)이므로, 선분 AB의 수직이등분선의 방정식은 $y=\frac{3}{2}x+\frac{1}{2}$이다.

(2) 두 점 A, B를 지나는 직선의 기울기는 $\frac{3}{7}$이고, 선분 AB의 중점은 $(-\frac{3}{2},\ -\frac{1}{2})$이므로, 선분 AB의 수직이등분선의 방정식은 $y=-\frac{7}{3}x-4$이다.

(3) 두 점 A, B를 지나는 직선의 기울기는 $\frac{2}{3}$이고, 선분 AB의 중점은 (3, −2)이므로, 선분 AB의 수직이등분선의 방정식은 $y=-\frac{3}{2}x+\frac{11}{2}$이다.

(4) 두 점 A, B를 지나는 직선의 기울기는 $-\frac{1}{2}$이고, 선분 AB의 중점은 $(2, \frac{1}{2})$이므로, 선분 AB의 수직이등분선의 방정식은 $y=-\frac{7}{3}x-4$이다.

9. (1) 선분 BC의 기울기는 $-\frac{2}{3}$이고 점 A를 지나는 직선의 방정식은 $y=\frac{3}{2}x-4$이다.

(2) 선분 BC의 기울기는 -3이고 점 A를 지나는 직선의 방정식은 $y=\frac{1}{3}x-\frac{1}{3}$이다.

(3) 선분 BC의 기울기는 1이고 점 A를 지나는 직선의 방정식은 $y=-x+3$이다.

(4) 선분 BC의 기울기는 2이고 점 A를 지나는 직선의 방정식은 $y=-\frac{1}{2}x$이다.

10. (1) $\cos(135°)x+\sin(135°)y=8 \Rightarrow -\frac{\sqrt{2}}{2}x+\frac{\sqrt{2}}{2}y=8$

(2) $\cos(90°)x+\sin(90°)y=3 \Rightarrow y=3$

(3) $\cos(240°)x+\sin(240°)y=6 \Rightarrow -\frac{1}{2}x-\frac{\sqrt{3}}{2}y=6$

(4) $\cos(180°)x+\sin(180°)y=5 \Rightarrow -x=5$

11. $2x+3y=5 \Rightarrow \frac{2}{\sqrt{15}}x+\frac{3}{\sqrt{15}}y=\frac{5}{\sqrt{15}} \Rightarrow \cos\theta x+\sin\theta y=\frac{5}{\sqrt{15}}$이고 원점과 직선 사이의 거리는 $\frac{5}{\sqrt{15}}$이다.

12. (1) 방향비는 $1:-1$이고 $(0, 1)$을 지나므로 $x=t$, $y=1-t$이다.

(2) 방향비는 $3:2$이고 $(-1, 1)$을 지나므로 $x=-1+3t$, $y=1+2t$이다.

(3) 방향비는 $2:-5$이고 $(2, 5)$를 지나므로 $x=2+2t$, $y=5-5t$이다.

(4) 방향비는 $3:7$이고 $(3, 7)$을 지나므로 $x=3+3t$, $y=7+7t$이다.

13. (1) $r\cos\theta-r\sin\theta-1=0 \Rightarrow r=\frac{1}{\cos\theta-\sin\theta}$

(2) $r\cos\theta-7r\sin\theta+3=0 \Rightarrow r=\frac{-3}{\cos\theta-7\sin\theta}$

(3) $\frac{r\cos\theta}{2}-\frac{r\sin\theta}{5}=1 \Rightarrow r=\frac{10}{5\cos\theta-2\sin\theta}$

(4) $\frac{r\cos\theta}{5}-\frac{r\sin\theta}{7}=0 \Rightarrow r=0$

14. (1) $4=r\cos(\theta+\frac{\pi}{4})=\frac{\sqrt{2}}{2}r\cos\theta+\frac{\sqrt{2}}{2}r\sin\theta \Rightarrow \frac{\sqrt{2}}{2}x+\frac{\sqrt{2}}{2}y=4$

(2) $2=r\cos(\theta+\frac{\pi}{3})=\frac{1}{2}r\cos\theta-\frac{\sqrt{3}}{2}r\sin\theta \Rightarrow \frac{1}{2}x+\frac{\sqrt{3}}{2}y=2$

(3) $r=\dfrac{1}{\cos\theta+\sin\theta} \Rightarrow r\cos\theta+r\sin\theta=1 \Rightarrow x+y=1$

(4) $r=\dfrac{2}{\cos\theta-4\sin\theta} \Rightarrow r\cos\theta-4r\sin\theta=2 \Rightarrow x-4y=2$

15. (1) $ax-2y=4$의 기울기는 $\dfrac{a}{2}$이고, $x+3y=7$의 기울기는 $-\dfrac{1}{3}$이므로

평행: $\dfrac{a}{2}=-\dfrac{1}{3} \Rightarrow a=6$, 수직: $\dfrac{a}{2}\times(-\dfrac{1}{3})=-1 \Rightarrow a=6$이다.

(2) $4x+5y=20$의 기울기는 $-\dfrac{4}{5}$이고, $ax-6y=4$의 기울기는 $\dfrac{a}{6}$이므로

평행: $-\dfrac{4}{5}=\dfrac{a}{6} \Rightarrow a=-\dfrac{24}{5}$이고, 수직: $-\dfrac{4}{5}\times\dfrac{a}{3}=-1 \Rightarrow a=\dfrac{15}{2}$이다.

(3) $x+3y=-7$의 기울기는 $-\dfrac{1}{3}$이고, $5x+by=-4$의 기울기는 $-\dfrac{5}{b}$이므로

평행: $-\dfrac{1}{3}=-\dfrac{5}{b} \Rightarrow b=15$, 수직: $-\dfrac{1}{3}\times(-\dfrac{5}{b})=-1 \Rightarrow b=-\dfrac{5}{3}$이다.

(4) $1.2x-3.6y=5$의 기울기는 $\dfrac{1}{3}$이고, $x+by=2$의 기울기는 $-\dfrac{1}{b}$이므로

평행: $\dfrac{1}{3}=-\dfrac{1}{b} \Rightarrow b=-3$, 수직: $\dfrac{1}{3}\times(-\dfrac{1}{b})=-1 \Rightarrow b=\dfrac{1}{3}$이다.

2.2 연습문제

1. 직선 $2x-3y-30=0$상에 있는 한 점 $\mathrm{P}(a,b)$라고 하면, $2a-3b-30=0$이다. 또한 $\overline{\mathrm{AP}}^2=\overline{\mathrm{BP}}^2 \Rightarrow (a-1)^2+(b-3)^2=(a-7)^2+(b-9)^2 \Rightarrow a+b=10$이다. $2a-3b-30=0$와 $a+b=10$을 연립하면 $a=12$, $b=-2$이다. 따라서 $\mathrm{P}(12,-2)$이다.

2. 직선 l는 $y=-\dfrac{2}{3}x+\dfrac{7}{3}$이고 직선 l 위에 있는 한 점을 $\mathrm{Q}(a,b)$라고 하자. 그때 $2a+3b=7$이고 $\overline{\mathrm{AQ}}^2=\overline{\mathrm{BQ}}^2$이므로 $8a-2b=1$이다. 따라서 $a=\dfrac{17}{28}$, $b=\dfrac{27}{14}$이므로 $\mathrm{Q}(\dfrac{17}{23},\dfrac{27}{14})$이다.

3. $\dfrac{8}{\sqrt{34}}$

4. (1) $\dfrac{1}{\sqrt{32}}$ (2) $\dfrac{27}{10}$ (3) $\dfrac{2}{\sqrt{34}}$ (4) $3\sqrt{2}$

5. $2x-3y+6=0$과 $x=4$이 이루는 각을 θ라고 할 때, $\tan(\dfrac{\pi}{2}-\theta)=\dfrac{2}{3}$이다. 즉 $\tan\theta=\dfrac{3}{2}$이다.

6. $1=\tan 45°=\dfrac{a/2+3/2}{1-3a/4}=\dfrac{2a+6}{4-3a}$이므로 $a=-\dfrac{2}{5}$이다.

7. $x-2y-9=0$의 한 점 $(9, 0)$과 $2x-4y+12=0$의 거리는 $d=3\sqrt{5}$이다. 따라서 두 직선 사이의 거리는 $3\sqrt{5}$이다.

8. $\dfrac{3x+5y-2}{\sqrt{34}}=\pm\dfrac{5x-2y+3}{\sqrt{29}}$으로부터 각의 이등분선은 $(3\sqrt{29}-5\sqrt{34})x+(5\sqrt{29}+2\sqrt{34})y=2\sqrt{29}-3\sqrt{34}$ 또는 $(3\sqrt{29}+5\sqrt{34})x+(5\sqrt{29}-2\sqrt{34})y=2\sqrt{29}-3\sqrt{34}$이다.

9. 두 직선의 교점을 지나는 직선은 임의의 실수 k에 대하여 $3x+4y-6+k(x-2y+10)=0$이다. 이 방정식이 점 $A(-2, 1)$을 지날 때 $k=\dfrac{4}{3}$이고 방정식은 $13x+4y+22=0$이다.

10. 두 직선의 교점을 지나는 직선은 임의의 실수 k에 대하여 $2x+3y-1+k(x+y-3)=0$이다. 이는 $(2+k)x+(3+k)y+(-1-3k)=0$로 나타낼 수 있으며 기울기는 $\dfrac{2+k}{3+k}$이다. $-2x+y-4=0$에 수직인 직선의 기울기는 $\dfrac{1}{2}$이므로 $\dfrac{2+k}{3+k}=-\dfrac{1}{2}$이고 $k=-\dfrac{7}{3}$이다. 따라서 $-x+2y+18=0$이다.

11. (1) $S_1=\dfrac{1}{2}\begin{vmatrix}1&-2&1\\3&1&1\\4&-1&1\end{vmatrix}=\dfrac{7}{2}$ (2) $S_2=\dfrac{1}{2}\begin{vmatrix}5&1&1\\-1&1&1\\2&-1&1\end{vmatrix}=6$

(3) $S_3=\dfrac{1}{2}\begin{vmatrix}2&-3&1\\1&-3&1\\6&1&1\end{vmatrix}=2$ (4) $S_4=\dfrac{1}{2}\begin{vmatrix}1&1&1\\2&-1&1\\3&3&1\end{vmatrix}=3$

2.3 연습문제

1. i) 점 A, B, C를 꼭지점으로 하는 삼각형이 있다. 이때 점 E와 F는 각각 선분 BC와 선분 AC의 중점이라 하고 선분 AE와 선분 BF의 교점을 G라 하자. 선분 CG의 연장선과 선분 AB의 교점을 D라하고, 이때 D가 선분 AB의 중점임을 보이자. 점 B, E, C는 한 직선 위에 있으므로 메넬레우스 정리에 의해 $\dfrac{AD}{DB}\dfrac{BC}{CE}\dfrac{CG}{GA}=1$이다. $\dfrac{BC}{CE}=2$이고 $\dfrac{EG}{GA}=\dfrac{1}{2}$(*)이므로 $\dfrac{AD}{DB}=1$이다. 따라서 $AD=BD$이다.

(*)는 직접 증명해보자.

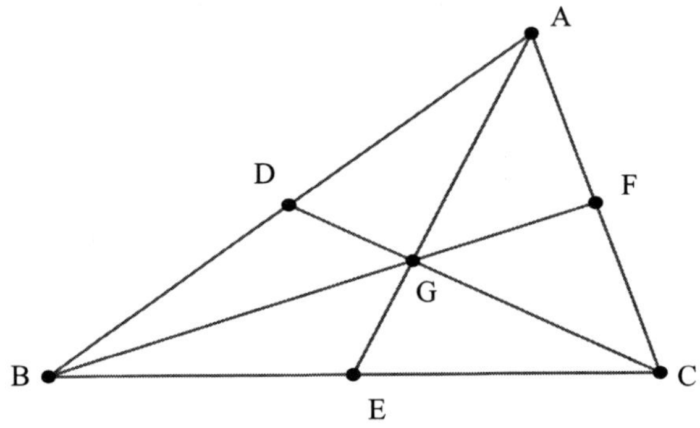

ii) 내심과 수심도 i)과 같은 방법으로 증명할 수 있다.

2. i) 점 A, B, C를 꼭지점으로 하는 삼각형에 대하여 선분 AB, BC, CA의 중점을 각각 점 D, E, F라 하자. 이때 점 E를 좌표평면상의 원점으로 두자. 그러면 $A(a, b)$, $B(-a, 0)$, $C(a, 0)$, $D(\frac{-a+b}{2}, \frac{c}{2})$, $E(0, 0)$, $F(\frac{a+b}{2}, \frac{c}{2})$라고 둘 수 있다.

① 점 A와 점 E를 잇는 직선의 방정식: $y=\frac{c}{b}x$

② 점 B와 점 F를 잇는 직선의 방정식: $y=\frac{c}{3a+b}x+\frac{ac}{3a+b}$

③ 점 C와 점 D를 잇는 직선의 방정식: $y=\frac{-c}{3a-b}x+\frac{ac}{3a-b}$

①과 ②의 교점, ②과 ③의 교점, ③과 ①의 교점 모두 $x=\frac{b}{3}$, $y=\frac{c}{3}$임을 알 수 있다. 따라서 무게중심은 한 점에서 만난다.

ii) 내심, 수심, 외심, 방심도 i)과 같은 방법으로 증명할 수 있다.

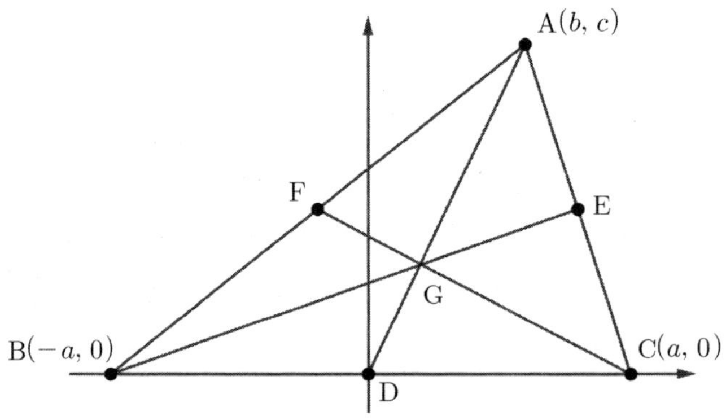

제3장 풀이

3.1 연습문제

1. (1) $(x-4)^2+(y+2)^2=9$　(2) $(x-1)^2+(y-2)^2=10$

(3) $(x+4)^2+(y-3)^2=25$　(4) $x^2+(y-3)^2=7$

2. (1) $\mathrm{C}_1(2,\ -3),\ \mathrm{r}_1=5$　(2) $\mathrm{C}_2(-1,\ -5),\ \mathrm{r}_2=5$

(3) $\mathrm{C}_3(-2,\ -2),\ \mathrm{r}_3=3$　(4) $\mathrm{C}_4(\frac{3}{2},\ -\frac{5}{2}),\ \mathrm{r}_4=\sqrt{\frac{3}{2}}$

3. 원의 방정식을 $x^2+y^2+ax+by+c=0$라고 하자. 이 방정식이 세 점 A, B, C를 지나므로 $a+b+c=-2,\ 4a+c=-16,\ 2a-b+c=-5$이다. 이 세 식을 연립하면 $a=-5,\ b=-1,\ c=4$이고 결과적으로 원의 방정식은 $x^2+y^2-5x-y+4=0$이다.

4. 원의 방정식을 $(x-a)^2+(y-b)^2=r^2$라고 하자. 원이 x축에 접하므로 $r=|b|$이고 원이 $\mathrm{A}(-2,8)$을 지나므로 $(-2-a)^2+(8-b)^2=b^2$ …(*)이다. 또 중심이 $y=2x+1$ 위에 있으므로 $b=2a+1$ …(**)이다. (*)과 (**)을 연립하면 $a=28,\ b=57,\ r=57$ 또는 $a=2,\ b=5,\ r=5$이므로 $(x-28)^2+(y-57)^2=57^2$ 또는 $(x-2)^2+(y-5)^2=5^2$이다.

5. (1) A가 원의 중심일 때, $|\mathrm{AB}|=\sqrt{64}$이므로 $(x+2)^2+(y+4)^2=64$이고 B가 원의 중심일 때, $(x-6)^2+(y-4)^2=64$이다.

(2) y축에 접하므로 원의 방정식은 $(x-a)^2+(y-b)^2=a^2$ 형태이다. 두 점 A, B를 넣어 대입하여 연립하면 $a=\frac{15}{2},\ b=\frac{3\sqrt{23}}{2}$이므로 $(x-\frac{15}{2})^2+(y-\frac{3\sqrt{23}}{2})^2=\frac{225}{4}$이다.

(3) 각 축에 접하는 원의 방정식은 $(x-a)^2+(y\pm a)^2=a^2$ 형태이고 원의 중심이 직선 $y=\frac{1}{2}x+3$ 위에 있으므로 $\pm a=\frac{1}{2}a+3$이다. 따라서 $(x-6)^2+(y-6)^2=36$ 또는 $(x+2)^2+(y-2)^2=4$이다.

6. (1) $x-4=3\cos\theta,\ y+2=3\sin\theta$로부터 $(x-4)^2+(y+2)^2=9$이다.

(2) $x+5=2\cos\theta,\ y-2=2\sin\theta$로부터 $(x+5)^2+(y-2)^2=4$이다.

7. $x=r\cos\theta,\ y=r\sin\theta$로부터 $(x-\sqrt{3})^2+(y-1)^2=1$이다. 따라서 $\mathrm{C}(\sqrt{3},1)$, $r=1$이다.

8. $(x-3)^2+(y-2)^2=27$로부터 $x=3\sqrt{3}\cos\theta+3,\ \mathrm{y}=3\sqrt{3}\sin\theta+2$이다.

9. 두 점 P, Q를 지나는 직선의 방정식은 $y=\frac{\sin\theta_1-\sin\theta_2}{\cos\theta_1-\cos\theta_2}(x-a\cos\theta_1)+a\sin\theta_1$ 이다. 이때 $\cos\theta_1-\cos\theta_2=-2\sin\frac{\theta_1+\theta_2}{2}\sin\frac{\theta_1-\theta_2}{2}$, $\sin\theta_1-\sin\theta_2=2\cos\frac{\theta_1+\theta_2}{2}\sin\frac{\theta_1-\theta_2}{2}$이고 $\cos\theta_1\cos\frac{\theta_1+\theta_2}{2}+\sin\theta_1\sin\frac{\theta_1+\theta_2}{2}=\cos\frac{\theta_1-\theta_2}{2}$이므로 $x\cos\frac{\theta_1+\theta_2}{2}+y\sin\frac{\theta_1+\theta_2}{2}=a\cos\frac{\theta_1+\theta_2}{2}$이다.

10. 원의 중심은 $C(\frac{x_1+x_2}{2}, \frac{y_1+y_2}{2})$이고 반지름은 $r=\frac{\sqrt{(x_1-x_2)^2+(y_1-y_2)^2}}{2}$이므로 원의 방정식은 $(x-\frac{x_1+x_2}{2})^2+(y-\frac{y_1+y_2}{2})^2=\frac{(x_1-x_2)^2+(y_1-y_2)^2}{4}$이고 이를 정리하여 나타내면 $(x-x_1)(x-x_2)+(y-y_1)(y-y_2)=0$이다.

3.2 연습문제

1. 점 P_0과 직선 $y=3x-4$의 거리는 $d=\frac{\sqrt{10}}{2}$이므로 원의 방정식은 $(x-2)^2+(y+3)^2=\frac{5}{2}$이다.

2. 주어진 원의 방정식에서 $g=3$, $f=-2$, $c=-37$이고 $x_1=-2$, $y_1=3$이므로 접선의 방정식은 $x+y=49$이다.

3. 두 원이 점 $P(x_1, y_1)$에서 만난다고 하자. P에서의 접선은 각각 $(x_1+g_1)x+(y_1+f_1)y+g_1x+f_1y+c_1=0$, $(x_1+g_2)x+(y_1+f_2)y+g_2x+f_2y+c_2=0$이고 기울기는 $-\frac{x_1+g_1}{y_1+f_1}$, $-\frac{x_1+g_2}{y_1+f_2}$이다. 이 두 접선이 수직이면 $\frac{x_1+g_1}{y_1+f_1}\frac{x_1+g_2}{y_1+f_2}=-1$이다. 이를 정리하면 $x_1^2+y_1^2+g_1x_1+g_2x_2+f_1y_1+f_2y_1+g_1g_2+f_1f_2=0$이고 이는 $(x_1^2+y_1^2+2g_1x_1+2f_1y_1)+(x_1^2+y_1^2+2g_2x_1+2f_2y_1)+2(g_1g_2+f_1f_2)=0$으로 변형할 수 있으며 $-c_1-c_2+2(g_1g_2+f_1f_2)=0$ 즉 $2(g_1g_2+f_1f_2)=c_1+c_2$이다.

4. 점 (3, 0)에서 x축에 접하므로 원의 방정식은 $(x-3)^2+(y-r)^2=r^2$으로 둘 수 있다. 원의 중심 $(3, r)$과 직선 $3y-4x=12$ 사이의 거리는 r이어야 하므로 $r=\frac{|9-4r-12|}{\sqrt{9+16}}$이어야 한다. 따라서 $r=3$이고 원의 방정식은 $(x-3)^2+(y-3)^2=9$이다.

5. x축과 45°각을 이루는 직선의 방정식은 $y=x+k$이다(k는 실수). 이때 원의 중심

$(1, 3)$과 직선 사이의 거리는 원의 반지름인 $\sqrt{18}$이어야 한다. 따라서 $k=8$이므로 직선의 방정식은 $y=x+8$이다.

6. $2x^2+2y^2-x+3y+1=0$인 원의 방정식은 중심이 $(\frac{1}{4}, -\frac{3}{4})$이고 반지름이 $\sqrt{\frac{1}{8}}$이다. 점 P와 원의 중심의 거리는 $\sqrt{\frac{5}{8}}$이므로 반지름의 크기보다 크다. 따라서 점 P는 원 밖에 있는 점이다. $x^2+y^2=4$인 원의 방정식은 중심이 $(0, 0)$이고 반지름이 2이다. 점 P와 원의 중심 사이의 거리는 $\sqrt{2}$이고 반지름의 크기보다 작다. 따라서 점 P는 원안에 있는 점이다.

7. i) 두 원을 각각 O_1, O_2라고 하자. $x^2+y^2-2x-4y-3-(x^2+y^2+4x-9y+3)=0$을 계산하면 $6x-5y+6=0$이고 이는 근축의 방정식이다.

ii) 두 원의 교점을 A, B라고 하고 O_1에서 선분 AB로 내린 수선의 발을 C라고 하자. 선분 $AO_1=2\sqrt{2}$이고 점과 직선 사이의 거리를 이용해 $O_1C=\frac{2}{\sqrt{61}}$임을 알 수 있다. 피타고라스 정리에 의해 $(AO_1)^2=(AC)^2+(O_1C)^2$이므로 $AC=\frac{22}{\sqrt{61}}$이다. 따라서 $AB=2\times AC=\frac{44}{\sqrt{61}}$이다.

iii) 두 원의 교점을 지나는 원의 방정식은 $x^2+y^2-2x-4y-3+k(x^2+y^2+4x-9y+3)=0$이다. 이 원이 원점을 지나므로 $(0, 0)$을 대입하면 $-3+3k=0$, 즉 $k=1$이다. 따라서 원의 방정식은 $x^2+y^2+x-\frac{13}{2}y=0$이다.

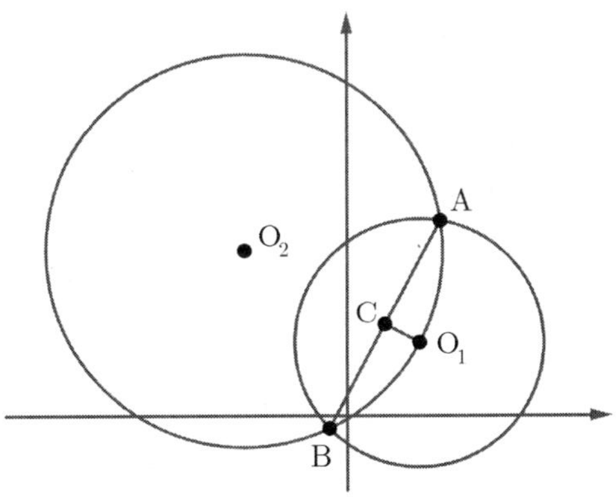

8. 극의 좌표를 $P_1(x_1, y_1)$이라 하자. $g=-1$, $f=-3$, $c=9$이므로 극의 방정식은 $(x_1-1)x+(y_1-3)y-x_1-3y_1+9=0$이다. 주어진 직선과 비교하면 $x_1=3$, $y_1=0$이다. 따라서 극은 $P_1(3, 0)$이다.

9. 직선 OP와 원 O교점을 각각 R, S라 하자. l은 극선이므로 $\frac{1}{\text{PR}}+\frac{1}{\text{PS}}=\frac{2}{\text{PQ}}$이다. OQ$=c$, PQ$=b$라고 하면 PR$=b+c-a$, PS$=b+c+a$이므로 $\frac{1}{b+c-a}+\frac{1}{b+c+a}=\frac{2}{b}$이다. 이를 정리하면 $\frac{b+c}{(b+c)^2-a^2}=\frac{1}{b}\Rightarrow a^2=c(b+c)$이다. 이때 OQ$=c$, OP$=b+c$이므로 OQ $\cdot$ OP$=a^2$이다.

10. 주어진 원의 방정식에서 $g=0$, $f=0$, $c=-r^2$이므로 극선의 방정식은 $x_1x+y_1y-r^2=0$이다. 주어진 직선을 비교하면 $x_1=-\frac{a}{c}r^2$, $y_1=-\frac{b}{c}r^2$이다.

11. A와 B의 극선을 각각 l_1, l_2라고 하자. C는 l_1과 l_2 위에 동시에 존재하므로 l_1과 l_2의 교점이다. C의 극선을 l_3라 하면 l_1과 l_3, l_2과 l_3는 서로 공액이다. 그러므로 l_3 위에 A, B가 있다. 따라서 C의 극선은 AB이다.

제4장 풀이

4.1 연습문제

1. (1) $\frac{c}{a}=\frac{1}{3}$, $\frac{a^2}{c}=5$이므로 $a=\frac{5}{3}$, $c=\frac{5}{9}$, $b=\sqrt{a^2-c^2}=\frac{5\sqrt{2}}{9}$이고 중심은 $(\frac{13}{9}, 0)$이다. 따라서 타원의 방정식은 $\frac{9}{25}(x-\frac{13}{9})^2+\frac{9}{200}y^2=1$이다.

(2) 초점의 중심이 타원의 중심이므로 중심은 $(2, 0)$이고 초점 사이의 거리가 6이므로 $c=3$이다. 또한 단축이 $(2, 1)$이므로 $b=1$, $a^2=c^2+b^2=10$이다. 따라서 타원의 방정식은 $\frac{(x-2)^2}{10}+y^2=1$이다.

(3) 중심과 한 초점 사이의 거리가 $\sqrt{2}$이므로 $c=\sqrt{2}$이고 한 꼭지점이 $(-2, 6)$이므로 $b=6$, $a^2=b^2-c^2=32$이다. 따라서 타원의 방정식은 $\frac{(x+2)^2}{32}+\frac{(y-2)^2}{36}=1$이다.

(4) 초점의 중심이 타원의 중심이므로 중심은 $(2, 0)$이고 한 초점과 중심 사이의 거리가 4이므로 $c=4$이다. 또한 장축이 10이므로 $b=5$, $a^2=b^2-c^2=9$이다. 따라서 타원의 방정식은 $\frac{x^2}{9}+\frac{(y-2)^2}{25}=1$이다.

2. (1) 중심: $(0, 0)$, 초점: $(4, 0)$, $(-4, 0)$, 준선: $\frac{25}{4}$, 이심률: $\frac{4}{5}$

(2) 중심: $(0, 0)$, 초점: $(\sqrt{3}, 0)$, $(-\sqrt{3}, 0)$, 준선: $\frac{4}{\sqrt{3}}$, 이심률: $\frac{\sqrt{3}}{2}$

(3) 중심: $(5,\ -5)$, 초점: $(5+2\sqrt{30},\ -5)$, $(5-2\sqrt{30},\ 5)$, 준선: $\frac{169}{2\sqrt{30}}$, 이심률: $\frac{2\sqrt{30}}{13}$

(4) 중심: $(3,\ 2)$, 초점: $(3+3\sqrt{3},\ 2)$, $(3-3\sqrt{3},\ 2)$, 준선: $4\sqrt{3}$, 이심률: $\frac{\sqrt{3}}{2}$

3. 타원의 극방정식은 $r=\frac{l}{1-e\cos\theta}$이다. 한편 $|\mathrm{F'A}|=r_1$, $|\mathrm{F'B}|=r_2$라 하면 $\mathrm{A}(r_1,\ \theta)$, $\mathrm{B}(r_2,\ \theta+\pi)$이다. 그러므로 $\frac{1}{\mathrm{F'A}}=\frac{1-e\cos\theta}{l}$, $\frac{1}{\mathrm{F'B}}=\frac{1-e\cos(\theta+\pi)}{l}=\frac{1+e\cos\theta}{l}$이다. 결국 $\frac{1}{\mathrm{F'A}}+\frac{1}{\mathrm{F'B}}=\frac{2}{l}$으로 일정하다.

4. (1) $x=2\cos\theta,\ y=\sin\theta$ (2) $x=\frac{1}{2}+2\sqrt{2}\cos\theta,\ y=\frac{3}{2}+2\sin\theta$

(3) $x=-3+2\cos\theta,\ y=-2+\sin\theta$ (4) $x=-1+2\cos\theta,\ y=2+4\sin\theta$

5. (1) $4c=a,\ 6a=b^2$이므로 $a=\frac{32}{5},\ b=8\sqrt{\frac{3}{5}}$이다. 따라서 $\frac{25}{1024}x^2+\frac{5}{192}y^2=1$이다.

(2) $3c=a,\ 4a=b^2$이므로 $a=\frac{9}{2},\ b=\sqrt{18}$이다. 따라서 $\frac{4}{81}x^2+\frac{1}{18}y^2=1$이다.

6. (1) $a=4,\ b=2,\ c=2\sqrt{3}$이므로 $\frac{c}{a}=\frac{\sqrt{3}}{2},\ \frac{b^2}{a}=1$이다. 따라서 $r=\frac{1}{1-\frac{\sqrt{3}}{2}\cos\theta}$이다.

(2) $a=3,\ b=2,\ c=\sqrt{5}$이므로 $\frac{c}{a}=\frac{\sqrt{5}}{3},\ \frac{b^2}{a}=\frac{4}{3}$이다. 따라서

$r=\frac{4}{3(1-\frac{\sqrt{5}}{3}\cos\theta)}$이다.

7. $x=r\cos\theta,\ y=r\sin\theta$을 타원 $\frac{x^2}{a^2}+\frac{y^2}{b^2}=1$에 대입하면 $\frac{r^2\cos^2\theta}{a^2}+\frac{r^2\sin^2\theta}{b^2}=1$으로부터 $\frac{\cos^2\theta}{a^2}+\frac{\sin^2\theta}{b^2}=\frac{1}{r^2}$이다. 점 P의 극좌표를 $\mathrm{P}(r_1,\ \theta)$라 하면 점 Q의 극좌표는 $\mathrm{Q}(r_2,\ \theta+\frac{\pi}{2})$이다. 그러므로 $\frac{1}{\mathrm{OP}^2}=\frac{1}{r_1^2}=\frac{\cos^2\theta}{a^2}+\frac{\sin^2}{b^2}$이고 $\frac{1}{\mathrm{OQ}^2}=\frac{1}{r_2^2}=\frac{\cos^2(\theta+\frac{\pi}{2})}{a^2}+\frac{\sin^2(\theta+\frac{\pi}{2})}{b^2}=\frac{\sin^2\theta}{a^2}+\frac{\cos^2\theta}{b^2}$이다. 따라서 $\frac{1}{\mathrm{OP}^2}+\frac{1}{\mathrm{OQ}^2}=\frac{1}{a^2}+\frac{1}{b^2}$으로 일정하다.

4.2 연습문제

1. (1) 초점: $(\sqrt{34}, 0)$, $(-\sqrt{34}, 0)$, 준선: $\dfrac{25}{\sqrt{34}}$, 이심률: $\dfrac{\sqrt{34}}{5}$, 점근선: $y=\pm\dfrac{3}{5}x$

(2) 초점: $(\sqrt{5}, 0)$, $(-\sqrt{5}, 0)$, 준선: $\dfrac{4}{\sqrt{5}}$, 이심률: $\dfrac{\sqrt{5}}{2}$, 점근선: $y=\pm\dfrac{1}{2}x$

(3) 초점: $(5+\sqrt{218}, -5)$, $(5-\sqrt{218}, -5)$, 준선: $\dfrac{169}{\sqrt{218}}$, 이심률: $\dfrac{\sqrt{218}}{13}$,

점근선: $y=\pm\dfrac{7}{13}(x-5)-5$

(4) 초점: $(3+\sqrt{5}, 2)$, $(3-\sqrt{5}, 2)$, 준선: $\dfrac{12}{\sqrt{5}}$, 이심률: $\dfrac{\sqrt{5}}{2}$,

점근선: $y=\pm\dfrac{1}{2}(x-3)+2$

2. (1) 중심과 한 초점 사이의 거리는 $c=8$, 중심과 한 꼭짓점 사이의 거리는 $a=3$, $b=\sqrt{55}$이므로 $\dfrac{(x-2)^2}{9}-\dfrac{(y-2)^2}{55}=1$이다.

(2) 중심과 한 초점 사이의 거리는 $c=8$, 중심과 한 꼭짓점 사이의 거리는 $a=6$, $b=\sqrt{28}$이므로 $\dfrac{(x+2)^2}{36}-\dfrac{(y-2)^2}{28}=1$이다.

(3) $c=2b$, $b^2=2c$이므로 $b=4$, $c=8$, $a^2=48$이고 중심은 $(1, 1+c)=(1, 9)$이다. 따라서 $\dfrac{(x-1)^2}{48}-\dfrac{(y-9)^2}{16}=-1$이다.

(4) 두 초점의 중심은 쌍곡선의 중심이므로 중심은 $(0, 0)$이고 $c=4$이다. 또한 $2c=3a$이므로 $a=\dfrac{8}{3}$, $b^2=\dfrac{180}{9}$이다. 따라서 $\dfrac{9}{64}x^2-\dfrac{9}{180}y^2=1$이다.

3. (1) 두 점근선을 연립하면 $x=3$, $y=-1$이므로 중심은 $(2, -1)$이다. 중심과 한 초점 사이의 거리는 $c=1$이고 점근선의 기울기가 1이므로 $a=b$이다. 즉 $a=b=\dfrac{1}{\sqrt{2}}$이다. 따라서 $2x^2-2y^2=1$이다.

(2) 두 점근선을 연립하면 $x=6$, $y=0$이므로 중심은 $(6, 0)$이다. 중심과 한 꼭짓점 사이의 거리는 $b=5$이고 $6b=5a$이므로 $a=6$이다. 따라서 $\dfrac{(x-6)^2}{36}-\dfrac{y^2}{25}=-1$이다.

4. (1) $x=10\sec\theta$, $y=5\tan\theta$ (2) $x=4\sqrt{3}\cot\theta$, $y=6\csc\theta$

(3) $x=1+\cos\theta$, $y=-2+2\sin\theta$ (4) $x=4+4\cos\theta$, $y=2\sqrt{5}\sin\theta$

5. (1) $r=\dfrac{-4}{2-\sqrt{6}\cos\theta}$ (2) $r=\dfrac{-3}{3-\sqrt{5}\cos\theta}$

(3) $r = \dfrac{-4}{3 - \sqrt{13}\cos\theta}$ (4) $r = \dfrac{-1}{4 - \sqrt{17}\cos\theta}$

6. 쌍곡선 $x^2 - 3y^2 = 3$의 점근선의 점근선은 $\dfrac{x}{\sqrt{3}} \pm y = 0$이므로

$$\cos\theta = \frac{\frac{1}{3} - 1}{\sqrt{\frac{1}{3}+1}\sqrt{\frac{1}{3}+1}} = -\frac{1}{2}$$ 이다. 그러므로 $\theta = \dfrac{\pi}{3}, \dfrac{2\pi}{3}$이다.

4.3 연습문제

1. (1) 초점: $(-3, 0)$, 준선: $x = 1$, 꼭짓점: $(-1, 0)$

(2) 초점: $(2, 2)$, 준선: $x = 6$, 꼭짓점: $(4, 2)$

(3) 초점: $(-5, 5)$, 준선: $y = -5$, 꼭짓점: $(-5, 0)$

(4) 초점: $(3, 0)$, 준선: $x = -7$, 꼭짓점: $(-4, 0)$

2. (1) $(x-3)^2 = 8(y-2)$ (2) $(y+6)^2 = 24(x+4)$

(3) 꼭짓점을 (x_1, y_1)이라 하면 $-1 = -p + x_1$이고 초점은 $(p + x_1, y_1) = (5, 0)$이다. 이를 연립하면 $x_1 = 2, y_1 = 0, p = 3$이므로 $y^2 = 12(x-2)$이다.

(4) 꼭짓점을 (x_1, y_1)이라 하면 $4 = -p + y_1$이고 초점은 $(x_1, y_1 + p) = (1, 3)$이다. 이를 연립하면 $x_1 = 1, y_1 = \dfrac{7}{2}, p = -\dfrac{1}{2}$이므로 $(x-1)^2 = -2(y - \dfrac{7}{2})$이다.

(5) 꼭짓점이 $(3, -4)$이고 축은 x축과 평행하므로 $(y+3)^2 = 4p(x-3)$이다. 이 식에 $(2, -5)$를 대입하면 $p = -\dfrac{1}{4}$이다. 따라서 $(y+4)^2 = -(x-3)$이다.

(6) 꼭짓점을 (x_1, y_1)라 하면 축이 y축과 평행하므로 $(x - x_1)^2 = 4p(y - y_0)$이다. 이 식에 $(-1, 0), (5, 0), (1, 8)$을 대입하여 연립하면 $x_1 = 2, y_1 = 9, p = -\dfrac{1}{4}$이다. 따라서 $(x-2)^2 = -(y-9)$이다.

제5장 풀이

5.1 연습문제

1. (1) $y = \sqrt{3}x + \dfrac{1}{\sqrt{3}}$ (2) $y = 2x \pm \sqrt{32}$

2. (1) $2x - 15y = 10$ (2) $3y = 4x - 8$

3. 주어진 직선에 수직인 직선의 기울기는 $m=\frac{1}{4}$이다. 그때의 접선의 방정식은 $y=\frac{1}{4}x\pm\frac{5}{4}$이고 접점은 $(-1, 1)$, $(1, -1)$이다.

4. $x\cos\theta+y\sin\theta=p$의 기울기는 $-\cot\theta$이다. 따라서 $y=-\cot\theta x\pm\frac{\sqrt{a^2\cos^2\theta-b^2\sin^2\theta}}{\sin\theta}$이고 이를 정리하면 $x\cos\theta+y\sin\theta=\sqrt{a^2\cos^2\theta-b^2\sin^2\theta}$이다. 따라서 접하기 위한 조건은 $p=\sqrt{a^2\cos^2\theta-b^2\sin^2\theta}$이어야 한다.

5. i) $Ax+By+C=0$의 기울기는 $-\frac{A}{B}$이다. 기울기가 $-\frac{A}{B}$인 타원의 접선의 방정식은 $Ax+By\pm\sqrt{a^2A^2+b^2B^2}=0$이다. 접하기 위한 조건은 $C=\pm\sqrt{a^2A^2+b^2B^2}$이다.

ii) 기울기가 $-\frac{A}{B}$인 포물선의 접선의 방정식은 $Ax+By+\frac{B^2}{A}p=0$이다. 따라서 접하기 위한 조건은 $C=\frac{B^2}{A}p$이다.

6. 포물선 위의 한 점을 $\mathrm{P}(x_1, y_1)$라 하자. 이 점에서의 접선은 $y_1y=2p(x+x_1)$이고 이때 접선이 x축과 만나는 점 T는 $\mathrm{T}(-x_1, 0)$이다. 또한 점 P에서 x축으로 내린 수선의 발 M은 $\mathrm{M}(x_1, 0)$이다. TM의 중점은 $(0, 0)$이므로 주어진 포물선의 꼭짓점이다.

7. $\mathrm{P}(x_1, y_1)$라 할 때, T는 $(x_1, 0)$이다. (문제 6번 풀이 참고) 또한 $\mathrm{F}(p, 0)$이다. $|\mathrm{FT}|=(x_1+p)^2=(x_1-p)^2+4px_1=(x_1-p)^2+y_1=|\mathrm{FP}|$ 따라서 $|\mathrm{FP}|=|\mathrm{FT}|$이다.

8. 타원 $\frac{x^2}{a^2}+\frac{y^2}{b^2}=1$에 대하여 기울기가 m인 접선은 $y=mx\pm\sqrt{a^2m^2+b^2}$이다. 이때 접선 위의 임의의 점을 $\mathrm{P}(x_1, y_1)$라 하자. 그러면 $y_1=mx_1\pm\sqrt{a^2m^2+b^2}$이고 이를 m에 대하여 정리하면 $(x_1^2-a^2)m^2-2mx_1y_1+y_1^2-b^2=0$이다. 이때 m의 해가 되는 두 기울기가 서로 직교한다면 곱은 -1이므로 $\frac{y_1^2-b^2}{x_1^2-a^2}=-1$이다(근과 계수와의 관계). 이를 정리하면 $x_1^2+y_1^2=a^2+b^2$이다. x_1과 y_1은 임의의 상수이므로 직교하는 접선의 교점의 자취는 원점이 $(0, 0)$이고 반지름이 $\sqrt{a^2+b^2}$인 원이다.

★ 타원의 중점이 $(0, 0)$이 아닌 경우는 평행이동을 한 후 생각한다.

쌍곡선도 타원과 같은 방법으로 증명한다.

9. 쌍곡선의 방정식을 $\frac{x^2}{a^2}-\frac{y^2}{b^2}=1$라 하고 쌍곡선 위의 점 $\mathrm{P}(x_1, y_1)$라 하자. (중점이

(0, 0)이 아닌 경우는 평행이동을 생각하자.) 점근선의 방정식은 $y=\pm\frac{b}{a}x$이고 점 P의 접선 방정식은 $\frac{x_1}{a^2}-\frac{y_1}{b^2}=1$이다. i) P의 접선의 방정식과 $y=\frac{b}{a}x$의 교점 Q는 두 식을 연립하여 $Q(\frac{a^2b}{bx_1-ay_1}, \frac{ab^2}{bx_1-ay_1})$를 얻을 수 있다. ii) P의 접선의 방정식과 $y=-\frac{b}{a}x$의 교점 R은 두 식을 연립하여 $R(\frac{a^2b}{bx_1+ay_1}, \frac{-ab^2}{bx_1+ay_1})$을 얻을 수 있다. QR의 중점을 구해보자.

x좌표: $\frac{1}{2}(\frac{a^2b}{bx_1-ay_1}+\frac{a^2b}{bx_1+ay_1})=\frac{a^2b^2x_1}{b^2x_1^2-a^2y_1^2}=\frac{x_1}{\frac{b^2x_1^2-a^2y_1^2}{a^2b^2}}=\frac{x_1}{(\frac{x_1^2}{a^2}-\frac{y_1^2}{b^2})}$

$=x_1$

y좌표: $\frac{1}{2}(\frac{ab^2}{bx_1-ay_1}+\frac{-ab^2}{bx_1+ay_1})=y_1$이므로 QR의 중점 좌표는 (x_1, y_1)이고 이는 P이다.

10. 포물선 $y^2=4px$의 초점 $(p, 0)$을 지나고 방향코사인이 λ, μ인 직선의 매개방정식 $x=p+\lambda t, y=\mu t$을 포물선에 대입하면 $\mu^2t^2=4p\lambda t+4p^2$이다. 이 이차방정식의 해는 $t=\frac{2p(\lambda\pm 1)}{\mu^2}$이다. 이때 직선과 포물선이 만나는 두 점을 A, B라 하면 $A(p+\frac{2\lambda p(\lambda+1)}{\mu^2}, \frac{2p(\lambda+1)}{\mu}), B(p+\frac{2\lambda p(\lambda-1)}{\mu^2}, \frac{2p(\lambda-1)}{\mu})$이다. 점 A에서의 접선의 기울기는 $m_1=\frac{\mu}{\lambda+1}$이고 점 B에서의 접선의 기울기는 $m_2=\frac{\mu}{\lambda-1}$이다. 이때 $m_1m_2=\frac{\mu^2}{\lambda^2-1}=\frac{\mu^2}{-\mu^2}=-1(\because \lambda^2+\mu^2=1)$이다. 결국 두 접선은 수직이다.

11. 포물선 $y^2=4px$의 초점을 지나는 현의 양 끝 점을 P, Q라 하자. 이때 P의 접선의 기울기를 m이라 할 때, 접선의 방정식은 $y=mx+\frac{p}{m}$이고 Q의 접선의 기울기는 $-\frac{1}{m}$이므로 ($\because$ 문제 10) 접선의 방정식은 $y=-\frac{1}{m}x-mp$이다. 두 방정식의 교점을 구하면 $(m+\frac{1}{m})x+(m+\frac{1}{m})=0$이므로 $x=-p$, 즉 접선의 교점은 준선 위에 있다.

12. 타원 $\frac{x^2}{a^2}-\frac{y^2}{b^2}=1$ 위의 한 접점을 $P(x_1, y_1)$라 하자. P에서의 접선의 기울기는 $-\frac{b^2x_1}{a^2y_1}$이므로 초점 $F(c, 0)$을 지나고 수직인 직선은 $y=\frac{a^2y_1}{b^2x_1}(x-c)$ ⋯㉠이다. 원

점을 지나고 P를 지나는 직선은 $y=\frac{y_1}{x_1}x$ …ⓛ이다. ㉠과 ⓛ의 교점은 $(\frac{a^2}{c},\ \frac{a^2y_1}{cx_1})$ 이고 P는 타원 위의 임의의 점이므로 교점의 자취는 $x=\frac{a^2}{c}$이다. 비슷한 방법으로 초점 $\mathrm{F}(-c,0)$에 대한 자취는 $x=-\frac{a^2}{c}$이다.

쌍곡선도 타원과 같은 방법으로 증명한다.

5.2 연습문제

1. (1) $y=-\frac{1}{2}x$ (2) $y=-\frac{9}{10}x$ (3) $y=\frac{3}{4}x$ (4) $y=12$

2. 타원의 방정식을 $\frac{x^2}{a^2}+\frac{y^2}{b^2}=1$이라 하자. 그러면 장축 P(a, 0)이고 P의 접선의 방정식은 $x=a$이다. $y=mx$의 직경의 방정식은 $y=-\frac{b^2}{a^2m}x$이고 $\mathrm{Q}(a,\ ma)$, $\mathrm{R}(a,\ -\frac{b^2}{am})$이다. PQ$=ma$, PR$=\frac{b^2}{am}$이므로 PQ · PR$=b^2$이므로 일정하다.

3. 타원 $\frac{x^2}{a^2}+\frac{y^2}{b^2}=1$ 위의 한 점 $\mathrm{P}_1(x_1,\ y_1)$을 직경의 끝점이라 하면 공액직경과 타원과의 교점은 $\mathrm{Q}_1(-\frac{a}{b}y_1,\ \frac{b}{a}x_1)$, $\mathrm{Q}_1{}'(\frac{a}{b}y_1,\ -\frac{b}{a}x_1)$이다. 이 점에서의 접선들로 이루어진 평행사변형은 P_1, $\mathrm{P}_1{}'$, Q_1, $\mathrm{Q}_1{}'$를 꼭지점으로 갖는 평행사변형 넓이의 두 배와 같다. $\square \mathrm{P}_1\mathrm{Q}_1{}'\mathrm{P}_1{}'\mathrm{Q}_1$의 넓이를 구해보자. 먼저 $\mathrm{P}_1\mathrm{Q}_1{}'=\sqrt{(x_1-\frac{a}{b}y_1)^2+(y_1+\frac{b}{a}x_1)^2}$ 이다. P_1과 $Q_1{}'$를 지나는 직선의 방정식은 $l_1:y=\frac{y_1+\frac{b}{a}x_1}{x_1-\frac{a}{b}y_1}(x-x_1)+y_1$이고 l_1과 $\mathrm{P}_1{}'$ 사이의 거리는 $\frac{2\left|\frac{b}{a}x_1^2+\frac{a}{b}y_1^2\right|}{\sqrt{(x_1-\frac{a}{b}y_1)^2+(y_1+\frac{b}{a}x_1)^2}}=\frac{2ab}{\sqrt{(x_1-\frac{a}{b}y_1)^2+(y_1+\frac{b}{a}x_1)^2}}$ 이다. 따라서 $\square \mathrm{P}_1\mathrm{Q}_1{}'\mathrm{P}_1{}'\mathrm{Q}_1=2ab$이므로 구하고자 하는 평행사변형의 넓이는 $4ab$ 이다.

4. 쌍곡선 $\frac{x^2}{a^2}-\frac{y^2}{b^2}=1$ 위의 한 점 $\mathrm{P}_1(x_1,\ y_1)$을 직경의 끝점이라 하면 타원과의 교점은 $\mathrm{Q}_1(\frac{a}{b}y_1,\ \frac{b}{a}x_1)$, $\mathrm{Q}_1{}'(-\frac{a}{b}y_1,\ -\frac{b}{a}x_1)$이다. P_1, $\mathrm{P}_1{}'$, Q_1, $\mathrm{Q}_1{}'$에서의 접선을 각각 l_1, $l_1{}'$, m_1, $m_1{}'$라 하면 $l_1:\frac{x_1x}{a^2}-\frac{y_1y}{b^2}=1$, $l_1{}':-\frac{x_1x}{a^2}+\frac{y_1y}{b^2}=1$, $m_1:\frac{y_1x}{ab}-\frac{x_1y}{ab}$

$=-1$, m_1' $:-\dfrac{y_1x}{ab}+\dfrac{x_1y}{ab}=-1$이다. P_1에서의 기울기와 P_1'에서의 기울기가 $\dfrac{b^2x_1}{a^2y_1}$으로 평행하다. 또한 Q_1에서의 기울기와 Q_1'에서의 기울기도 $\dfrac{y_1}{x_1}$으로 평행하다. 따라서 네 점은 평행사변형을 이룬다. l_1과 m_1의 교점을 구해보면 $(x_1+\dfrac{a}{b}y_1,\ y_1+\dfrac{b}{a}x_1)$으로 $y=\dfrac{b}{a}x$ 위의 점이다. l_1'과 m_1' 또한 $y=\dfrac{b}{a}x$ 위의 점임을 알 수 있고 l_1과 m_1', l_1'과 m_1은 $y=-\dfrac{b}{a}x$ 위의 점임을 알 수 있다.

5. 포물선 $y^2=4px$ 위의 두 점 P, Q를 지나는 직선의 기울기를 m이라 하자. 종선의 기울기가 m인 직경의 방정식은 $l_1: y=\dfrac{2p}{m}$이다. P, Q를 지나는 직선의 방정식에 수직이고 초점을 지나는 직선의 방정식은 $l_2: y=-\dfrac{1}{m}(x-p)$이다. l_1과 l_2의 교점은 $(-p,\ \dfrac{2p}{m})$이고 m은 임의의 두 점 사이의 기울기이므로 자취의 방정식은 $x=-p$이다.

6. 평면에 주어진 세 점 $A(x_1,\ y_1)$, $B(x_2,\ y_2)$, $C(x_3,\ y_3)$으로 이루어진 삼각형의 넓이는 $S=\dfrac{1}{2}|x_1(y_2-y_3)+x_2(y_3-y_1)+x_3(y_1-y_2)|$이다. 한편 세 점 A, B, C는 포물선 위의 점이므로 $y_1^2=4px_1$, $y_2^2=4px_2$, $y_3^2=4px_3$이 성립한다. 이로부터 $S=\dfrac{1}{2}\left|\dfrac{y_1^2}{4p}(y_2-y_3)+\dfrac{y_2^2}{4p}(y_3-y_1)+\dfrac{y_3^2}{4p}(y_1-y_2)\right|=\dfrac{1}{8}\left|\dfrac{1}{p}(y_1-y_2)(y_2-y_3)(y_3-y_1)\right|$ 이다.

5.3 연습문제

1. 쌍곡선 $\dfrac{x^2}{a^2}-\dfrac{y^2}{b^2}=1$의 준선 위의 임의의 한 점을 $P(\dfrac{a^2}{c},\ y_1)$라 하자. P에 관한 극선은 $\dfrac{1}{c}x-\dfrac{y_1}{b^2}y=1$이고, 이 극선에 초점 $(c,0)$을 대입하면 성립한다.

2. 포물선 $y^2=4px$의 준선 위의 임의의 한 점을 $P(-p,\ y_1)$라 하자. P에 관한 극선은 $y_1y=2p(x-p)$이고 이 극선에 초점 $(p,0)$을 대입하면 성립한다.

3. 타원 $\dfrac{x^2}{a^2}+\dfrac{y^2}{b^2}=1$의 준선 위의 임의의 한 점을 $P(\dfrac{a^2}{c},\ y_1)$라 하자. 이 점 P의 극선은 $\dfrac{1}{c}x+\dfrac{y_1y}{b^2}=1$이므로 기울기는 $-\dfrac{b^2}{cy_1}$이다. 점 P와 초점 $F(c,0)$을 지나는 직선

의 기울기를 구하면 $\frac{cy_1}{b^2}$이다. $(-\frac{b^2}{cy_1})\cdot\frac{cy_1}{b^2}=-1$이므로 두 직선은 수직이다.

4. 점 P, Q, M에서 x축에 수선을 내린 점을 각각 P′, Q′, M′라 하자. $\mathrm{OP}\cdot\mathrm{OQ}=(\mathrm{OM})^2 \Leftrightarrow \mathrm{OP}:\mathrm{OM}=\mathrm{OM}:\mathrm{OQ} \Leftrightarrow \mathrm{OP}':\mathrm{OM}'=\mathrm{OM}':\mathrm{OQ}' \Leftrightarrow \mathrm{OP}'\cdot\mathrm{OQ}'=(\mathrm{OM})^2$이므로 $\mathrm{OP}'\cdot\mathrm{OQ}'=(\mathrm{OM})^2$을 보이면 된다. $\mathrm{P}(x_1, y_1)$라 하면 P와 O를 지나는 직선은 $y=\frac{y_1}{x_1}x$이고 이 직선과 쌍곡선과의 교점 M에서 x축에 수선을 내린 점은 $\mathrm{M}'(\pm\frac{abx_1}{\sqrt{b^2x_1^2-a^2y_1^2}}, 0)$이다. $\mathrm{OP}'=|x_1|$, $\mathrm{OQ}'=\left|\frac{a^2b^2x_1}{b^2x_1^2-a^2y_1^2}\right|$, $\mathrm{OM}'=\left|\frac{abx_1}{\sqrt{b^2x_1^2-a^2y_1^2}}\right|$이므로 $\mathrm{OP}'\cdot\mathrm{OQ}'=\frac{a^2b^2x_1^2}{|b^2x_1^2-a^2y_1^2|}=\frac{a^2b^2x_1^2}{b^2x_1^2-a^2y_1^2}=(\mathrm{OM}')^2$이다.

($\because$ 점 P는 쌍곡선 내부에 있으므로 $\frac{x_1^2}{a^2}-\frac{y_1^2}{b^2}>1 \Rightarrow b^2x_1^2-a^2y_1^2>a^2b^2>0$이다.)

5. 포물선 $y^2=4px$에 대한 초점 F(p, 0)에 대한 극선은 $0\cdot y=2p(x+p) \Rightarrow x=-p$이다. 즉 초점에 대한 극선은 준선이다.

6. 타원 $\frac{x^2}{a^2}+\frac{y^2}{b^2}=1$에 대한 한 초점 $\mathrm{F}(c, 0)$에 대한 극선은 $\frac{cx}{a^2}+\frac{0\cdot y}{b^2}=1 \Rightarrow x=\frac{a^2}{c}$이고 $\mathrm{F}'(-c, 0)$에 대한 극선은 $x=-\frac{a^2}{c}$이다. 즉 초점에 대한 극선은 준선이다.

7. 쌍곡선 $\frac{x^2}{a^2}-\frac{y^2}{b^2}=1$에 대한 한 초점 $\mathrm{F}(c, 0)$에 대한 극선은 $\frac{cx}{a^2}-\frac{0\cdot y}{b^2}=1 \Rightarrow x=\frac{a^2}{c}$이고 $\mathrm{F}'(-c, 0)$에 대한 극선은 $x=-\frac{a^2}{c}$이다. 즉 초점에 대한 극선은 준선이다.

5.4 연습문제

1. (1) $\frac{\overline{X^2}}{4}+\frac{\overline{Y^2}}{9}=1$ (2) $-3\overline{X^2}+2\overline{Y^2}=1$ (3) $\frac{3\overline{X^2}}{3-2\sqrt{2}}+\frac{2\overline{Y^2}}{3+2\sqrt{2}}=-1$

2. (1) $\overline{X^2}=-\frac{\sqrt{5}}{25}\overline{Y}$ (2) $\overline{Y^2}=4\sqrt{2}\,\overline{X}$ (3) $\overline{Y^2}=\sqrt{2}\,\overline{X}$

제6장 풀이

6.1 연습문제

1. (1) $|P_1P_2| = \sqrt{6}$ (2) $|P_1P_2| = \sqrt{58}$ (3) $|Q_1Q_2| = \sqrt{69}$ (4) $|Q_1Q_2| = 4\sqrt{6}$

2. (1) $P(\frac{13}{5}, \frac{8}{5}, \frac{22}{5})$ (2) $P(7, 9, -2)$ (3) $P(\frac{14}{3}, 4, \frac{8}{3})$ (4) $P(-9, 5, -2)$

3. (1) $A(1, \frac{\pi}{2}, 0)$ (2) $B(2\sqrt{2}, \frac{\pi}{4}, -4)$

(3) $C(2\sqrt{2}, \frac{3\pi}{4}, 4)$ (4) $D(\sqrt{15}, \tan^{-1}(2), 3)$

4. (1) $A(1, \frac{\pi}{2}, \frac{\pi}{2})$ (2) $B(2\sqrt{6}, \frac{\pi}{4}, \tan^{-1}(\frac{-\sqrt{2}}{2}))$

(3) $A(2\sqrt{6}, \frac{3\pi}{4}, \tan^{-1}(\frac{\sqrt{2}}{2}))$ (4) $D(1, 0, 0)$

5. $(2\sqrt{3}, 2, 3)$

6. $(1, \sqrt{3}, 2\sqrt{3})$

7. $\overline{AB}^2 = (a-b)^2 + (b-c)^2 + (c-a)^2$, $\overline{BC}^2 = (b-c)^2 + (c-a)^2 + (a-b)^2$, $\overline{CA}^2 = (c-a)^2 + (a-b)^2 + (b-c)^2$이므로 $\overline{AB}^2 = \overline{BC}^2 = \overline{CA}^2$이다. 따라서 $\overline{AB} = \overline{BC} = \overline{CA}$이므로 만들어진 삼각형은 정삼각형이다.

6.2 연습문제

1. (1) $A + B = \begin{bmatrix} 5 & 2 \\ 3 & 5 \end{bmatrix}$ (2) $AB = \begin{bmatrix} 7 & -4 \\ 14 & 26 \end{bmatrix}$

(3) $3A = \begin{bmatrix} 3 & -9 \\ 12 & 6 \end{bmatrix}$ (4) $2A + 3B = \begin{bmatrix} 14 & 9 \\ 5 & 13 \end{bmatrix}$

2. (1) $A + B = \begin{bmatrix} 5 & 1 & 2 \\ 1 & 4 & 0 \\ -2 & 7 & 3 \end{bmatrix}$ (2) $AB = \begin{bmatrix} 2 & 5 & 4 \\ 3 & 2 & -1 \\ 10 & 9 & 4 \end{bmatrix}$

(3) $-2A = \begin{bmatrix} -4 & 0 & -2 \\ 2 & -6 & 0 \\ -4 & -8 & -2 \end{bmatrix}$ (4) $A + 2B = \begin{bmatrix} 8 & 2 & 3 \\ 3 & 5 & 0 \\ -6 & 10 & 5 \end{bmatrix}$

3. (1) $\det(A) = 11$ (2) $\det(B) = 21$

4. (1) $\| \mathbf{u} \| = \sqrt{29}$ (2) $\mathbf{u} + 3\mathbf{v} = (-1, 6, 10)$

(3) $u \cdot v = -3$ (4) $u \times v = (-18, -8, 3)$

5. 세 점으로 이루어진 삼각형의 넓이는 $\overrightarrow{AB}$와 $\overrightarrow{AC}$로 이루어진 평행사변형 넓이의 $\frac{1}{2}$ 이다. $\overrightarrow{AB} = (-1, 6, -3)$, $\overrightarrow{AC} = (0, 4, -1)$이므로 $\overrightarrow{AB} \times \overrightarrow{AC} = (6, -1, -4)$이고 $\| \overrightarrow{AB} \times \overrightarrow{AC} \| = \sqrt{53}$이다. 따라서 세 점으로 이루어진 삼각형의 넓이는 $\frac{\sqrt{53}}{2}$이다.

6. $u \times v = (1, 22, 17)$이므로 $\| u \times v \| = 3\sqrt{86}$이다. 따라서 평행사변형의 넓이는 $3\sqrt{86}$이다.

제7장 풀이

7.1 연습문제

1. (1) $\frac{x+1}{3} = \frac{y-2}{4} = \frac{z-3}{5}$ (2) $\frac{x+1}{-1} = \frac{y+1}{2} = \frac{z-3}{3}$

2. 주어진 직선의 매개변수방정식은 $x = 2k+1$, $y = k+8$, $z = 3k+8$이다. 원점과의 거리가 25인 k값을 구해보자. $(2k+1)^2 + (k+8)^2 + (3k+8)^2 = 25$를 만족하기 위해서는 $k = -\frac{62}{7}$ 또는 $k = 4$이다. 따라서 거리가 25인 점의 좌표는 $(\frac{-117}{7}, \frac{-6}{7}, \frac{-130}{7})$ 또는 $(9, 12, 20)$이다.

3. $\frac{\sqrt{170}}{3}$

4. $(\frac{4}{\sqrt{42}}, \frac{5}{\sqrt{42}}, \frac{-1}{\sqrt{42}})$

5. $\cos\theta = \frac{7\sqrt{22}}{55}$

6. $d = \frac{1}{\sqrt{38}}$

7.2 연습문제

1. (1) $x - 2y + 3z = 15$ (2) $2x - 3y + z = -1$
   (3) $3x + z = 3$ (4) $-x + 4y + 2z = 5$

2. (1) $x + y + z = -1$ (2) $2x - 3y + 4z = 3$
   (3) $2x + 3y + z = 9$ (4) $8x + 4y + z = 66$

7.3 연습문제

1. $\overrightarrow{OH}$로의 단위벡터는 $(-\frac{2}{3}, \frac{1}{3}, \frac{2}{3})$이고 $|OH| = 9$이다. 따라서 $\overrightarrow{OH}$에 수직인 평면의 방정식은 $-\frac{2}{3}x + \frac{1}{3}y + \frac{2}{3}z = 9 \Leftrightarrow -2x + y + 2z = 27$이다.

2. 방법 i) 점 A, B를 지나는 직선의 방정식은 $l : \frac{x+2}{3} = \frac{y-1}{2} = z-1$이다. 직선 l을 지나지 않는 점 $P(2, 1, 2)$와 평면 위에 있는 점 $P_1 = (-2, 1, 1)$에 대하여 $\begin{vmatrix} x-2 & y-1 & z-2 \\ -4 & 0 & -1 \\ 3 & 2 & 1 \end{vmatrix} = 0$이다. 따라서 평면의 방정식은 $2x + y - 8z + 11 = 0$이다.

방법 ii) 세 점 A, B, C를 지나는 평면의 방정식을 구해보자.
$\overrightarrow{AB} = (6, 4, 2)$, $\overrightarrow{AP} = (4, 0, 1)$이고 $\overrightarrow{AB} \times \overrightarrow{AP} = (4, 2, -16)$이다. 따라서 평면의 방정식은 $4(x+2) + 2(y-1) - 16(z-1) = 0 \Leftrightarrow 2x + y - 8z + 11 = 0$

3. (1) $d = 3$ (2) $d = 1$

4. (1) $\theta = \cos^{-1}(-\frac{1}{10})$ (2) $\theta = \cos^{-1}(\frac{8\sqrt{5}}{25})$

5. 점 P를 지나고 주어진 평면에 평행한 평면의 방정식은 $3x + y - 2z + d = 0$꼴이다 $(d \neq -5)$. 이 평면은 점 P를 지나므로 $-12 - 2 - 6 + d = 0$이고 $d = 20$이다. 따라서 평면의 방정식은 $3x + y - 2z + 20 = 0$이다.

6. $4 - 6k + 8 = 0 \Rightarrow k = 2$

7. 두 점 P, Q를 지나는 직선의 방정식은 $\frac{x+2}{6} = \frac{y-3}{3} = \frac{z-1}{6} \Leftrightarrow \frac{x+2}{2} = y - 3 = \frac{z-1}{2}$이다. 따라서 $\sin\theta = \frac{4\sqrt{2}}{9}$이므로 $\theta = \sin^{-1}(\frac{4\sqrt{2}}{9})$이다.

8. Q는 z축 위의 점이므로 $Q = (0, 0, c)$라고 둘 수 있다. P, Q를 지나는 직선의 방정식은 $\frac{x}{10} = \frac{y}{4} = \frac{z-c}{4-c}$이고 직선 $2x + 3y + 4z - 30 = 0$과 평행하므로 $20 + 12 + 4(4-c) = 0$이고 $c = 12$이다. 따라서 $Q = (0, 0, 12)$이다.

9. 두 직선에 의해 결정되는 평면을 $ax + by + cz + d = 0$라 하자. 두 직선의 교점은 $(4, 3, 7)$이고 평면에 두 직선이 포함되므로 $4a + 3b + 7c + d = 0$, $3a + 5b + 13c = 0$, $9a + 5b = 4c = 0$이다. 이 세 식을 이용하여 b, c, d를 a에 대하여 나타내면 $b = -\frac{7}{3}a$, $c = \frac{2}{3}a$, $d = -\frac{5}{3}a$이다. 이를 평면에 대입하여 정리하면 $3x - 7y + 2z - 5 = 0$이다.

10. y축을 포함하는 평면의 방정식은 $ax + cz = 0$이다. 이때 점 (x_0, y_0, z_0)를 지나기 위해

서는 $ax_0+cz_0=0$이고 $a=-\dfrac{cz_0}{x_0}$이다. 따라서 평면의 방정식은 $-\dfrac{cz_0}{x_0}x+cz=0$ $\Leftrightarrow z_0x-x_0z=0$이다.

11. 점 (x_0, y_0, z_0)를 지나는 직선의 방정식은 $\dfrac{x-x_0}{u}=\dfrac{y-y_0}{v}=\dfrac{z-z_0}{w}$이다. 이 직선과 평면 $ax+by+cz+d=0$이 수직이므로 $\dfrac{u}{a}=\dfrac{v}{b}=\dfrac{v}{c}$이어야 하고 이를 k라고 두자. 그러면 $u=ak, v=bk, w=ck$이므로 직선의 방정식은 $\dfrac{x-x_0}{ak}=\dfrac{y-y_0}{bk}=\dfrac{z-z_0}{ck}$ $\Leftrightarrow$ $\dfrac{x-x_0}{a}=\dfrac{y-y_0}{b}=\dfrac{z-z_0}{c}$이다.

제8장 풀이

8.1 연습문제

1. (1) 타원면 (2) 일엽쌍곡면 (3) 이엽쌍곡면 (4) 추면
(5) 타원기둥면 (6) 회전타원적 포물면 (7) 쌍곡적포물면 (8) 포물기둥면

8.2 연습문제

1. (1) $y+z=\sqrt{2}$, $\begin{cases} x=0 \\ y=z \end{cases}$

(2) $-2\sqrt{3}x+y=4$, $\begin{cases} 2x+4\sqrt{3}y=3\sqrt{3} \\ z=0 \end{cases}$

(3) $x=2$, $(x, 0, 2)$

2. $\dfrac{x_1x}{a^2}+\dfrac{y_1y}{b^2}-\dfrac{z_1z}{c^2}=-1$, $\dfrac{a^2(x-x_1)}{x_1}=\dfrac{b^2(y-y_1)}{y_1}=-\dfrac{c^2(z-z_1)}{z_1}$

3. $\dfrac{x_1x}{a^2}-\dfrac{y_1y}{b^2}-\dfrac{c}{2}(z+z_1)=0$, $\dfrac{a^2(x-x_1)}{x_1}=-\dfrac{b^2(y-y_1)}{y_1}=-\dfrac{2}{c}(z-z_1)$

4. $y_1y=xp(x+x_1)$, $\begin{cases} \dfrac{x-x_1}{2p}=\dfrac{y-y_1}{y_1} \\ z=z_1 \end{cases}$

5. (1) $F(x, y, z)=x^2+y^2+z^2-4$, $G(x, y, z)=x^2-y^2+z^2-2$라 하면
$\nabla F(x, y, z)=(2x, 2y, 2z)$, $\nabla G(x, y, z)=(2x, -2y, 2z)$이다.
$\nabla F(\sqrt{2}, 1, -1)\times\nabla G(\sqrt{2}, 1, -1)=-8(1, 0, \sqrt{2})$이므로 접선의 방정식은

$x-\sqrt{2}=\dfrac{z+1}{-\sqrt{2}}$, $y=1$이다.

(2) $F(x,\ y,\ z)=x^2+4y^2+z^2-4,\ G(x,\ y,\ z)=x^2+y^2-z$라 하면

$\nabla F(x,\ y,\ z)=(2x,\ 8y,\ 2z),\ \ \nabla G(x,\ y,\ z)=(2x,\ 2y,\ -1)$이다.

$\nabla F(-1,\ \dfrac{\sqrt{10}}{5},\ \dfrac{7}{5})\times\nabla G(-1,\ \dfrac{\sqrt{10}}{5},\ \dfrac{7}{5})=-\dfrac{2}{5}(\dfrac{39\sqrt{10}}{5},\ 19,\ -6\sqrt{10})$이므

로 접선의 방정식은 $\dfrac{5(x+1)}{39\sqrt{10}}=\dfrac{y-\dfrac{\sqrt{10}}{5}}{19}=\dfrac{z-\dfrac{7}{5}}{-6\sqrt{10}}$이다.

(3) $F(x,\ y,\ z)=x^2+y^2-z^2-1,\ G(x,\ y,\ z)=x^2-3y^2-2z$라 하면

$\nabla F(x,\ y,\ z)=(2x,\ 2y,\ -2z),\ \ \nabla G(x,\ y,\ z)=(2x,\ -6y,\ -2)$이다.

$\nabla F(\dfrac{\sqrt{3}}{2},\ \dfrac{1}{2},\ 0)\times\nabla G(\dfrac{\sqrt{3}}{2},\ \dfrac{1}{2},\ 0)=(-2,\ 2\sqrt{3},\ -4\sqrt{3})$이므로 접선의 방

정식은 $\dfrac{x-\dfrac{\sqrt{3}}{2}}{-2}=\dfrac{y-\dfrac{1}{2}}{2\sqrt{3}}=\dfrac{z}{-4\sqrt{3}}$이다.

(4) $F(x,\ y,\ z)=x^2+y^2-z^2,\ G(x,\ y,\ z)=x^2-3y^2+z^2-1$라 하면

$\nabla F(x,\ y,\ z)=(2x,\ 2y,\ -2z),\ \ \nabla G(x,\ y,\ z)=(2x,\ -6y,\ 2z)$이다.

$\nabla F(\dfrac{\sqrt{6}}{2},\ -1,\ \dfrac{\sqrt{10}}{2})\times\nabla G(\dfrac{\sqrt{6}}{2},\ -1,\ \dfrac{\sqrt{10}}{2})=-4(-\sqrt{10},\ \sqrt{15},\ -2\sqrt{6})$

이므로 접선의 방정식은 $\dfrac{x-\dfrac{\sqrt{6}}{2}}{\sqrt{10}}=\dfrac{y+1}{-\sqrt{15}}=\dfrac{z-\dfrac{\sqrt{10}}{2}}{2\sqrt{6}}$이다.

참고 문헌

1. 박광성, **기하학개론**, 개정판, 경문사, 2009.
2. 박진석 · 김향숙, **해석기하학개론**, 제2판, 경문사, 2009.
3. 矢野健太郎, **解析幾何學**, 朝倉書店, 1961.
4. Gordon Fuller, & Dalton Tarwater, *Analytic Geometry*, Addison-Wesley Addison-Wesley Publcation, 1992.
5. Ross R. Middlemiss, *Analytic Geometry*, second edition, McGRAW-HILL BOOK Company. INC., 1955.

찾아보기

저자와의
합의하에
인지를
생략합니다

기하학 개론

지은이 윤대원
펴낸이 조경희
펴낸곳 경문사
펴낸날 2020년 1월 2일 1판 1쇄
2023년 3월 2일 1판 2쇄
등 록 1979년 11월 9일 제 1979-000023호
주 소 04057, 서울특별시 마포구 와우산로 174
전 화 (02)332-2004 팩스 (02)336-5193
이메일 kyungmoon@kyungmoon.com

값 21,000원

ISBN 979-11-6073-282-5

★ 경문사의 다양한 도서와 콘텐츠를 만나보세요!

홈페이지 www.kyungmoon.com
포스트 post.naver.com/kyungmoonbooks
북이오 buk.io/@pa9309
페이스북 facebook.com/kyungmoonsa
블로그 blog.naver.com/kyungmoonbooks
유튜브 https://www.youtube.com/channel/UClDC8x4xvA8eZlrVaD7QGoQ

경문사 출간 도서 중 수정판에 대한 **정오표**는 **홈페이지 자료실**에 있습니다.